高等教育应用型人才培养"十三五"精品教材

机械制图与CAD

主　编　张　慧　谢　勇　罗胜男

副主编　龙一帆　凌　奔　张梦莎

　　　　杨　振　寇海利

西南交通大学出版社

·成　都·

图书在版编目（ＣＩＰ）数据

机械制图与CAD/张慧，谢勇，罗胜男主编. —成都：西南交通大学出版社，2018.8（2020.7重印）

ISBN 978-7-5643-6388-8

Ⅰ．①机… Ⅱ．①张… ②谢… ③罗… Ⅲ．①机械制图–AutoCAD软件–高等职业教育–教材 Ⅳ．①TH126

中国版本图书馆 CIP 数据核字（2018）第 205008 号

高等教育应用型人才培养"十三五"精品教材

Jixie Zhitu yu CAD

机械制图与 CAD

	责任编辑／罗在伟
主　编／张　慧　谢　勇　罗胜男	助理编辑／何明飞
	封面设计／墨创文化

西南交通大学出版社出版发行

（四川省成都市二环路北一段 111 号西南交通大学创新大厦 21 楼　610031）

发行部电话：028-87600564　　028-87600533

网址：http://www.xnjdcbs.com

印刷：四川煤田地质制图印刷厂

成品尺寸　185 mm×260 mm

印张　20.25　　字数　506 千

版次　2018 年 8 月第 1 版　　印次　2020 年 7 月第 2 次

书号　ISBN 978-7-5643-6388-8

定价　54.00 元

课件咨询电话：028-81435775

前　言

机械制图是高职院校工程技术类各专业一门必修的技术课程，目的是培养学生掌握表达和识读工程图的基本能力，为今后职业生涯发展奠定基础。本书是经过长时间的酝酿，总结了一线教师在机械制图教学中积累的丰富经验，同时汲取兄弟院校同类教材的优点，力求符合轨道交通行业人才培养目标，并满足轨道交通行业对机械制图的新要求。为此，本教材体现出以下特点：

1. 难易适中，适合高职教育

本书坚持以"实用为主，够用为度"的原则，将制图基本理论原理与图例应用紧密结合，强化工程素质教育，以培养能力为重点。对于后续课程要进一步阐述的内容，采取普及为主，点到为止的方式，使得教材的难易程度更符合目前高职学生的实际情况。

2. 图文并茂，易于理解掌握

在文字表述上力求简明扼要、深入浅出，使学生更容易理解和掌握。对于一些制图中容易出现的错误，列举出对比图例；对于复杂的制图，采用分步骤图例；对教学难点投影图，采取立体图帮助理解。

3. 多措并举，练就三种技能

针对目前高等职业教育培养应用型人才的特点，识读工程图样是最重要的基本技能。在教材的编写中体现以识图为主，徒手绘图、手工绘图、AutoCAD 绘图三种技能训练并举的特点。

4. 配套习题，提高制图能力

习题集与教材配套使用，从高职学生实际就业岗位出发，以培养学生绘制和阅读工程图样为目的，以解决实际问题为准则，对机械制图习题内容进行了适当的调整和删减，力求体现轨道交通行业职业教育特色，全面提升学生的识图制图能力。

本书适用于轨道交通行业高等职业院校机车车辆专业、车辆工程专业、机电工程专业制图课程。

　　本书由湖北铁道运输职业学院机械制图课程的骨干教师共同编写，由张慧、谢勇、罗胜男担任主编。具体分工为：张慧编写第 1、2 模块，谢勇编写第 4、5 模块，罗胜男编写第 3、6、8 模块，谢勇、龙一帆编写第 7 模块，凌奔、张梦莎编写第 9 模块；书中部分章节的插图由杨振绘制，寇海利负责文字校对；全书由张慧、谢勇负责统稿。

　　本书编写过程中，得到了章柯、蔡海云、耿奎、冯骥、高杉等老师的大力支持，提出了许多宝贵意见，在此表示衷心感谢。

　　由于参加编写的各位老师水平和认识不尽一致，书中难免存在疏漏和不足之处，欢迎同行专家和读者批评指正。

编　者

2018 年 7 月

目　录

模块 1
平面几何图形

任务 1-1 机械制图国家标准的基本规定

图样是工程界的技术语言，也是铁道运输、轨道交通行业表达和交流技术思想的重要工具，是指导全行业生产运营的重要技术文件。国家标准对图样的绘制和阅读做了统一的规定。每个从事铁道运输、轨道交通生产运营的工作人员都必须掌握并严格执行这些国家标准（简称国标）。本任务简要介绍机械制图国家标准的基本规定。

一、图纸幅面和格式（GB/T 14689—2008）

1. 图纸幅面

绘制机械图样时，应优先采用国家标准规定的图纸基本幅面，如表 1-1 所示。基本幅面共 5 种，其尺寸关系如图 1-1 所示。必要时，也可选用国家标准中所规定的加长幅面，加长幅面的尺寸应为基本幅面的短边整数倍增加后得出。

表 1-1 图纸幅面   单位：mm

幅面代号	幅面尺寸 $B \times L$	边框尺寸 a	边框尺寸 c	边框尺寸 e
A0	841 × 1 189	25	10	20
A1	594 × 841	25	10	20
A2	420 × 594	25	10	20
A3	297 × 420	25	5	10
A4	210 × 297	25	5	10

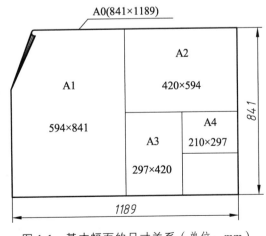

图 1-1 基本幅面的尺寸关系（单位：mm）

2. 图框格式

图纸上必须用粗实线绘出图框，其格式分为留装订边和不留装订边两种，如图 1-2、图 1-3 所示。同一产品的图样只能采用同一种格式。

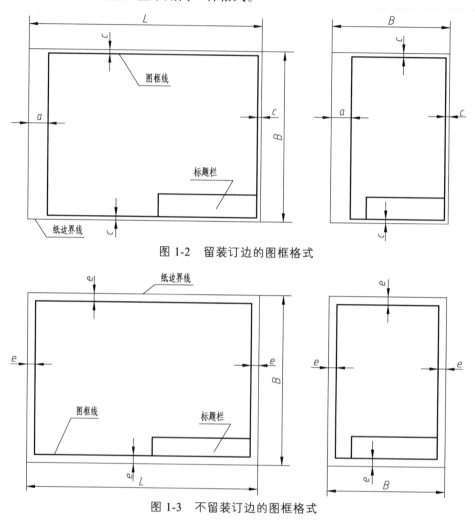

图 1-2　留装订边的图框格式

图 1-3　不留装订边的图框格式

二、标题栏（GB/T 10609.1—2008）

每张图样都必须绘制标题栏。国家标准对标题栏的内容、格式和尺寸做了统一规定。本书建议教学中采用简化的标题栏格式，如图 1-4 所示。标题栏一般绘制在图纸右下角，如图 1-2、图 1-3 所示。

三、比例（GB/T 14690—1993）

比例是指图样中图形与其实物相应要素的线性尺寸之比。绘图时，应选择国家标准规定的比例，如表 1-2 所示。注意：不论采用何种比例，图形中所标注的尺寸数值必须是实物的实际大小，与绘图比例、图形大小无关。

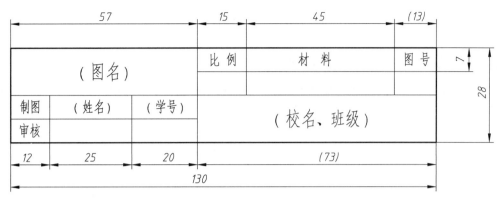

图 1-4　标题栏格式（简化版）

表 1-2　比例系列

种　类	优先选择系列			允许选择系列		
原值比例	1 : 1			—		
放大比例	$5 : 1$　　$2 : 1$ $5 \times 10^n : 1$　$2 \times 10^n : 1$　$1 \times 10^n : 1$			$4 : 1$　　$2.5 : 1$ $4 \times 10^n : 1$　$2.5 \times 10^n : 1$		
缩小比例	$1 : 2$　　$1 : 5$　　$1 : 10$ $1 : 2 \times 10^n$　$1 : 5 \times 10^n$　$1 : 1 \times 10^n$			$1 : 1.5$　　$1 : 2.5$　　$1 : 3$ $1 : 1.5 \times 10^n$　$1 : 2.5 \times 10^n$　$1 : 3 \times 10^n$ $1 : 4$　　$1 : 6$ $1 : 4 \times 10^n$　$1 : 6 \times 10^n$		

注：n 为正整数。

四、字体（GB/T 14691—1993）

国家标准对图样上的字体做了详细的规定，如表 1-3 所示。在图样上书写汉字、字母和数字时，必须做到"字体工整、笔画清楚、间隔均匀、排列整齐"。书写长仿宋体字的要领是：横平竖直不连笔，结构匀称长方形。

表 1-3　字体示例

字体		示　例
长仿宋体汉字	10 号	高等职业教育
	7 号	铁道运输　城市轨道交通　机械制图
	5 号	机车驾驶　车辆检修　牵引供电　通信信号　运营管理
拉丁字母	大写斜体	*ABCDEFGHIJKLMNOPQRSTUVWXYZ*
	小写斜体	*abcdefghijklmnopqrstuvwxyz*
阿拉伯数字	斜体	*1234567890*
	正体	1234567890
罗马数字	正体	Ⅰ Ⅱ Ⅲ Ⅳ Ⅴ Ⅵ Ⅶ Ⅷ Ⅸ Ⅹ

五、图线（GB/T 17450—1998；GB/T 4457.4—2002）

国家标准规定了图样中采用的 9 种图线，其名称、型式、宽度和应用如表 1-4 所示。

表 1-4　图线线型及其应用（摘自 GB/T 4457.4—2002）

图线名称	图线型式	图线宽度	一般应用
粗实线	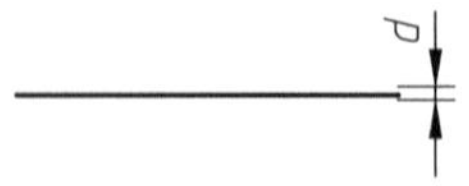	d	1. 可见轮廓线； 2. 可见棱边线； 3. 相贯线
细实线		$d/2$	1. 尺寸线及尺寸界线； 2. 剖面线； 3. 过渡线
细虚线		$d/2$	1. 不可见轮廓线； 2. 不可见棱边线
细点画线		$d/2$	1. 轴线； 2. 对称中心线； 3. 剖切线
波浪线		$d/2$	1. 断裂处的边界线； 2. 视图与剖视图的分界线
双折线		$d/2$	1. 断裂处的边界线； 2. 视图与剖视图的分界线
双点画线		$d/2$	1. 相邻辅助零件的轮廓线； 2. 可动零件的极限位置和轮廓线； 3. 成形前的轮廓线； 4. 轨迹线
粗点划线		d	限定范围的表示线
粗虚线		d	允许表面处理的表示线

图线的宽度应根据图纸幅面的大小和所表达对象的复杂程度来选取。图线宽度常用的值有 $d = 0.35$，0.5，0.7，1（mm）。在同一图样中，同类图线的宽度应一致。图线的画法及应用如图 1-5 所示。当不同图线重合时，根据图线所表达对象的重要程度，按粗实线、细虚线、细实线、细点划线、细双点划线的先后顺序选择绘制。

画图线应注意以下几个问题：

（1）细点画线、细双点画线的首尾两端应是划，不能是点。

（2）各种线型相交时，都要以划相交，而不能以点或间隔相交。

（3）画圆的中心线时，圆心应是划的交点；圆的中心线、对称中心线及轴线的两端应超出物体轮廓线 2～5 mm。

（4）当圆的图形较小时，绘制其中心线允许用细实线代替细点画线。

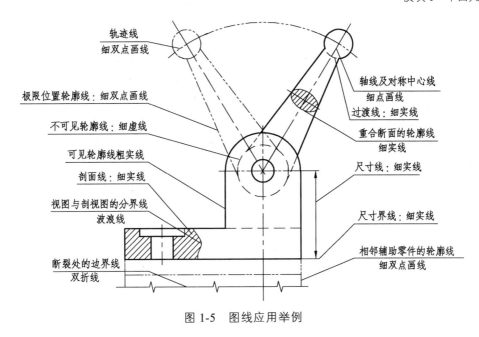

图 1-5 图线应用举例

六、尺寸标注（GB/T 4458.4—2003；GB/T 19096—2003）

图形表示物体的形状，尺寸表示物体的大小。尺寸是图样中最重要的内容之一，是制造机件的直接依据，也是图样中指令性最强的部分。因此，标注尺寸时，必须严格遵守国家标准的有关规定。

1. 标注尺寸的基本规则

（1）机件的真实大小应以图样上标注的尺寸数值为依据，与图形的大小及绘图的准确度无关。

（2）图样中的尺寸以 mm 为单位符号时，无须标注计量单位的符号（或名称）。如采用其他单位，则必须注明相应的单位符号。

（3）机件上的每一尺寸，一般只标注一次，并标注在表示该结构最清晰的图形上。

（4）图样中所注尺寸为该图样所示机件的最后完工尺寸，否则应另加说明。

（5）常用的标注尺寸的符号和缩写词如表 1-5 所示。

表 1-5　常用的符号和缩写词

含　义	符号或缩写词	含　义	符号或缩写词
直径	ϕ	45°倒角	C
半径	R	深度	↧
球直径	$S\phi$	沉孔或锪平	⌴
球半径	SR	埋头孔	⌵
厚度	t	均布	EQS
正方形	□	弧长	⌒

2. 标注尺寸的三要素

（1）尺寸界线：表示尺寸的起止位置，用细实线绘制，也可以用轮廓线或中心线代替。

（2）尺寸线：平行于被标注要素的线段，两端有箭头（或斜线）与尺寸界线相接触，用细实线绘制。

注意：尺寸线必须单独画出，不得用任何图线或其延长线代替。

（3）尺寸数字：水平的尺寸数字注写在尺寸线的上方，自左而右地读数；竖直的尺寸数字注写在尺寸线的左方，自下而上地读数。

注意：尺寸数字不允许被任何图线断开！当不可避免时，必须把图线断开。具体标注如图 1-6 所示。

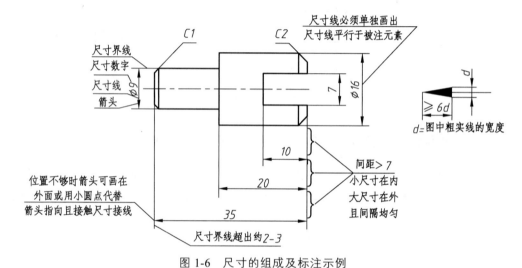

图 1-6 尺寸的组成及标注示例

七、尺寸标注示例

尺寸标注示例见图 1-7 ~ 图 1-11。

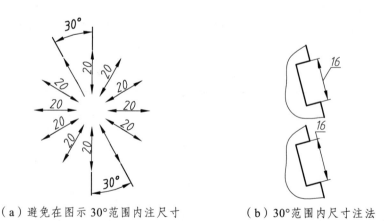

（a）避免在图示 30°范围内注尺寸　　　（b）30°范围内尺寸注法

图 1-7 尺寸数字注法

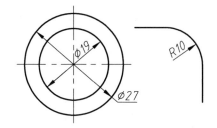

图 1-8　圆及圆弧尺寸注法

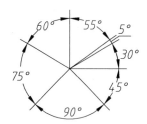

图 1-9　角度尺寸注法

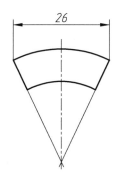

图 1-10　弦长尺寸注法

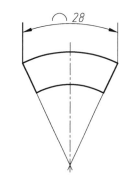

图 1-11　弧长尺寸注法

任务 1-2　几何作图

机件轮廓图形是由直线、圆（圆弧）和其他曲线组成的几何图形。因此，熟练掌握几何图形的正确作图方法，是提高绘图速度，保证制图质量的必备技能。

一、斜　度

斜度是指一直线（或平面）对另一直线（或平面）的倾斜程度。其大小用这两条直线（或平面）间夹角的正切值来表示，如图 1-12（a）所示。即

$$斜度 = \tan\alpha = H/L = 1 : n$$

斜度符号如图 1-12（b）所示。

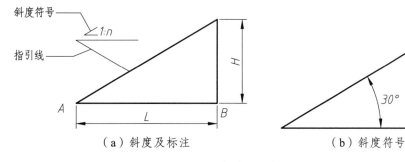

（a）斜度及标注　　　　　　　　　　　　（b）斜度符号

图 1-12　斜度及其标注

　　斜度在图样上通常以 1：n 的形式标注。斜度符号"∠"的方向应与图形中斜度方向一致。斜度的画法如图 1-13 所示：在图形内（或外）按斜度值和斜度方向，作一细实线的直角三角形，然后在欲画斜度线的位置，作直角三角形斜边的平行线即可。

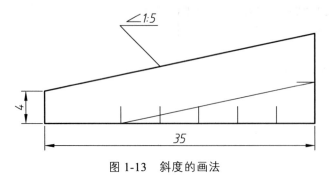

图 1-13　斜度的画法

二、锥　　度

　　锥度是指圆锥的底圆直径 D 与圆锥高度 H 之比，如图 1-14（a）所示。即

$$锥度 = D/H = 1：n$$

锥度符号如图 1-14（b）所示。

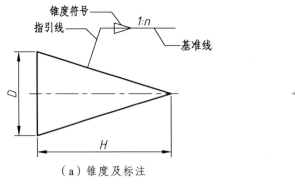

（a）锥度及标注　　　　　　　　（b）锥度符号

图 1-14　锥度及其标注

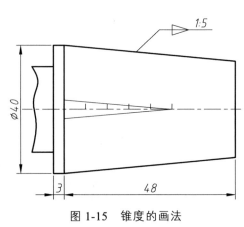

　　锥度在图样上通常以 1：n 的形式表示。锥度符号"◁"或"▷"的方向应与图形中锥度方向一致，基准线与圆锥轴线平行。

　　锥度的作图方法如图 1-15 所示：在图形内或外，先按锥度值和锥度方向作一细实线的等腰三角形，然后在欲作锥度线的位置作等腰三角形两腰的平行线即可。

图 1-15　锥度的画法

三、等分作图

1. 等分线段

（1）平行线法。

如图 1-16 所示，将线段 *AB* 分为五等分。

从线段端点 *A* 任引一直线 *AC*，在 *AC* 上以适当长度截取五等份，得 6，7，8，9 点；连接 *C*，*B*；过 6，7，8，9 各点分别作 *CB* 的平行线，交 *AB* 于 1，2，3，4 点，即为线段 *AB* 的等分点。

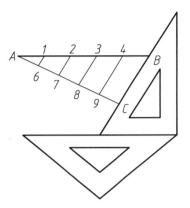

（2）试分法。

如图 1-17 所示，将线段 *AB* 分为五等分。

先将分规开度大约调整至线段 *AB* 的 1/5 长（目测），然后试分线段 *AB* 得 1，2，3，4，5 点（点 5 也许在端点 *B* 之外）；调整分规，使其长度增加（或减少）5*B* 的 1/5（目测），继续试分，直至将线段 *AB* 五等分。

图 1-16　平行线法等分线段

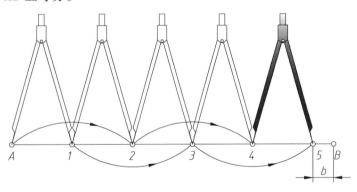

图 1-17　试分法等分线段

2. 等分圆周及作正多边形

（1）三、六、十二等分圆周。

① 半径法。

如图 1-18 所示，作圆的内接正三角形、正六边形和正十二边形。

分别以圆的中心线和圆周的交点为圆心，用该圆的半径 *R* 为半径画弧，就可以把圆周分为三、六、十二等份。依次连接各点，即可得圆的内接正三角形或正六边形，正十二边形。

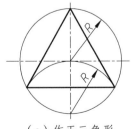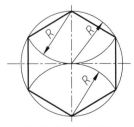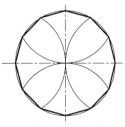

（a）作正三角形　　　　　（b）作正六边形　　　　　（c）作正十二边形

图 1-18　用圆规等分圆周及作圆内接正多边形

② 角度法。

用 30°-60°三角板和丁字尺配合，三、六、十二等分圆周及作圆内接正多边形的作图方法如图 1-19 所示。

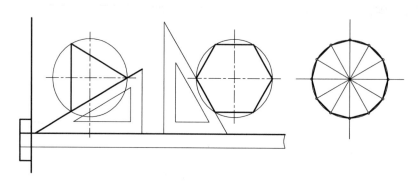

图 1-19　用 30°-60°三角板等分圆周及作圆内接正多边形

（2）五等分圆周。

① 直径法。

如图 1-20 所示，分别以圆的中心线和圆周的交点 A，B 为圆心，用该圆的直径为半径画弧，得交点 C，线段 OC 即为五等分圆周的弦长。

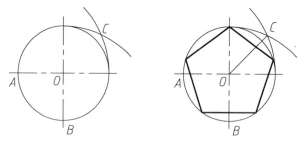

图 1-20　直径法等分圆周及作圆内接正多边形

② 中垂线法。

a. 如图 1-21 所示，平分正五边形外接圆的半径 OA，得中点 N；

b. 以点 N 为圆心，NC 为半径作弧，交 OB 于点 E，线段 CE 即为正五边形边长；

c. 以 CE 为边长，自点 C 起等分圆周，依次连接五个等分点成圆内接正五边形。

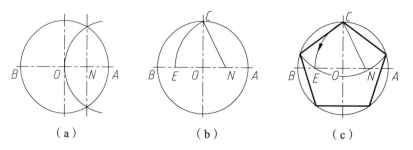

（a）　　　　　　　　　（b）　　　　　　　　　（c）

图 1-21　中垂线法等分圆周及作圆内接正多边形

（3）N 等分圆周。

N 等分圆周及作圆内接正多边形的作图方法如图 1-22 所示（以七等分为例）。

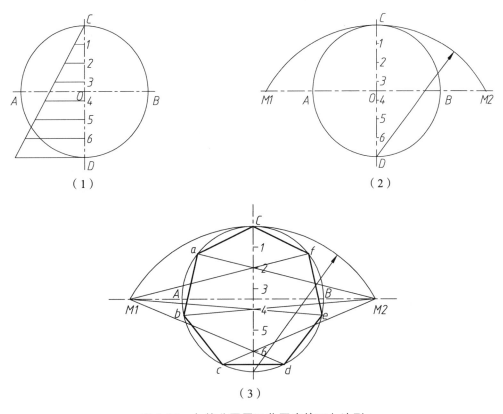

图 1-22　七等分圆周及作圆内接正七边形

任务 1-3　圆弧连接

用一圆弧光滑连接相邻两线段（直线或圆弧）的作图方法，称为圆弧连接。光滑连接的作图实质就是线段相切。圆弧连接作图的关键点是要正确地找出连接弧的圆心和起止点。

一、圆弧连接的作图原理

（1）与已知直线相切且半径为 R 的圆 O，其圆心轨迹为与已知直线平行且距离为 R 的两直线，切点为圆心向已知直线所作垂线的垂足，如图 1-23 所示。

（2）与已知圆 O_1 相切的圆 O，其圆心轨迹为已知圆 O_1 的同心圆，外切时，其半径为已知圆 O_1 和圆 O 的半径之和，切点为连心线 O_1O 与已知圆 O_1 圆周的交点；内切时，其半径为已知圆 O_1 和圆 O 的半径之差，切点为连心线 O_1O 的延长线与已知圆 O_1 圆周的交点，如图 1-24 所示。

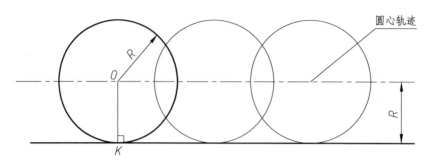

图 1-23　直线与圆（弧）光滑连接的作图原理

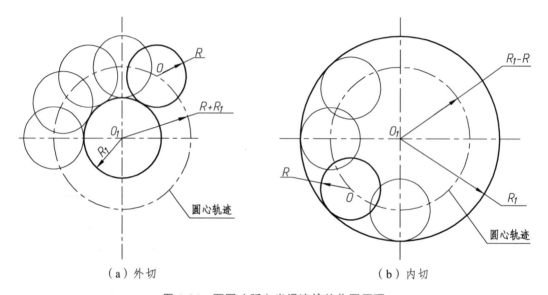

（a）外切　　　　　　　　　　　　　（b）内切

图 1-24　两圆（弧）光滑连接的作图原理

二、两直线间的圆弧连接

用已知半径为 R 的圆弧连接两相交直线 AB、BC 有三种情况，如图 1-25 所示。其中，O 点为连接弧的圆心，垂足 1，2 两点为切点，即连接弧起止点。

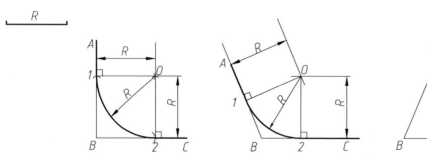

图 1-25　两直线间的圆弧连接

三、直线与圆弧间的圆弧连接

如图 1-26 所示，用半径为 R 的圆弧光滑连接直线 AB 和圆弧 O_1（半径为 R_1）的作图方法如下：以 O_1 为圆心，$R_1 + R$ 为半径画圆弧，交直线 AB 的平行线（相距 R）于 O 点，即为连接弧的圆心 O；连接 O_1O 得切点 1，过 O 点作直线 AB 的垂线得切点 2，即连接弧起止点；以 O 为圆心，R 为半径，在切点 1 和 2 之间作连接弧光滑连接直线 AB 和圆弧 O_1。

四、两圆弧间的圆弧连接

圆弧与圆弧间光滑连接的已知条件是，两已知圆弧的圆心 O_1，O_2 和半径 R_1，R_2，连接弧半径 R。圆弧连接的作图关键是求作连接弧的圆心和起止点。

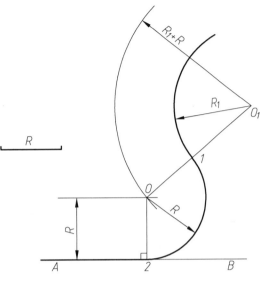

图 1-26　直线与圆弧间的圆弧连接

1. 外连接

如图 1-27 所示，分别以 O_1，O_2 为圆心，$R + R_1$，$R + R_2$ 为半径画弧交于 O 点，即为连接弧圆心；连 O_1O，O_2O，与已知弧分别交于 1，2 两点，得两切点，即连接弧起止点；以 O 为圆心，R 为半径，在切点 1 和 2 之间作连接弧光滑连接两已知圆弧。

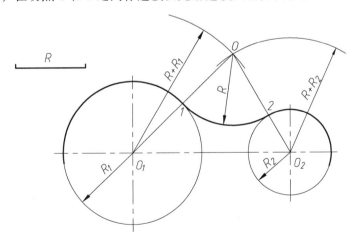

图 1-27　用连接弧 R 外切连接两已知圆弧

2. 内连接

如图 1-28 所示，分别以 O_1，O_2 为圆心，$R - R_1$，$R - R_2$ 为半径画弧交于 O 点，即为连接弧圆心；分别连接 O_1O 和 O_2O 并反向延长，与已知弧分别交于 1，2 两点，得两切点，即连接弧起止点；以 O 为圆心，R 为半径，在切点 1 和 2 之间作连接弧光滑连接两已知圆弧。

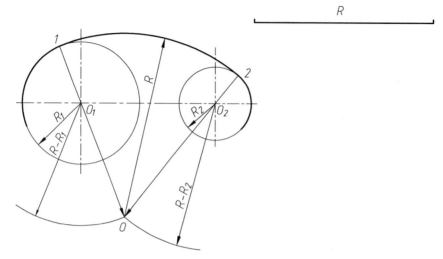

图 1-28　用连接弧 R 内切连接两已知圆弧

3. 混合连接

如图 1-29 所示，分别以 O_1，O_2 为圆心，$R + R_1$，$R_2 - R$ 为半径画弧交于 O 点，即为连接弧圆心；连接 O_1O 与已知弧交于 1 点，连接 O_2O 并反向延长，与已知弧交于 2 点，得两切点，即连接弧起止点；以 O 为圆心，R 为半径，在切点 1 和 2 之间作连接弧光滑连接两已知圆弧。

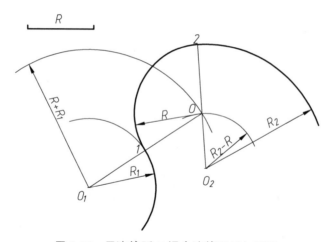

图 1-29　用连接弧 R 混合连接两已知圆弧

任务 1-4　平面图形的分析与作图

平面图形是由若干线段（直线与曲线）连接组合而成。画平面图形时，要对这些线段的尺寸及连接关系进行分析，才能正确绘制平面图形和标注平面图形的尺寸。

本任务以手柄为例，说明平面图形的分析方法和作图步骤。

一、尺寸分析

平面图形中的尺寸，按其作用可分为定形尺寸和定位尺寸。

1. 尺寸基准

尺寸基准是指标注尺寸的起点。平面图形一般有两个方向的尺寸基准，通常选择图形的对称线、轴线、圆的中心线、重要端面或底面的轮廓线作为平面图形的尺寸基准。如图 1-30 中的线段 *A* 和 *B*。

2. 定形尺寸

指确定平面图形中各组成部分形状大小的尺寸，如物体的长、宽、高、角度、直径、半径等。如图 1-30 中的 $\phi20$，$\phi5$，15，$R12$，$R50$，$R10$，$R15$ 等均为定形尺寸。

3. 定位尺寸

指确定平面图形中各组成部分之间相对位置的尺寸，如确定圆孔圆心位置的尺寸、两孔相对位置的尺寸等。如图 1-30 中的 8，45，75 等均为定位尺寸。

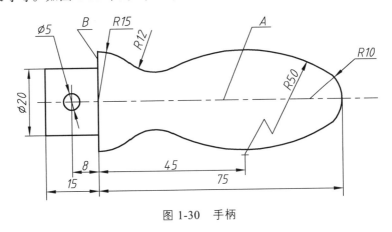

图 1-30　手柄

二、线段分析

平面图形中的线段（直线与曲线），按其定位尺寸是否齐全分为三种（因为直线连接的作图较简单，所以这里只介绍圆弧连接的情况）：

1. 已知圆弧

具有两个定位尺寸的圆弧，如图 1-30 中的 $R10$，$R15$。

2. 中间圆弧

具有一个定位尺寸的圆弧，如图 1-30 中的 $R50$。

3. 连接圆弧

没有定位尺寸的圆弧，如图 1-30 中的 R12。

三、平面图形的画法

以手柄为例，说明平面图形的作图方法及步骤，如图 1-31 所示。

（1）分析尺寸，确定绘图比例和图幅，绘制图框和标题栏；

（2）合理布图（图形尽量居中，并兼顾标注尺寸的位置）；画出基准线（一般是对称中心线、圆的中心线、回转体轴线、主要底面或端面的轮廓线）。

（3）分析线段，按先已知线段，次中间线段，后连接线段的顺序画底稿（细实线）。

（4）检查底稿，修正错误，擦去作图辅线；

（5）标注尺寸，填写标题栏。

（6）描深（先曲线，后直线；先水平，后垂斜），完成全图（见图 1-30）。

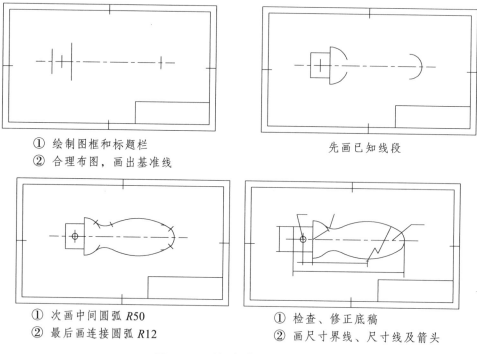

① 绘制图框和标题栏
② 合理布图，画出基准线

先画已知线段

① 次画中间圆弧 R50
② 最后画连接圆弧 R12

① 检查、修正底稿
② 画尺寸界线、尺寸线及箭头

图 1-31　手柄底稿的作图步骤

任务 1-5　徒手绘图

徒手图亦称草图，它是通过目测估计物体各部分的尺寸及图形与物体的比例，徒手绘制的图样。草图是表达创意构思、进行技术交流、现场测绘机件常用的方法。画草图的要求如下：

（1）图形正确，图线清晰，线型粗细分明。

（2）目测尺寸要准，绘制物体图形各部分的比例匀称。

（3）标注尺寸准确，字迹工整。

（4）画线要一气呵成，不能回笔描线。

绘制草图的技巧如下：

（1）画线时要屏住呼吸，尽量悬腕，目视运笔的前方。

（2）铅笔不能太硬，要削成圆锥形，画细实线笔尖要尖，画粗实线笔尖要钝。

（3）手握笔高一些，以便运笔和观察。

（4）笔杆与纸面成 45°左右的夹角，运笔平稳有力。

一、直线的画法

如图 1-32 所示，画直线时，小拇指轻压纸面，目视运笔的前方及终点，平稳移动手臂，控制图线均匀流畅。

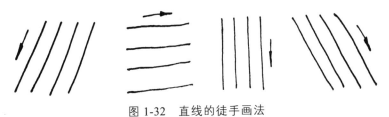

图 1-32　直线的徒手画法

二、角度的画法

如图 1-33 所示，画 30°，45°，60°等常用角度时，可在两直角边上按比例关系定出两端点，连线而成；画 10°，15°，75°等角度时，可由特殊角度分合而成。

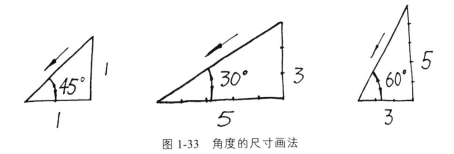

图 1-33　角度的尺寸画法

三、圆的画法

如图 1-34 所示，画圆时，先过圆心画两条中心线，再根据半径在中心线上目测定出 4 个点，然后过这 4 个点分两半画出圆；画较大的圆时，可过圆心加画两条 45°斜线，按半径目测定出 8 个点，过 8 个点分段画出圆。

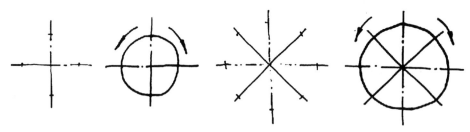

图 1-34　圆的徒手画法

四、圆弧的画法

画圆弧时，先画两相交直线，然后目测按圆弧半径作两直线的平行线得一交点，即为圆心；过圆心向两直线作垂线定出圆弧的起止点，在角平分线上按圆弧半径也定出一圆周点，连三点成圆弧，如图 1-35 所示。

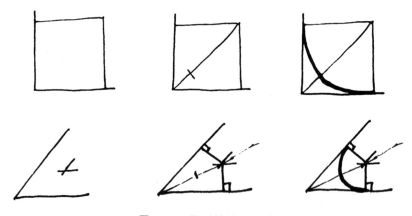

图 1-35　圆弧的徒手画法

五、正多边形的画法

如图 1-36 所示，绘制正三角形和正六边形时，先在中心线上作其外接圆；再过 $O1$ 的中点 K 作垂线交圆周于 2，6 点，连接 2，4，6 点得正三角形；也可由 2，6 点作水平线交圆周于 3，5 点，然后连接 1，2，3，4，5，6 点作出正六边形。

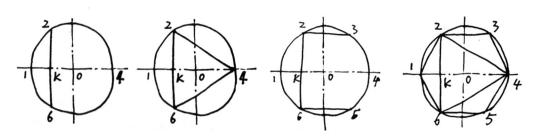

图 1-36　多边形的徒手画法

六、椭圆的画法

画椭圆时，先在椭圆的长、短轴上定椭圆的端点；再画椭圆的外切矩形，将其对角线六等分；过长、短轴端点和对角线外等分点画椭圆，如图 1-37 所示。

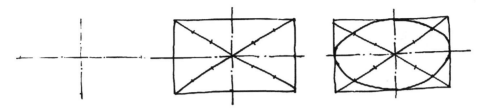

图 1-37　椭圆的徒手画法

模块 2
正投影基础与组合体

任务 2-1 投影法与三视图

物体在光线照射下，在地面或墙壁上产生影子。人们对这种自然现象加以抽象研究，总结其中规律，创造了投影法。

所谓投影法，就是投射线通过物体，向选定的平面（投影面）投影，并在该平面上得到图形（投影图）的方法。

投影法分为两大类：中心投影法和平行投影法。

一、中心投影法

投射线交于一点（投射中心）的投影法称为中心投影法，如图 2-1 所示。

采用中心投影法绘制的图样，立体感较强，在建筑效果图中经常使用。但是在用中心投影法绘制的图样中，若改变物体和投射中心的距离，则物体投影图的大小会发生改变，即中心投影不能反映物体的真实形状和大小，因此在机械图样中常常采用另一种投影法。

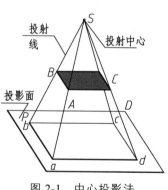

图 2-1 中心投影法

二、平行投影法

投射线相互平行的投影法称为平行投影法。

按投射线与投影面倾斜或垂直，平行投影法又分为斜投影法和正投影法两种。

（1）斜投影法：投射线与投影面倾斜的平行投影法。由此得到的图形称为斜投影图（简称斜投影），如图 2-2 所示。

（2）正投影法：投射线与投影面垂直的平行投影法。由此得到的图形称为正投影图（简称正投影），如图 2-3 所示。

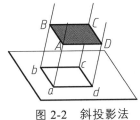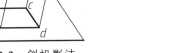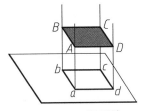

图 2-2　斜投影法　　　　　图 2-3　正投影法

正投影图度量性好，作图简单，机械图样常常采用正投影法绘制。

三、正投影的基本特性（单投影面）

（1）真实性：当物体上的平面（或直线）与投影面平行时，其投影反映实形（或实长）。如图 2-4（a）所示。

（2）积聚性：当物体上的平面（或直线）与投影面垂直时，其投影积聚成直线（或点），如图 2-4（b）所示。

（3）类似性（亦称收缩性）：当物体上的平面（或直线）与投影面倾斜时，其投影收缩成原来形状的类似形，如图 2-4（c）所示。

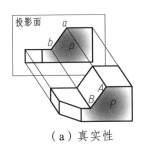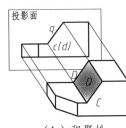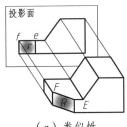

（a）真实性　　　　　　（b）积聚性　　　　　　（c）类似性

图 2-4　正投影的基本特性

四、三视图的形成及投影规律

1. 三投影面体系

一般情况下，物体的一个投影图（二维）不能准确地反映物体（三维）的完整形状，如图 2-5 所示。要想准确表达物体的结构形状，就必须增加投影图。工程上常采用在三投影面体系中得到的三面投影图来表达物体的形状。

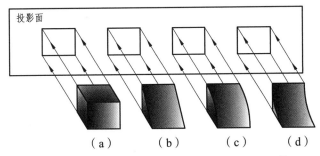

（a）　　　（b）　　　（c）　　　（d）

图 2-5　一个投影图不能准确反映物体的结构形状图

三投影面体系由相互垂直的三个投影面组成，如图 2-6 所示。

正对观察者的投影面，称为正立投影面（简称正面），用 *V* 表示。

右边侧立的投影面，称为侧立投影面（简称侧面），用 *W* 表示。

水平位置的投影面，称为水平投影面（简称水平面），用 *H* 表示。

三投影面相互垂直相交，其交线称为投影轴。

OX 轴（简称 *X* 轴）：为 *V* 面和 *H* 面的交线，表示物体的长度方向。

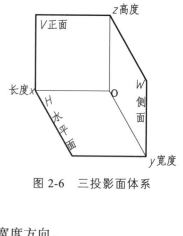

图 2-6　三投影面体系

OY 轴（简称 *Y* 轴）：为 *W* 面和 *H* 面的交线，表示物体的宽度方向。

OZ 轴（简称 *Z* 轴）：为 *V* 面和 *W* 面的交线，表示物体的高度方向。

三投影轴相互垂直相交，其交点 *O* 称为投影原点。

2. 三视图的形成

将物体放置在三投影面体系中，按正投影法向各投影面投影，分别得到物体的正面投影、水平投影和侧面投影，称之为物体的三视图。其中，

主视图：正面投影，由物体的前方向后方投射得到；

俯视图：水平投影，由物体的上方向下方投射得到；

左视图：侧面投影，由物体的左方向右方投射得到。

为了把空间的三视图画在一个平面上，需将相互垂直的三投影面展开摊平：正面不动，水平面绕 *X* 轴向下旋转 90°，侧面绕 *Z* 轴向后旋转 90°，这样三视图就可以画在一个平面（图纸）上了，如图 2-7 所示。

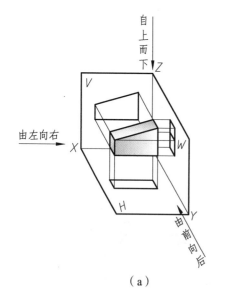

（a）

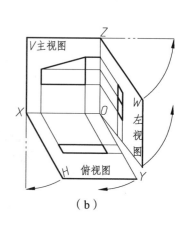

（b）

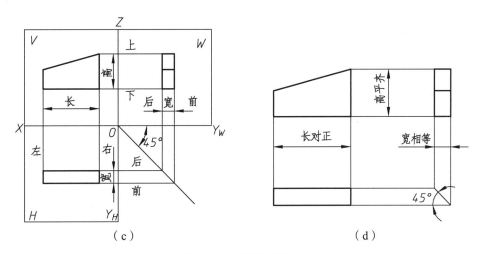

图 2-7　三视图的形成

3. 三视图的投影规律

（1）位置关系。

三视图具有明确的位置关系：俯视图在主视图的正下方，左视图在主视图的正右方。按此位置配置三视图，无须标注视图名称，如图 2-7 所示。

（2）投影关系。

由图 2-7 中物体的三视图可以看出：

主视图反映物体的长度和高度；

俯视图反映物体的长度和宽度；

左视图反映物体的高度和宽度。

因此，三视图之间的投影关系可以归纳为：

主、俯视图反映同一物体的长度且对齐——长对正；

主、左视图反映同一物体的高度且对齐——高平齐；

俯、左视图反映同一物体的宽度且沿 Y_h、Y_w 方向对应平齐——宽相等。

"长对正、高平齐、宽相等"的投影对应规律是三视图的重要特性，是画图和读图的理论依据。

（3）方位关系。

主视图反映物体的上、下和左、右方位；

俯视图反映物体的前、后和左、右方位；

左视图反映物体的上、下和前、后方位。

五、三视图的绘制

绘制物体的三视图时，应首先分析物体的结构特征，确定主视图的投射方向（主视图应集中地反映物体的主要形状特征）、绘图比例和图纸幅面，再根据"长对正、高平齐、宽相等"

的投影规律作出物体的三视图。

例 绘制图 2-8（a）所示物体的三视图。

分析：

物体由切角的底板与拱形立板组成。画三视图时，应先画出各视图的定位基准线，如物体的对称线、中心线、较大平面的基线等，如图 2-8（b）所示。然后从反映物体形状特征的视图入手，根据"长对正、高平齐、宽相等"的投影关系画出物体各部分的三视图，如图 2-8（c）、（d）所示。

作图：

（1）画物体的长度方向中心线（长度基准线）、底面基线（高度基准线）、后端面基线（宽度基准线）等，如图 2-8（b）所示。

（2）画底板的三视图。先画反映底板形状特征（切角）的俯视图，再按投影关系画其主视图、左视图，如图 2-8（c）所示。

（3）画立板的三视图。先画反映立板形状特征（半圆柱）的主视图，再按投影关系画其俯视图、左视图，如图 2-8（d）所示。

（4）检查，擦去多余的作图线，加深粗实线，完成三视图，如图 2-8（e）所示。

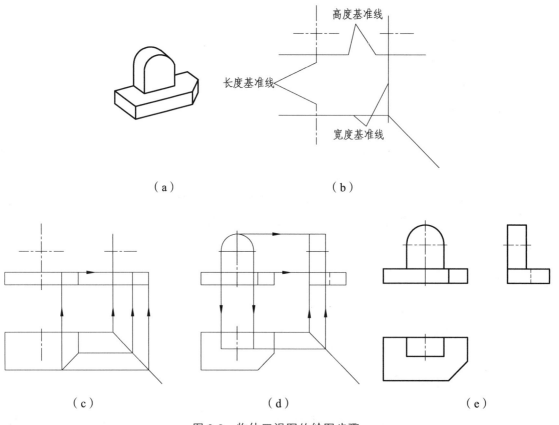

（a）　　　　　　　　　　　（b）

（c）　　　　　　　　　（d）　　　　　　　（e）

图 2-8　物体三视图的绘图步骤

任务 2-2　点、线、面的投影特性

一、点的投影

1. 点的三面投影

点是组成物体最基本的几何元素。如图 2-9 所示，在三投影面体系中，由空间点 A（x，y，z）分别向三投影面作正投影，得其三面投影 a（x，y），a'（x，z），a''（y，z），即过点 A 分别作三投影面的垂线，其垂足 a，a'，a'' 即为点 A 的三面投影。展开 H 面和 W 面，得到点 A 的三视图 a，a'，a''，其中：a，a' 长对正，a'，a'' 高平齐，a，a'' 宽相等，如图 2-10 所示。

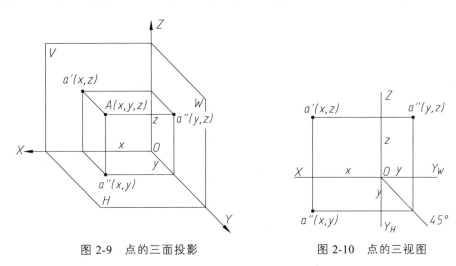

图 2-9　点的三面投影　　　　　图 2-10　点的三视图

例 1　已知空间点 B 的两面投影 b，b'，如图 2-11 所示，求其第三面投影 b''。

分析：

空间点 B 的三面投影 b，b'，b'' 符合"长对正，高平齐，宽相等"的投影规律。

作图：

b' 与 b'' 高平齐，b 与 b'' 宽相等，则其交点即为 b''。

例 2　已知空间点 D（5，4，3），如图 2-12 所示，求其三面投影。

分析：

空间点 D 的三面投影分别为 d（x，y），d'（x，z），d''（y，z），且符合"长对正，高平齐，宽相等"的投影规律。

作图：

分别在三投影轴上取 $x_1 = 5$，$y_1 = 4$，$z_1 = 3$，过 x_1，y_1，z_1 三点按"长对正，高平齐，宽相等"的投影规律分别作垂直于投影轴的直线段，交点即为空间点 D 的三面投影 d，d'，d''。

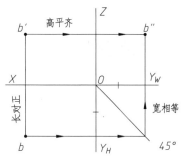

图 2-11　求点的第三面投影

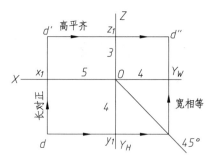

图 2-12　求点的三面投影

2. 两点的相对位置

空间两点的相对位置是指空间两点间前后、左右、上下的位置关系。两点在空间的相对位置可以根据两点的坐标值来判定，如图 2-13 所示。

X 坐标确定两点的左右位置关系，X 坐标值大的点在左；

Y 坐标确定两点的前后位置关系，Y 坐标值大的点在前；

Z 坐标确定两点的上下位置关系，Z 坐标值大的点在上。

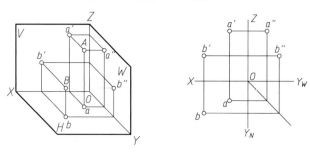

图 2-13　两点的相对位置

故图 2-13 中 A 点在 B 点的右、后、上方，即 B 点在 A 点的左、前、下方。

3. 重影点及其可见性判断

若空间两点在某一投影面上的投影重合，则称这两点为该投影面的重影点。此时，这两点位于同一投射线上，且有两个坐标值分别相等，不等值坐标的大小可以确定重影点的可见性，即 X，Y，Z 坐标值大的点分别位于左方、前方、上方，为可见点，如图 2-14 所示。

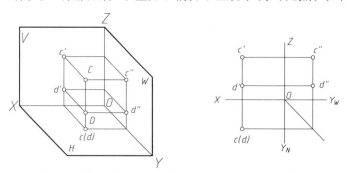

图 2-14　重影点及可见性判断

在图 2-14 中，*C*，*D* 两点为 *H* 面的重影点，它们的 *X* 坐标和 *Y* 坐标相同，*C* 点的 *Z* 坐标值大，位于 *D* 点的上方，可见；*D* 点的 *Z* 坐标值小，位于 *C* 点的下方，不可见，其投影加括号。

思考：

（1）已知空间点 *A*（6，4，5）和点 *B*（3，3，6），问两点的相对位置如何？

（2）已知空间点 *E*（3，6，4）和点 *F*（5，6，4），判断其可见性。

（3）如图 2-15 所示，寻找重影点，判断其可见性，并标注在物体的三视图上。

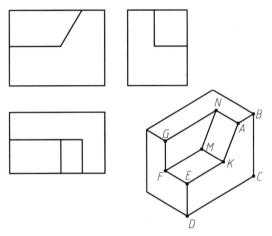

图 2-15　重影点及可见性判断

二、直线的投影

1. 直线的三面投影

直线的三面投影一般仍为直线。如图 2-16 所示，先求出直线上任意两点的三面投影，将两点的同面投影连点成线，即得直线的三面投影。

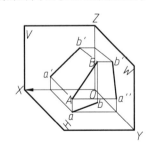
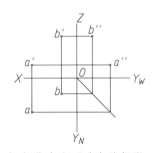
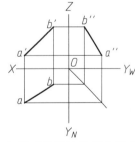

（a）空间直线的投影情况　　（b）作直线两端点的投影　　（c）同面投影连线即为所求

图 2-16　直线的三面投影

2. 直线的空间位置

（1）投影面平行线。

在三投影面体系中，平行于一个投影面，并倾斜于另两个投影面的直线，称为投影面平行线。其中：

水平线——平行于 H 面，并倾斜于 V 面、W 面，如图 2-17 中的 AB 线；

正平线——平行于 V 面，并倾斜于 H 面、W 面，如图 2-17 中的 AC 线；

侧平线——平行于 W 面，并倾斜于 H 面、V 面，如图 2-17 中的 BC 线。

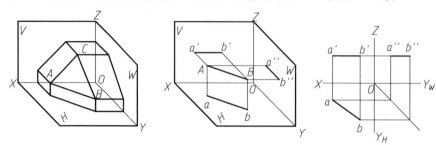

图 2-17　投影面平行线及其投影特征

（2）投影面垂直线。

在三投影面体系中，垂直于一个投影面，并平行于另两个投影面的直线，称为投影面垂直线。其中，

铅垂线——垂直于 H 面，并平行于 V 面、W 面，如图 2-18 中的 AB 线；

正垂线——垂直于 V 面，并平行于 H 面、W 面，如图 2-18 中的 EF 线；

侧垂线——垂直于 W 面，并平行于 H 面、V 面，如图 2-18 中的 CD 线。

注：投影面平行线和投影面垂直线统称为特殊位置直线。

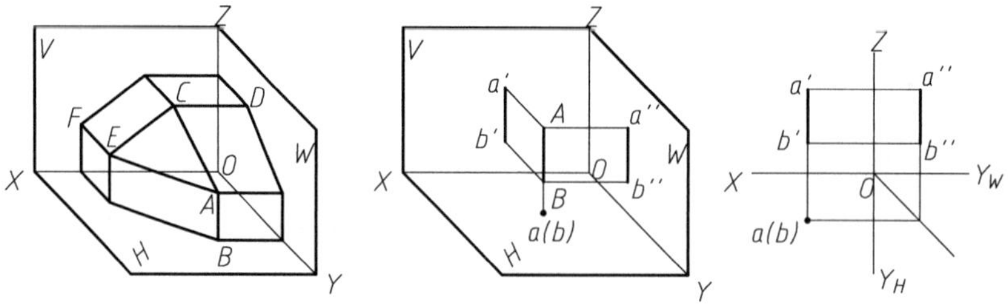

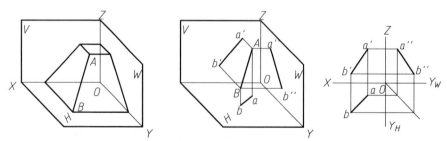

图 2-18　投影面垂直线及其投影特征

（3）投影面倾斜线。

在三投影面体系中，同时倾斜于三个投影面的直线，称为投影面倾斜线。如图 2-19 中的 AB 线，即为投影面倾斜线。

注：投影面倾斜线也称为一般位置直线。

思考：直线的空间位置共有几种?

图 2-19　投影面倾斜线及其投影特征

3. 直线的投影特性

（1）投影面平行线。

在平行的投影面上，其投影反映实长，且倾斜于投影轴；另两面投影小于实长，且平行或垂直于投影轴，如图 2-17 所示。

思考：讨论并作出直线 *AC* 和直线 *BC* 的三面投影图。

（2）投影面垂直线。

在垂直的投影面上，其投影积聚成点；另两面投影反映实长，且平行或垂直于投影轴，如图 2-18 所示。

思考：讨论并作出直线 *CD* 和直线 *EF* 的三面投影图。

（3）投影面倾斜线。

其三面投影均小于实长，且都倾斜于投影轴，如图 2-19 所示。

三、平面的投影

1. 平面的三面投影

平面的三面投影一般仍为平面。如图 2-20 所示，先求出平面上不在同一条直线上三点的三面投影，将三点的同面投影连线成面，即得平面的三面投影。

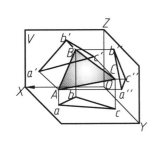

（a）空间平面的投影情况　　（b）作不在同一直线上三点的投影　　（c）连接同面投影

图 2-20　平面的三面投影

2. 平面的空间位置

（1）投影面平行面。

在三投影面体系中，平行于一个投影面，并垂直于另两个投影面的平面，称为投影面平行面。其中，

水平面——平行于 *H* 面，并垂直于 *V* 面、*W* 面，如图 2-21 中的 *B* 平面；

正平面——平行于 *V* 面，并垂直于 *H* 面、*W* 面，如图 2-21 中的 *A* 平面；

侧平面——平行于 *W* 面，并垂直于 *H* 面、*V* 面，如图 2-21 中的 *C* 平面。

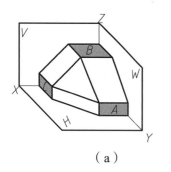
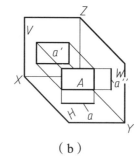

（a） （b） （c）

图 2-21　投影面平行面及其投影特征

（2）投影面垂直面。

在三投影面体系中，垂直于一个投影面，并倾斜于另两个投影面的平面，称为投影面垂直面。其中，

铅垂面——垂直于 *H* 面，并倾斜于 *V* 面、*W* 面，如图 2-22 中的 *P* 平面；

正垂面——垂直于 *V* 面，并倾斜于 *H* 面、*W* 面，如图 2-22 中的 *Q* 平面；

侧垂面——垂直于 *W* 面，并倾斜于 *H* 面、*V* 面，如图 2-22 中的 *R* 平面。

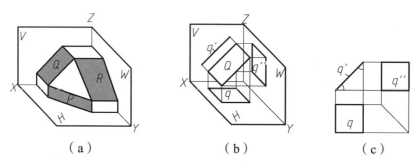

（a） （b） （c）

图 2-22　投影面垂直面及其投影特征

注：投影面平行面和投影面垂直面统称为特殊位置平面。

（3）投影面倾斜面。

在三投影面体系中，同时倾斜于三个投影面的平面，称为投影面倾斜面。如图 2-23 中的 *M* 平面，即为投影面倾斜面。

注：投影面倾斜面也称为一般位置平面。

思考：平面的空间位置共有几种？

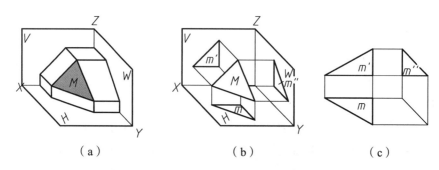

（a） （b） （c）

图 2-23　投影面倾斜面及其投影特征

3. 平面的投影特性

（1）投影面平行面。

在平行的投影面上，其投影反映实形；另两面投影积聚成直线，且平行或垂直于投影轴，如图 2-21 所示。

思考：讨论并作出平面 *B* 和平面 *C* 的三面投影图。

（2）投影面垂直面。

在垂直的投影面上，其投影积聚成直线，且倾斜于投影轴；另两面投影收缩成该平面的类似形，如图 2-22 所示。

思考：讨论并作出平面 *P* 和平面 *R* 的三面投影图。

（3）投影面倾斜面。

其三面投影均收缩成该平面的类似形，如图 2-23 所示。

任务 2-3　基本体及切割体的三视图

一、平面立体的三视图

任何机械零件都可以看成是若干基本几何体（简称基本体）组合而成。基本几何体分为平面立体和曲面立体。表面均为平面的立体称为平面立体，如棱柱、棱锥、棱台等；表面至少有一个曲面的立体称为曲面立体，如圆柱、圆锥、圆台、球等。

1. 棱柱的三视图

分析：（正）棱柱的两端面为全等（正）多边形，且相互平行；棱面均为矩形，且垂直于端面；棱线等长且相互平行。将棱柱置于三投影面体系中摆正投影，得其三视图。

投影特征：如图 2-24 所示，一个视图为反映端面实形的（正）多边形；另两个视图为若干相邻矩形，棱线（不可见棱线画成虚线）的投影相互平行且反映实长。

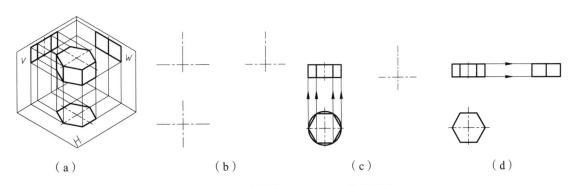

（a）　　　　　（b）　　　　　（c）　　　　　（d）

图 2-24　正六棱柱的三视图及作图步骤

2. 棱锥的三视图

分析：（正）棱锥的底面为（正）多边形；棱面为共顶点的等腰三角形；棱线等长且相交于顶点。将棱锥置于三投影面体系中摆正投影，得其三视图。

投影特征：如图 2-25 所示，一个视图为反映底面实形的（正）多边形，其内有若干线段相交于一点（线段的另一端点为多边形顶点）；另两个视图为若干相邻三角形，棱线（不可见棱线画成虚线）的投影相交于一点。

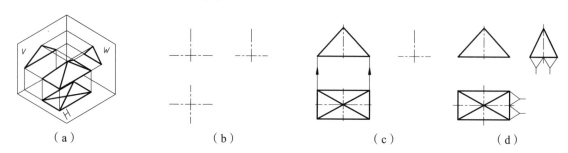

| （a） | （b） | （c） | （d） |

图 2-25　四棱锥的三视图及作图步骤

3. 棱（锥）台的三视图

分析：（正）棱台的两底面为相似（正）多边形，且相互平行；棱面为等腰梯形；棱线等长且延长相交于锥顶。将棱台置于三投影面体系中摆正投影，得其三视图。

投影特征：如图 2-26 所示，一个视图为反映底面实形的相似（正）多边形，棱线的收缩投影连接相似多边形对应顶点；另两个视图为若干相邻梯形，棱线（不可见棱线画成虚线）的投影延长交于棱锥台的锥顶。

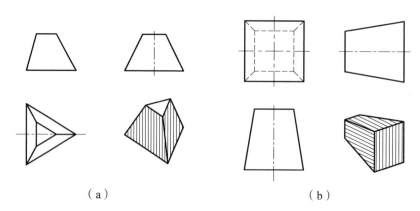

| （a） | （b） |

图 2-26　三棱锥和四棱锥的三视图

二、平面立体被截切后的三视图

用平面截切平面立体，平面与立体表面产生交线，称之为截交线，该平面称为截平面，如图 2-27 所示。

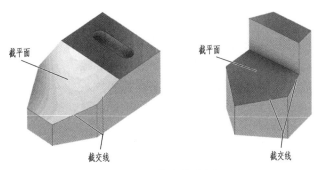

图 2-27　截交线实例

由于立体的形状各有不同，截平面的位置也有不同，导致截交线的形状也各不相同，但它们都具有以下基本特性：

（1）截交线为封闭的平面图形。

（2）截交线既在截平面上，又在立体表面上，是截平面与立体表面的共有线，截交线上的点是截平面和立体表面的共有点，如图 2-27 所示。

总之，求作平面立体被截切后的三视图，关键是求作截交线，也就是求作截平面与立体表面的共有点和共有线。

例 1　如图 2-28 所示，求作正六棱柱被切割后的三视图。

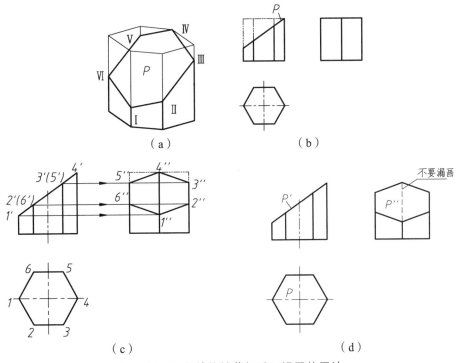

图 2-28　正六棱柱被截切后三视图的画法

分析：正六棱柱被截平面 P 斜切，截交线为六边形，六边形的顶点为截平面与棱线的交点。利用截平面 P 在主视图上投影的积聚性以及棱线在俯视图上投影的积聚性和点的投影规律（长对正、高平齐、宽相等）即可求出其三视图。

作图：

（1）画出正六棱柱被切割前的三视图。

（2）作出截交线（六边形）顶点的侧面投影并顺序连接。

（3）擦去多余线段，补画遗漏的虚线，并加深粗实线。

注意：当截平面 P 垂直于 V 面，倾斜于 H 面和 W 面时，截平面的水平投影和侧面投影是截平面的类似形，如图 2-28 所示。

例 2　如图 2-29 所示，求作正四棱锥被切割后的三视图。

分析：正四棱锥被截平面 P 斜切，截交线为四边形，四边形的顶点为截平面与棱线的交点。利用截平面在主视图上投影的积聚性和点的投影规律（长对正、高平齐、宽相等）即可求出其三视图。

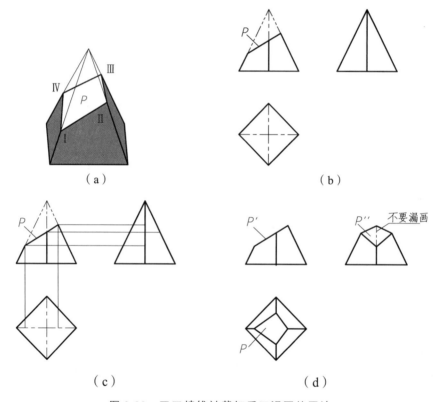

图 2-29　正四棱锥被截切后三视图的画法

作图：

（1）画出正四棱锥被切割前的三视图。

（2）作出截交线（四边形）顶点的水平投影和侧面投影并顺序连接。

（3）擦去多余线段，补画遗漏的虚线，并加深粗实线。

注意：当截平面 P 垂直于 V 面，倾斜于 H 面和 W 面时，截平面的水平投影和侧面投影是截平面的类似形，如图 2-29 所示。

例 3　如图 2-30 所示，求作平面立体（L 形棱柱）被切割后的三视图。

分析：截平面 P 斜切 L 形棱柱，截交线为 L 形多边形，多边形的顶点为截平面与棱线的交点。利用截平面 P 在主视图上投影的积聚性、棱线在左视图上投影的积聚性、截交线的基本特性和点的投影规律（长对正、高平齐、宽相等）即可求出其三视图。

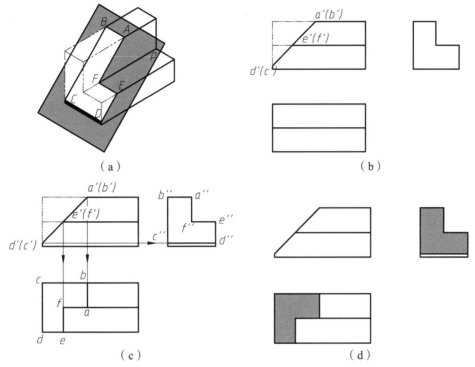

图 2-30　L 形棱柱被截切后三视图的画法

作图：

（1）画出 L 形棱柱被切割前的三视图。

（2）作出截交线（L 多边形）顶点的侧面投影，再根据点的投影规律（长对正、高平齐、宽相等）求出顶点的水平投影并顺序连接，得其切割后的三视图。

（3）擦去多余线段，并加深粗实线。

讨论：如图 2-31 所示，分析凹形柱体被截平面 P 切割后的三视图，并与例 3 比较，找出其共同规律。

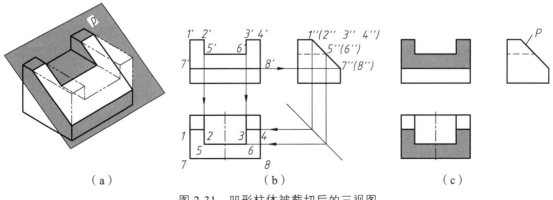

图 2-31　凹形柱体被截切后的三视图

三、曲面立体的三视图

由曲面（或曲面与平面）围成的立体，称为曲面立体。工程上常见的曲面立体是回转体。由回转面（或回转面与平面）围成的立体，称为回转体，如圆柱、圆锥、圆台、圆球等。

1. 圆柱的三视图

圆柱（体）是由圆柱面和上、下两端面所围成。圆柱面可看作是一条直线（AB）围绕与它平行的轴线（OO）回转一圈而成。OO 称为回转轴，AB 称为母线，母线转至任一位置，称为素线，如图 2-32 所示。

分析：由于圆柱的轴线垂直于水平面，故圆柱面亦垂直于水平面，其水平投影积聚成一个圆圈，V 面投影收缩成矩形，矩形的两条竖线为圆柱面最左、最右素线的投影；W 面投影亦收缩成矩形，矩形的两条竖线为圆柱面最前、最后素线的投影。圆柱（体）的上、下端面平行于 H 面，其水平投影反映实形且重合，正面、侧面投影积聚成直线。

投影特征：一面视图为圆（圆心为两条相互垂直的中心线之交点），另两面视图为全等矩形（其轴线用细点划线表示，细点划线两端超出轮廓线 2 ~ 5 mm），如图 2-32 所示。

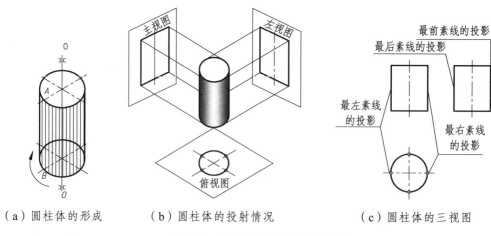

（a）圆柱体的形成　　　　（b）圆柱体的投射情况　　　　（c）圆柱体的三视图

图 2-32　圆柱的形成及其三视图

2. 圆锥的三视图

圆锥（体）是由圆锥面和底平面所围成。圆锥面可看作是直线（AS）绕与其相交的轴线（OO）回转一圈而成。OO 称为回转轴，AS 称为母线，母线转至任一位置，称为素线，如图 2-33 所示。

分析：由于圆锥的轴线垂直于水平面，故圆锥面的水平投影收缩成一个圆平面，V 面投影收缩成等腰三角形，等腰三角形的两条腰线为圆锥面最左、最右素线的投影；W 面投影也收缩成等腰三角形，等腰三角形的两条腰线为圆锥面最前、最后素线的投影。圆锥（体）的下底面平行于 H 面，其水平投影反映实形且与圆锥面的水平投影重合，正面、侧面投影积聚成直线。

投影特征：一面视图为圆（圆心为两条相互垂直的中心线之交点），另两面视图为全等三角形（其轴线用细点划线表示，细点划线两端超出轮廓线 2 ~ 5 mm），如图 2-33 所示。

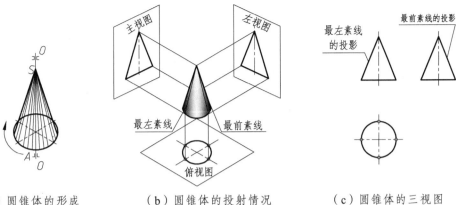

（a）圆锥体的形成　　　　（b）圆锥体的投射情况　　　　（c）圆锥体的三视图

图 2-33　圆锥的形成及其三视图

3. 圆球的三视图

如图 2-34 所示，圆球是由球面所围成。球面可看作是一条圆母线绕其直径回转一圈而成。该直径称为回转轴，圆母线转至任一位置，称为素线。

圆球的三面视图均为等径圆（其直径等于球直径），但意义各不同：主视图中的圆是前后半球的分界圆，俯视图中的圆是上下半球的分界圆，左视图中的圆是左右半球分界圆。三视图中，球面均收缩成圆平面，如图 2-34 所示。

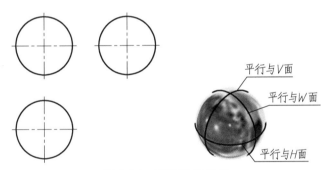

图 2-34　圆球的三视图

4. 圆（锥）台的三视图

圆锥体被平行于其底面的平面截去其上部，所剩下部叫作圆锥台，简称圆台。其三视图如图 2-35 所示。其投影特征是一面视图为两个同心圆（圆心为两条相互垂直的中心线的交点），另两面视图为全等的等腰梯形（其轴线用细点画线表示，细点画线两端超出轮廓线 2~5 mm）。

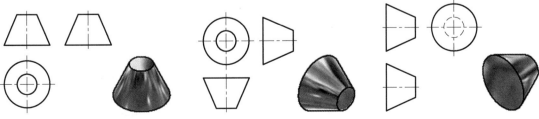

图 2-35　圆（锥）台及其三视图

四、曲面立体被截切后的三视图

用平面（也称截平面）截切曲面立体，也会在曲面立体表面产生截交线。曲面立体的截交线也是一个封闭的平面图形，其基本特性与平面立体截交线的基本特性相同。具体分析如下：

1. 圆柱的截交线

截平面与圆柱轴线的相对位置不同，圆柱表面的截交线形状亦不同，如图 2-36 所示。

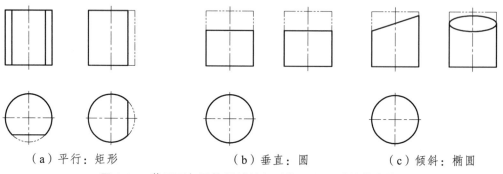

（a）平行：矩形　　　　　　　（b）垂直：圆　　　　　　　（c）倾斜：椭圆

图 2-36　截平面与圆柱轴线的相对位置不同时的截交线

2. 圆锥的截交线

截平面与圆锥轴线的相对位置不同，圆锥表面的截交线形状也不同，如图 2-37 所示。

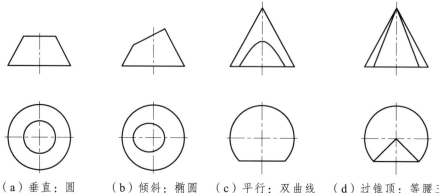

（a）垂直：圆　　　（b）倾斜：椭圆　　　（c）平行：双曲线　　　（d）过锥顶：等腰三角形

图 2-37　截平面与圆锥轴线的相对位置不同时的截交线

3. 圆球的截交线

任意方向的截平面截切圆球，其截交线都是圆。当截平面平行于投影面时，在截平面平行的那个投影面上，截交线投影为圆，另两面投影积聚成直线，如图 2-38 所示。

例 4　如图 2-39 所示，作圆柱被截切后的三视图。

分析：圆柱左端开槽，槽侧面平行于圆柱轴线（截交线为矩形），槽底面垂直于圆柱轴线（截交线为圆的一部分）；圆柱

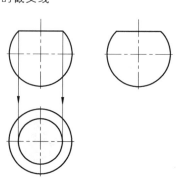

图 2-38　球被水平面截切

右端切肩，截平面分别平行或垂直于圆柱轴线（截交线为矩形或圆的一部分）。利用截平面投影的显实性和积聚性，以及三视图的投影规律（长对正、高平齐、宽相等），即可求出其三视图。

作图：

（1）根据槽口的宽度，作出槽的侧面投影（两条竖线），再按投影规律作出槽的正面投影。

（2）根据切肩的厚度，作出切肩的侧面投影（两条虚线），再按投影规律作出切肩的水平投影。

（3）擦去多余线段，并加深粗实线（见图2-39）。

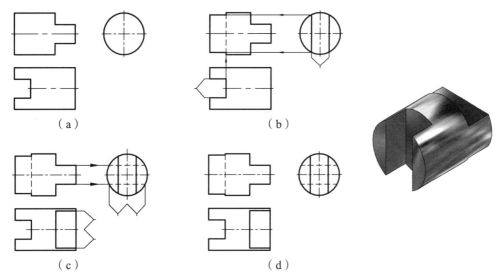

图2-39　圆柱被截切后的三视图

例5　如图2-40所示，求作开槽半圆球的三视图。

分析：半圆球上部开槽，槽的侧平面和底平面截切半圆球，其截交线均为圆的一部分（圆的直径小于球直径）。利用截平面投影的显实性和积聚性，以及三视图的投影规律（长对正、高平齐、宽相等），即可求出其三视图。

作图：

（1）延长槽的底平面，量得圆的半径 R_1，作出槽底面的水平投影。

（2）延长槽的侧平面，量得圆的半径 R_2，作出槽侧面的侧面投影。

（3）擦去多余线段，并加深粗实线。

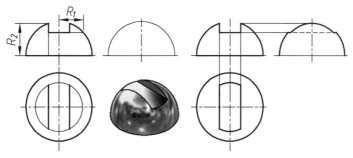

图2-40　开槽半圆球的三视图的画法

任务 2-4　组合体及相贯体①的三视图

由两个或两个以上基本几何体组合而成的形体，称为组合体。如图 2-41 所示，组合体按其组合形式可分为叠加型、切割型和综合型。叠加型组合体由基本体按对称、不对称、平齐、不平齐、相切、相交等形式叠加而成；切割型组合体由基本体经切口、开槽、穿孔等形式切割而成；综合型组合体由基本体经叠加和切割后形成。

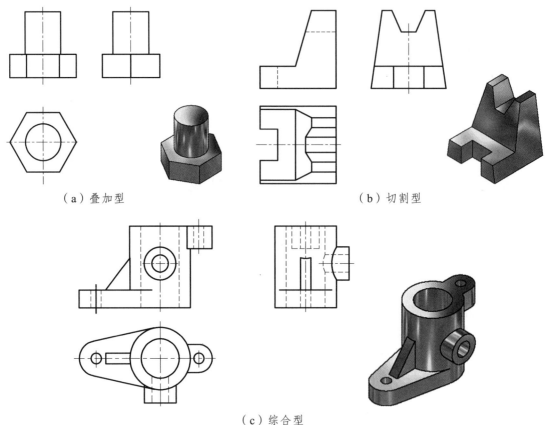

（a）叠加型　　　　　　　　　　　　　（b）切割型

（c）综合型

图 2-41　组合体的组合形式

一、组合体表面的连接方式

组合体中两基本几何体以平面相接触进行叠加，其相邻表面的连接方式可分为共面、异面、相切、相交四种。

1. 共　面

当相邻两形体表面共面叠加时，共面处没有分界线，画图应"共面无线"，如图 2-42 所示。

---

① 相贯体是组合体的一种。

2. 异　面

当相邻两形体表面异面叠加时，在异面处有分界线，画图应"异面有线"，如图 2-43 所示。

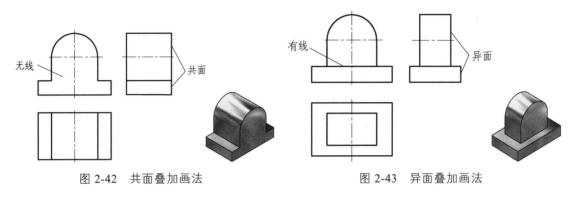

图 2-42　共面叠加画法　　　　　　　图 2-43　异面叠加画法

3. 相　切

当相邻两形体表面相切叠加时，因为相切就是光滑连接，所以在相切处没有分界线，画图应"相切无线"，如图 2-44 所示。

4. 相　交

两形体相交也称作相贯，相交后得到的形体称为相贯体，在相交两形体表面产生的交线称为相贯线。画图时应画出相贯线的投影，即"相交有线"，如图 2-45 所示。

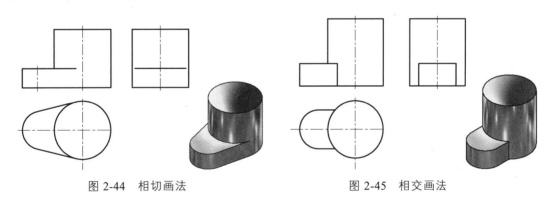

图 2-44　相切画法　　　　　　　　　图 2-45　相交画法

相贯线一般为封闭的空间曲线（见图 2-45 和图 2-46），特殊情况下也可能是平面曲线或直线（见图 2-41 和图 2-45）。相贯线是相交两形体的表面分界线，因此也是相交两形体表面的共有线，所以相贯线上的点也是相交两形体表面的共有点。这里只讨论两圆柱轴线垂直相交（简称正交）的相贯线求法。

求作相贯线，方法和截交线一样，也是先利用表面取点法求出相交形体表面上共有点的投影，然后将其光滑连接，即得相贯线的投影，如图 2-47 所示。图中 A、B、C、D 是相贯线上的特殊点，A、B 两点是相贯线上最左、最右点，也是最高点，C、D 两点是相贯线上最后、最前点，也是最低点，E、F 是相贯线上的一般点（中间点）。

图 2-47（c）所示为相贯线的简化画法。不等径两圆柱正交，其正面投影（非圆曲线的投影）可以用圆弧代替。图中的 R 为大圆柱的半径。

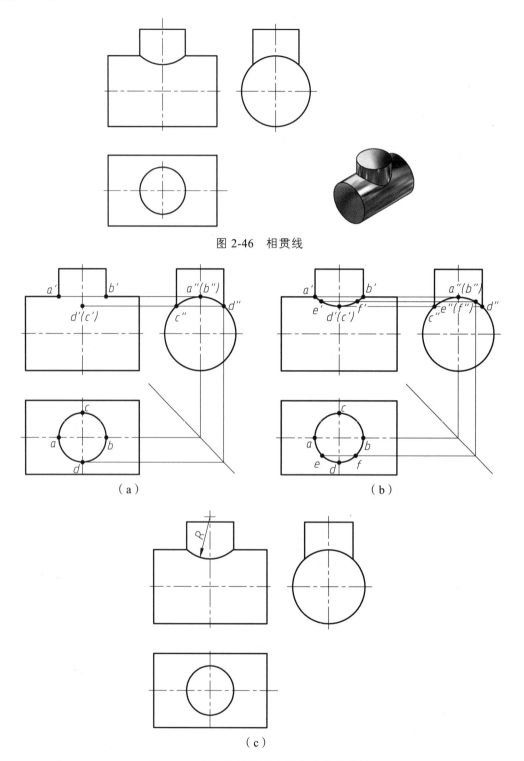

图 2-46　相贯线

（a）

（b）

（c）

图 2-47　两圆柱轴线正交时相贯线的画法

　　思考：如图 2-48 所示，当不等径正交的两圆柱相对位置不变，相对大小发生改变时，相贯线会发生怎样的改变？

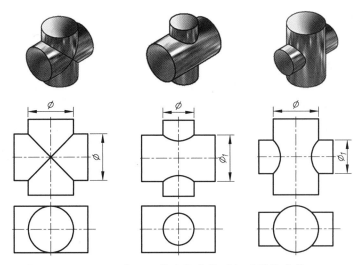

图 2-48　正交两圆柱直径变化时相贯线的变化

讨论：图 2-49 中列举了几种常见的相贯线的形成条件和画法，请自行分析或讨论。

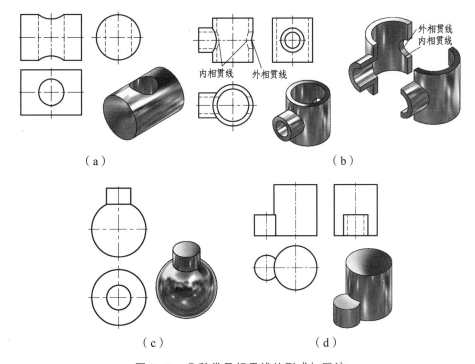

（a）　　　　　　　　　　　　　　（b）

（c）　　　　　　　　　　　　　　（d）

图 2-49　几种常见相贯线的形成与画法

二、组合体三视图的画法

1. 分析形体

画组合体三视图，首先应对组合体进行形体分析，将组合体分解为若干基本形体，分析它们的组合形式、相对位置、相邻表面的连接方式，这种分析方法也称为形体分析法。

2. 选择主视方向

一般选择最能表达组合体形状特征的投影方向为主视方向，同时还要考虑组合体的正常位置和俯、左视图的投影。如图 2-50 所示，选择 *A* 向作为主视方向，能清晰地表达组成支座的基本形体及其整体结构特征。

3. 确定绘图比例和图幅

根据组合体的形状和大小，选择适当的比例和图纸幅面，如图 2-51 所示确定视图位置，画出各视图的基线（对称线、中心线、基准线、轴线、重要端面或底面的轮廓线等），简称布图。注意：预留标注尺寸和画标题栏的空间。

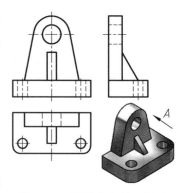

图 2-50　轴承座及其三视图

4. 绘制底稿

从主视图入手，按"长对正，高平齐，宽相等"的投影关系和组合体表面的连接方式，依次画出组合体的三视图。

注意：先主后次、先大后小、先曲后直、先实后虚。

5. 检查描深

认真检查底稿，反复对照模型或轴测图，分析是否错画、漏画、多画，确认无误后，擦去辅助线，清理图面，按规定线型加深图线，完成全图，如图 2-51 所示。

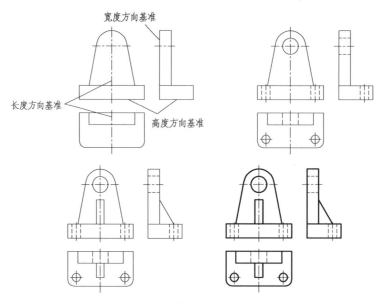

图 2-51　轴承座画图步骤

任务 2-5　组合体的尺寸标注

视图只能表示组合体的结构形状，组合体各组成部分的大小和相对位置则要由尺寸来确定。标注组合体尺寸必须做到：正确——尺寸标注符合国家标准的规定；完整——所注尺寸不重复，不遗漏；清晰——尺寸标注布局整齐、清楚、合理，便于看图。

一、尺寸种类

1. 定形尺寸

确定组合体各组成部分形状大小的尺寸，又称大小尺寸，如图 2-52（a）所示。

2. 定位尺寸

确定组合体各组成部分相对位置的尺寸，又称位置尺寸，如图 2-52（b）所示。

3. 总体尺寸

确定组合体外形的总长、总宽、总高的尺寸，又称轮廓尺寸，如图 2-52（c）所示。

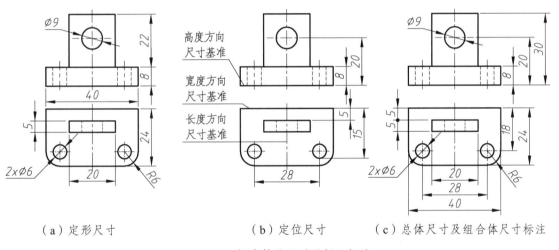

（a）定形尺寸　　　　　　（b）定位尺寸　　　　　（c）总体尺寸及组合体尺寸标注

图 2-52　组合体的尺寸分析及标注

二、尺寸基准

　　尺寸基准即指标注尺寸的起点，组合体一般有长、宽、高三个方向的尺寸基准。通常选择组合体的对称平面、底面、重要端面、回转体轴线等作为组合体的尺寸基准，如图 2-52（b）所示。

三、尺寸标注

　　标注组合体尺寸，不仅要正确（符合国家标准的相关规定），完整（不重复、不遗漏），清晰（便于读图），还要注意以下几点：

　　（1）突出特征：尺寸应布置在最能显示该部分形状特征的视图上。

（2）尽量集中：表示同一几何体的尺寸，尽量集中标注，便于读图查找。

（3）布局整齐：尺寸尽量布置在视图以外，两视图之间，避免与图线相交；同方向的尺寸应排列在同一条直线上；平行尺寸应间隔均匀，且小尺寸在内，大尺寸在外；直径最好标注在非圆的视图上；半径最好标注在圆视图上，且半径尺寸线（或其延长线）必须通过圆心。

（4）组合体表面的截交线和相贯线是基本形体相交时自然产生的，不须标注尺寸。

（5）尺寸尽量标注在可见轮廓附近，避免标注在虚线上，如图2-53所示。

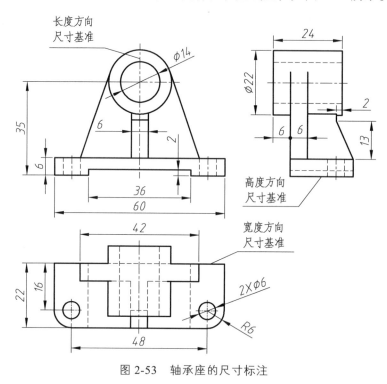

图 2-53　轴承座的尺寸标注

任务 2-6　读组合体视图的方法

一、形体分析法

任何复杂的物体，都可以看成是若干个基本体组合而成。因此，画、看组合体视图时，可以想象着把组合体分解成若干个基本几何体，然后按其相对位置和组合形式逐个画出或想象出组合体的各个组成部分，再整合起来。这种为方便画、看组合体视图，将组合体"先分后合"的分析方法，称为形体分析法。

二、线框的含义

（1）视图中的每个封闭线框，都表示物体上的一个表面（平面、曲面）或一个基本体，如图2-54所示。

（2）视图中相邻的两个封闭线框，都表示物体上位置不同的两个表面，如上下、左右、前后、相交等，如图 2-54 所示。

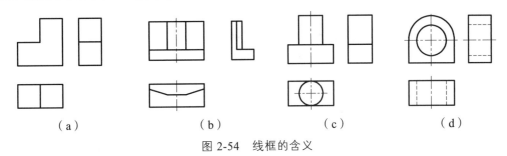

（a）　　　　　　　　　（b）　　　　　　　（c）　　　　　　　（d）

图 2-54　线框的含义

（3）视图中，在一个大的封闭线框内包含若干个小线框，则表示在一个大平面体（或曲面体）上凸出或凹下若干个小的平面体（或曲面体），如图 2-55 所示。

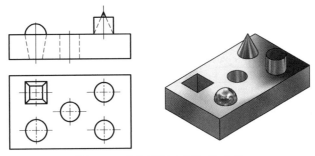

图 2-55　"大框套小框"的含义

三、读图的基本原则

形体分析法是识读组合体视图的基本方法。除此以外，读组合体视图还要注意以下几点：

1. 要把几个视图联系起来识读

在三视图中，仅由一个或两个视图往往不能唯一地确定物体的形状。如图 2-56 中的俯视图和图 2-57 中的主、俯视图。

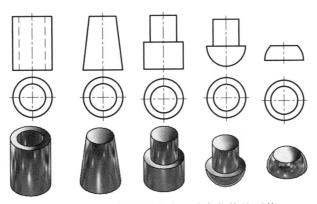

图 2-56　一面视图不能唯一确定物体的形状

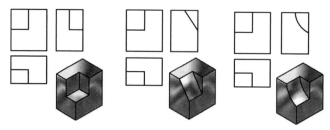

图 2-57　二面视图不能唯一确定物体的形状

2. 确定视图中线框的含义

看图时可先假定特征视图中的某个线框就是一个几何体或是几何体上的一个表面,然后对应其他视图中该线框的投影,想象出该几何体的立体形状或是该面的空间位置。需注意的是,线框的分法应根据视图形状而定,线框分块可大可小,一个线框可作为一块,几个相连的线框也可作为一块,只要与其他视图相对照,看懂该部分形体的形状就可以了,如图 2-58 所示。

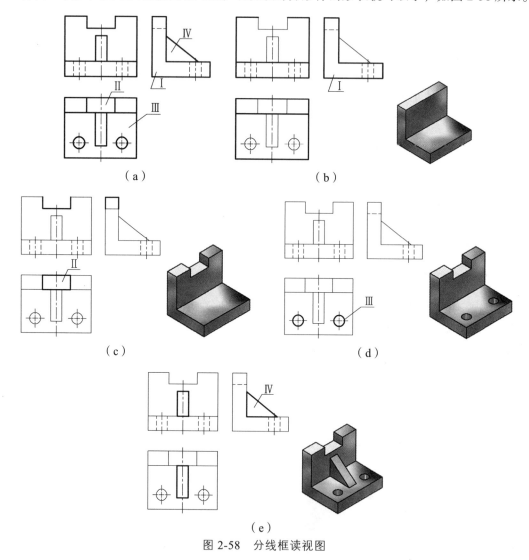

图 2-58　分线框读视图

3. 要从反映物体的形状特征和位置特征的视图入手

形状特征视图：能清楚表达物体形状特征的视图，如图 2-59 中的俯视图。

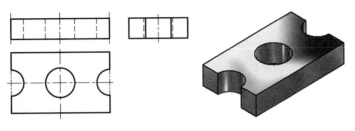

图 2-59 形状特征视图

位置特征视图：能清楚表达物体位置特征的视图，如图 2-60 中的左视图。

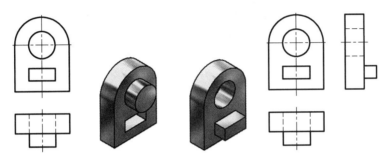

图 2-60 位置特征视图

特征视图是三视图中的关键视图，抓住特征视图就是抓住了看图的主要矛盾。要注意的是物体上每一部分的特征，有时不是集中在一个视图上，而是每个视图中都有一些。看图时要抓住反映形状及位置特征较多的那个视图。

四、读图的基本步骤

1. 抓住特征分部分

如图 2-61 所示的轴承座三视图，分析其特征线框，将其分成三大部分。

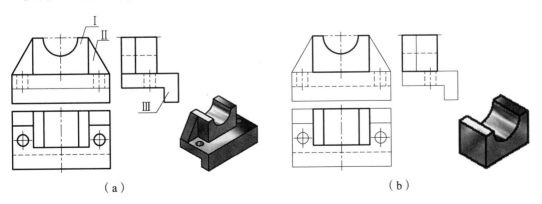

（a）   （b）

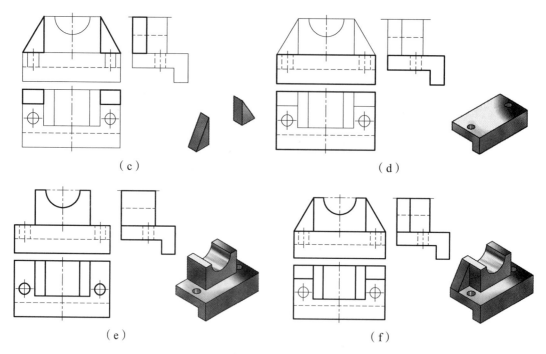

（c） （d）

（e） （f）

图 2-61　运用形体分析看图

2. 对准投影想形状

根据投影规律（长对正，高平齐，宽相等），联系各部分在三视图中的投影，想象它们的形状，如图 2-61 所示。

3. 综合起来想整体

将各部分形体按其相对位置加以组合，想象出轴承座整体的形状，如图 2-62 所示。

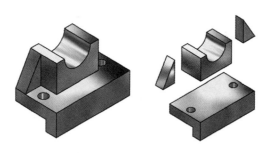

图 2-62　轴承座轴测图

此外，看图时应先看主要部分，后看次要部分；先看容易确定的部分，后看难以确定的部分；先看大致形状，后看详细形状。

五、看图举例

下面通过两个例题，分析说明识读组合体视图的方法。

例 1　如图 2-63 所示，根据座体的主、俯视图，补画其左视图。

分析：按照"分线框，对投影，想形状"的方法，逐一画出座体的左视图。

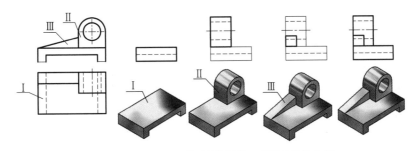

图 2-63　已知两面视图补画第三面视图的步骤

例 2　如图 2-64 所示，已知支撑架的主、左视图，想象其形状，并画出其俯视图。

分析：将主视图划分成三个较大线框，想象其形状，分析其相对位置，然后对应画出其俯视图。

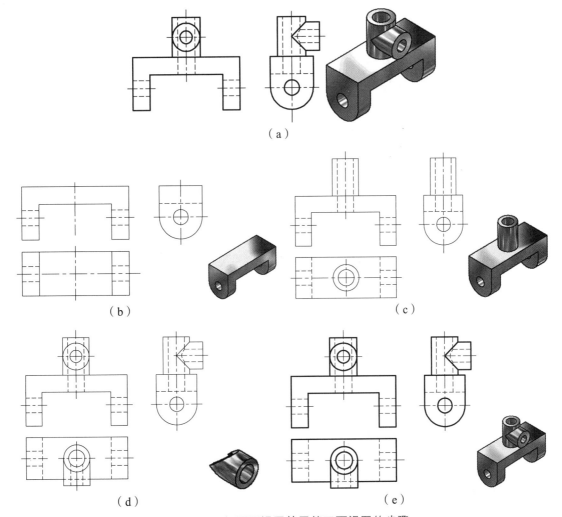

图 2-64　已知两面视图补画第三面视图的步骤

模块 3
轴 测 图

轴测图是用轴测投影方法画出来的图形，它具有形象、逼真、富有立体感等优点，但不能反映出物体各表面的实形，因而具有度量性差、作图较复杂等缺点。因此在生产中它经常作为辅助图样，帮助人们想象物体的空间形状。

一、轴测图的形成

如图 3-1 所示，将物体连同其参考直角坐标系，沿不平行于任一坐标面的方向，用平行投影法投影在单一投影面上所得到的图形称为轴测投影图。

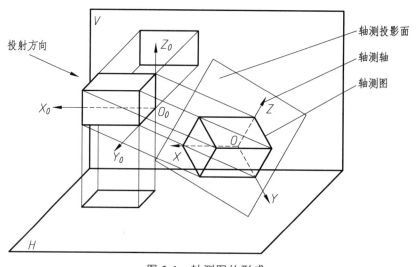

图 3-1　轴测图的形成

二、轴测图的轴间角和轴向伸缩系数

确定立体空间位置的空间直角坐标轴 O_0X_0、O_0Y_0、O_0Z_0 在轴测投影面上的投影 OX、OY、OZ 称为轴测轴。

轴测轴之间的夹角 $\angle XOY$、$\angle YOZ$、$\angle XOZ$ 称为轴间角。

轴测轴上的单位长度与相应坐标轴上的单位长度的比值，称为轴向伸缩系数。OX、OY、OZ 轴上的轴向伸缩系数通常用 p、q、r 表示。

轴测图的基本性质：

（1）物体上相互平行的线段，它们的轴测投影也相互平行。

（2）平行于坐标轴的直线段，它的轴测投影仍然与相应的轴测轴平行，且与该轴有相应的轴向伸缩系数。

由于改变物体与轴测投影面的相对位置，或选择不同的投射方向，将使轴测图有不同的轴间角和轴向伸缩系数。根据立体感较强、易于作图的原则，常用的轴测图有正等测图和斜二测图两种。

任务 3-1　基本体的正等测

一、正等测的形成

当立方体的正面平行于轴测投影面时，立方体的投影是个正方形［如图 3-2（a）所示］，将立方体连同其坐标轴一起平转 45°［如图 3-2（b）所示］，再向正前方旋转约 35°［如图 3-2（c）所示］，当立方体的三根坐标轴与轴测投影面都倾斜成相同的角度时，用正投影法得到的投影图称为正等测图。

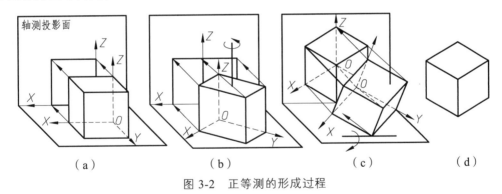

图 3-2　正等测的形成过程

二、正等测的轴间角和轴向伸缩系数

如图 3-3 所示：

（1）由于三根坐标轴与轴测投影面倾斜的角度相同，因此三个轴间角 $\angle XOY$、$\angle YOZ$、$\angle XOZ$ 相等，都等于 120°。一般将 OZ 轴画成竖直方向。

（2）据计算，正等测的轴向伸缩系数 $p = q = r = 0.82$，为了作图方便取轴向伸缩系数为 1，这样画出的正等轴测图在线性尺寸上放大了 $1/0.82 \approx 1.22$ 倍，但不影响物体的形状和立体感，而且作图简便，作图时只需将物体沿各坐标轴的长度直接度量到相应轴测轴方向上即可。即凡与轴测轴平行的线段，作图时其长度都是实长。

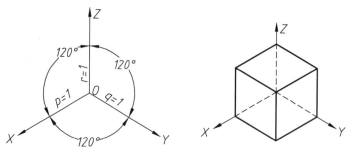

图 3-3 正等测轴测轴及轴间角

三、正等测的画法

1. 平面立体正等测的画法

画平面立体的轴测图常用坐标法。坐标法是画轴测图最基本的方法，它是根据立体的形状特点，选定合适的直角坐标系，然后画出轴测轴，按物体上各点的坐标关系画出其轴测投影，并连接各顶点形成立体的轴测图。轴测投影的可见性比较直观，对不可见的轮廓省略不画。

例 1 已知三棱锥的三视图如图 3-4（a）所示，试作其正等测。

用坐标法画三棱锥的正等测。为使作图更加便捷，将坐标原点设在底面上 C 点处，使 CA 与 OX 轴重合。作图步骤如图 3-4 所示。

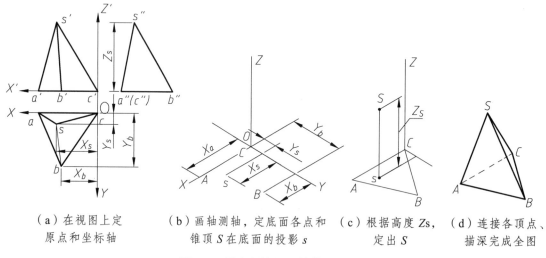

（a）在视图上定 （b）画轴测轴，定底面各点和 （c）根据高度 Z_s， （d）连接各顶点、
 原点和坐标轴   锥顶 S 在底面的投影 s   定出 S   描深完成全图

图 3-4 用坐标法画三棱锥的正等测

例 2 已知正六棱柱的视图如图 3-5（a）所示，作正六棱柱的正等测。

因正六棱柱前后左右对称，为使作图方便，将坐标原点设在顶面中点，棱柱的轴线与 Z 轴重合，顶面两条对称线与 X、Y 轴重合。作图步骤如图 3-5 所示。

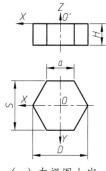
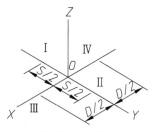
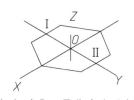

（a）在视图上定原点和坐标轴　（b）画轴测轴、根据尺寸 S、D 定出 I、II、III、IV点　（c）过 I、II 作直线平行于 OX，并在所作两直线上以 a/2 取到 4 点，连接各顶点　（d）过各顶点向下取高 H 画侧棱，画底面的边，描深完成全图

图 3-5　正六棱柱正等测的画法

例 3　已知棱锥台的三视图如图 3-6（a）所示，作棱锥台的正等测。

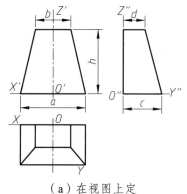
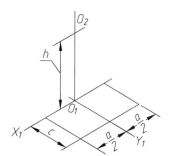
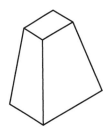

（a）在视图上定原点和坐标轴　（b）以轴线 O_1Y_1 为对称线，按坐标 a/2、c 画出底面，因斜线不能直接画出，只能先画顶面，所以在 Z_1 轴上量取 O_1O_2 = h　（c）以 O_2 为中心画出 X_2、Y_2 轴，再按坐标 b/2、d 作出顶面的轴测图　（d）连接相应各端点，擦去看不见的图线，并描深完成全图

图 3-6　棱锥台正等测的画法

2. 回转体正等测的画法

图 3-7 为圆面平行于 H、W、V 面的圆柱的轴测图投影，其圆面的投影为椭圆，图 3-8 所示是立方体上平行于坐标面的各表面内切圆的正等测图，从图中看出它们都是大小相同的椭圆，但长短轴方向各不相同：

圆所在平面平行 XOY 面时，它的轴测投影——椭圆的长轴垂直 OZ 轴，即成水平位置，短轴平行 OZ 轴；

圆所在平面平行 XOZ 面时，它的轴测投影——椭圆的长轴垂直 OY 轴，即向右方倾斜，并与水平线呈 60°角，短轴平行 OY 轴；

圆所在平面平行 YOZ 面时，它的轴测投影——椭圆的长轴垂直 OX 轴，即向左方倾斜，并与水平线呈 60°角，短轴平行 OX 轴。

总结：长轴垂直于不包括在坐标面的那根轴测轴，短轴平行于该轴测轴。

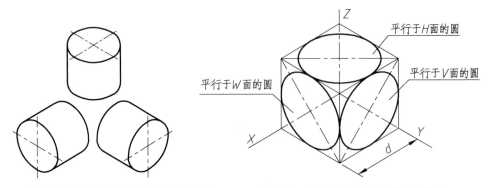

图 3-7　底圆平行各坐标面的圆柱的正等测　　　　图 3-8　平行坐标面上圆的正等测

以水平圆为例，说明平行于坐标面的圆的轴测图（椭圆）画法。

例 4　已知圆柱如图 3-9（a）所示，作圆柱的正等测。

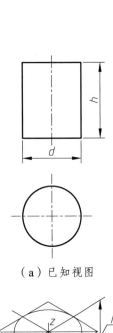

（a）已知视图

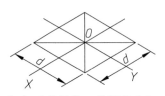

（b）画轴测轴，按圆的外切
正方形画出菱形

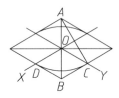

（c）以 A、B 为圆心，
AC 为半径画两大圆弧

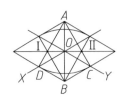

（d）连 AD 和 AC 交长轴
于Ⅰ、Ⅱ两点

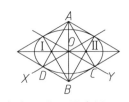

（e）以Ⅰ、Ⅱ为圆心，
ⅠD 为半径画左右小弧

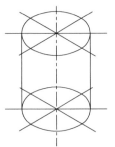

（f）将 A、B、Ⅰ、Ⅱ，
以及各切点向下平移圆柱
高度，画出下圆面

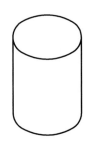

（g）作公切线为轮廓线

（h）描深并完成全图

图 3-9　圆柱正等测的画法

例 5　已知圆锥如图 3-10（a）所示，作圆锥的正等测。

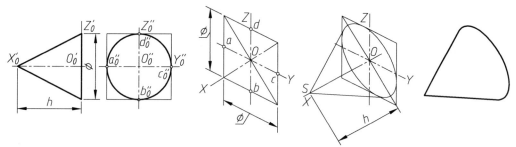

（a）已知视图　　（b）作底圆外　（c）作底圆轴测椭圆，根　（d）描深并完成全图
　　　　　　　　　切正方形　　　据圆锥高度 h 在 OX 轴上
　　　　　　　　　　　　　　　确定锥顶 S，过 S 作切线

图 3-10　圆锥的正等测画法

　　圆角的正等测画法：如图 3-11（a）所示，平面的每个圆角都是整圆的 1/4。画圆角的正等测时，只要在作圆角的边上量取圆角半径 R，如图 3-11（b）所示，量得的点就是切点，过切点作边线的垂线，然后以两垂线的交点为圆心，分别画弧连接切点。再用移心法画底面圆角完成全图。移心法是指在画出某一圆弧或椭圆弧后，将其圆心和切点沿轴线移动至所需的同一距离，再画另一圆弧或椭圆弧。

例 6　已知平板如图 3-11（a）所示，作该板的正等测。

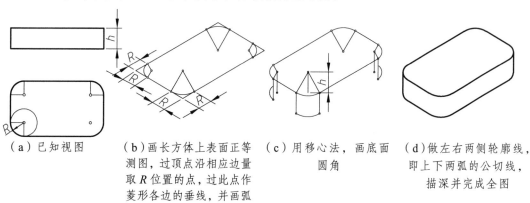

（a）已知视图　（b）画长方体上表面正等　（c）用移心法，画底面　（d）做左右两侧轮廓线，
　　　　　　　　测图，过顶点沿相应边量　　　圆角　　　　　即上下两弧的公切线，
　　　　　　　　取 R 位置的点，过此点作　　　　　　　　　　描深并完成全图
　　　　　　　　菱形各边的垂线，并画弧

图 3-11　带圆角底板的正等测画法

例 7　已知圆头如图 3-12（a）所示，作圆头的正等测。

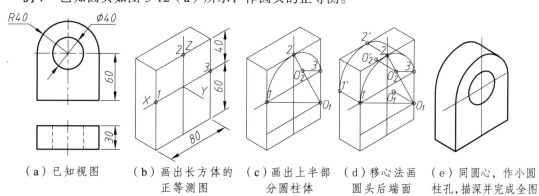

（a）已知视图　（b）画出长方体的　（c）画出上半部　（d）移心法画　（e）同圆心，作小圆
　　　　　　　正等测图　　　分圆柱体　　　圆头后端面　　　柱孔，描深并完成全图

图 3-12　圆角正等测的画法

例 8 已知圆锥台如图 3-13（a）所示，作圆锥台的正等测。

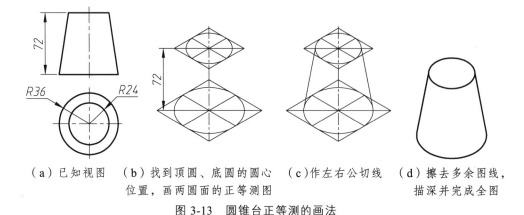

（a）已知视图　　（b）找到顶圆、底圆的圆心　　（c）作左右公切线　　（d）擦去多余图线，
　　　　　　　　　　　位置，画两圆面的正等测图　　　　　　　　　　　　　　　　描深并完成全图

图 3-13　圆锥台正等测的画法

任务 3-2　组合体的正等测

画组合体轴测图时，先通过形体分析将其分解为若干基本体，再逐一组合。通常采用以下两种方法：

叠加法：先将组合体分解成若干个基本几何体，再按其相对位置逐一画出。

切割法：先画出完整的外部几何体的轴测图，再按结构和位置逐一切除多余部分。

一、叠加类组合体的正等测

例 1 作如图 3-14（a）所示物体的正等测图。

由形体分析可知，该物体是由立板（长方体）、底板（长方体）和斜板（三棱柱）拼装成的组合体。绘制此组合体时，用叠加法，依次绘制这三个基本体的正等测，从而得到该组合体的正等测。

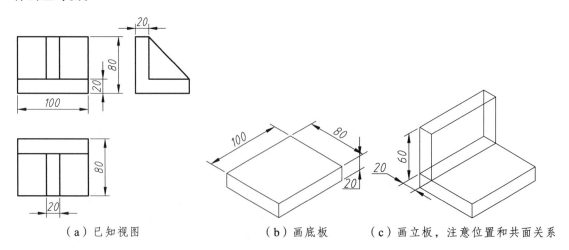

（a）已知视图　　　　　　（b）画底板　　　　　　（c）画立板，注意位置和共面关系

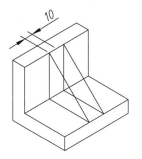 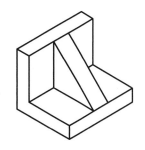

（d）三棱柱位于立板和底板正中间，　　　（e）检查并擦去不可见的棱线，
与立板和底板贴合，找端点，　　　　　描深并完成全图
连线作出三棱柱

图 3-14　用叠加法画正等测

二、切割类组合体的正等测

例 2　作如图 3-15（a）所示物体的正等测。

由形体分析可知，该物体是由一个大长方体切去左上方的小四棱柱，再切去前后两个三棱柱而形成的组合体。绘制此组合体时，用切割法，先画完整的长方体的正等测，再逐步切去各个部分，从而得到该组合体的正等测。

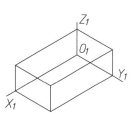 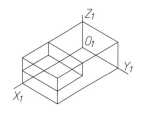

（b）画底板　　　　（c）作出左上方小四棱柱，
注意小四棱柱位置

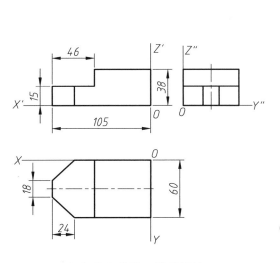

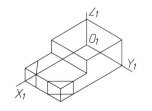 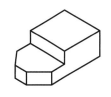

（d）擦去四棱柱挖切部分，　　　（e）擦去两个小三棱柱
作出左前左后两个小三棱柱　　　挖切部分和不可见的
棱线，描深完成全图

（a）已知视图，定坐标轴

图 3-15　平面立体切割类组合体的正等测画法

例 3　作如图 3-16（a）所示物体的正等测图。

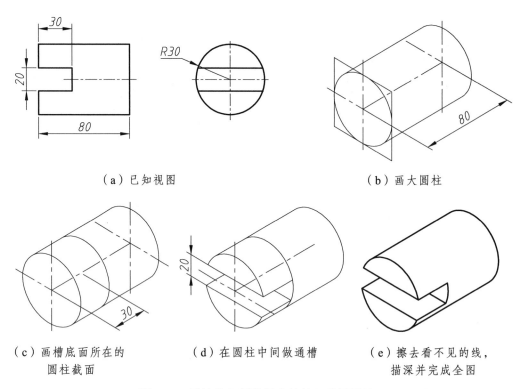

（a）已知视图　　　　　　　　　　　　　（b）画大圆柱

（c）画槽底面所在的　　　　（d）在圆柱中间做通槽　　　　（e）擦去看不见的线，
　　圆柱截面　　　　　　　　　　　　　　　　　　　　　　　　描深并完成全图

图 3-16　回转体切割类组合体的正等测画法

三、综合体的正等测

例 4　作如图 3-17 所示物体的正等测图。

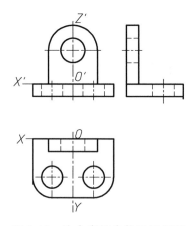

图 3-17　综合类组合体的三视图

用形体分析法，可视物体由一块长方体的底板和一块圆头的立板组成，并且它们后侧共面，在叠加形成的空间立体的基础上，挖切了三个圆柱孔，并且打磨了圆角，绘图时先用叠加法画底板和立板，再用切割法切去各个部分（见图 3-18）。

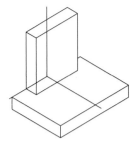

（a）画底板和立板，注意其相对位置

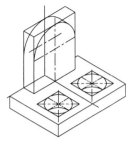

（b）找到底板圆柱孔的
4个圆面圆心位置，画底板圆柱孔

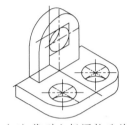

（d）找到立板圆柱孔的
2个圆面圆心位置，画立板圆柱孔

（e）擦去多余的线，描深并完成全图

图 3-18　综合类组合体的正等测画法

例 5　作如图 3-19 所示物体的正等测图。

绘图过程如图 3-20 所示。

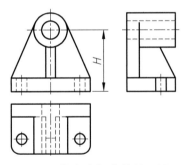

图 3-19　综合类组合体的三视图

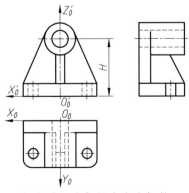

（a）选取坐标原点和坐标轴

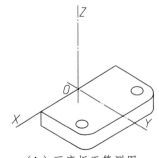

（b）画底板正等测图

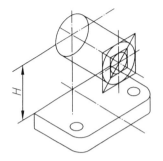

（c）根据尺寸 *H* 确定圆筒高度位置，
并画出圆筒的正等测图

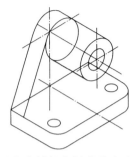

（d）画出支撑板与圆筒的交线及
支撑板的正等测图

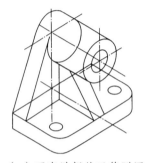

（e）画出肋板的正等测图

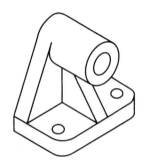

（f）擦去辅助线，描深完成全图

图 3-20　综合类组合体的正等测画法

任务 3-3　基本体的斜二测

一、斜二测的形成

如图 3-21 所示，当物体上的两个坐标平面 *OX* 和 *OZ* 与轴测投影面平行，而投射方向与轴测投影面倾斜 45°时，得到的轴测图就是斜二测。

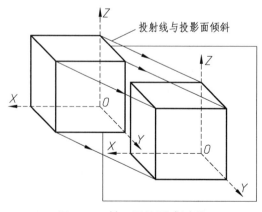

图 3-21　斜二测的形成过程

二、轴间角和轴向伸缩系数

斜二测轴间角为 $\angle XOZ = 90°$，$\angle XOY = \angle ZOY = 135°$，其中 Z 轴为铅垂方向，X 轴成水平方向，如图 3-22 所示。轴向伸缩系数 $p = 1$，$q = 1/2$，$r = 1$，凡与面 XOZ 平行的面都反映实形，作图时可以利用这一特点来画单方向形状较复杂的物体，例如当物体只有一个方向上的表面有圆，可使该面平行于轴测图 XOZ 投影面进行投影，其轴测图投影仍为圆。

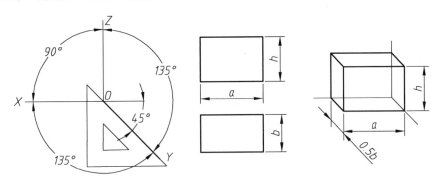

图 3-22　斜二测的轴间角和轴向伸缩系数

三、斜二测的画法

1. 平面立体斜二测的画法

例 1　已知图 3-23（a），作正四棱台的斜二测。

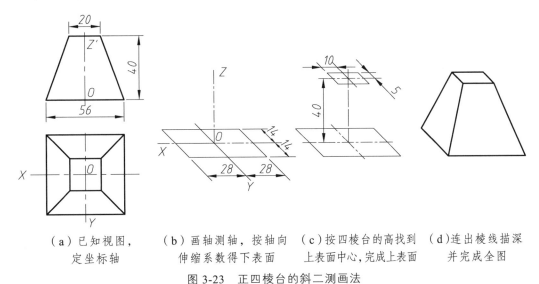

（a）已知视图，定坐标轴　（b）画轴测轴，按轴向伸缩系数得下表面　（c）按四棱台的高找到上表面中心，完成上表面　（d）连出棱线描深并完成全图

图 3-23　正四棱台的斜二测画法

2. 回转体斜二测的画法

例 2　已知图 3-24（a），作圆筒的斜二测。

选择原点位置时，因斜二测中 XOZ 面反映实形，故将有圆的表面放在 XOZ 面，圆心为原点。

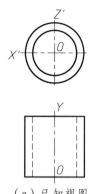

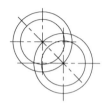

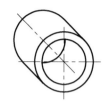

（a）已知视图，
定坐标轴

（b）画轴测轴，
完成前表面

（c）按斜二测 Y 轴尺
寸取 1/2，找到后表面
圆心位置，画后圆面

（d）作切线，描深
完成全图

图 3-24　圆筒的斜二测画法

例 3　已知图 3-25（a），做圆锥台的斜二测。

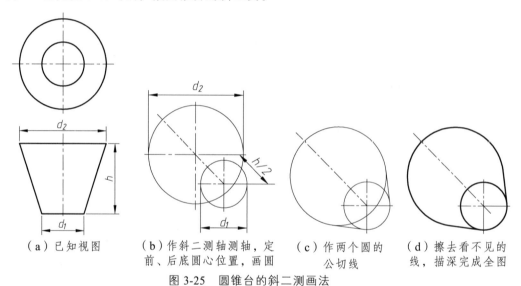

（a）已知视图

（b）作斜二测轴测轴，定
前、后底圆心位置，画圆

（c）作两个圆的
公切线

（d）擦去看不见的
线，描深完成全图

图 3-25　圆锥台的斜二测画法

有时为了避免绘制烦琐的平行于 ZOY 面的圆的斜二测，绘制单个回转体时，可以将 X 轴当作 Y 轴，这样绘制出来的图形其立体形象并未改变，并且绘制过程依旧简便（见图 3-26）。

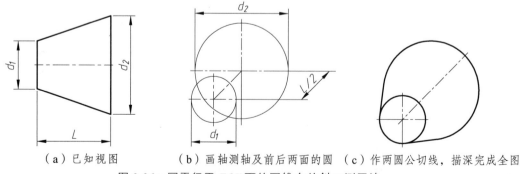

（a）已知视图

（b）画轴测轴及前后两面的圆

（c）作两圆公切线，描深完成全图

图 3-26　圆平行于 ZOY 面的圆锥台的斜二测画法

任务 3-4　组合体的斜二测

画组合体的斜二测，也可按任务 3-2 中介绍的叠加法和切割法来处理。

一、叠加类组合体的斜二测

例 1　已知图 3-27（a），作所示物体的斜二测。

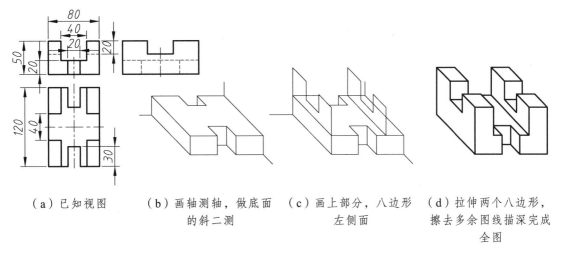

（a）已知视图　　（b）画轴测轴，做底面　（c）画上部分，八边形　（d）拉伸两个八边形，
　　　　　　　　　　的斜二测　　　　　　　左侧面　　　　　　　擦去多余图线描深完成
　　　　　　　　　　　　　　　　　　　　　　　　　　　　　　　全图

图 3-27　用叠加法画平面立体斜二测

例 2　已知图 3-28（a），作所示物体的斜二测。
带圆的物体，将圆面安排至 *XOZ* 面画。

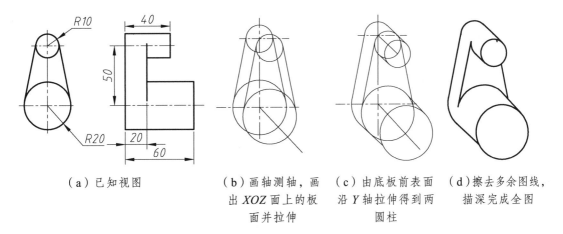

（a）已知视图　　　（b）画轴测轴，画　（c）由底板前表面　（d）擦去多余图线，
　　　　　　　　　　出 *XOZ* 面上的板　　沿 *Y* 轴拉伸得到两　描深完成全图
　　　　　　　　　　面并拉伸　　　　　　圆柱

图 3-28　用叠加法画曲面立体斜二测

二、切割类组合体的斜二测

例 3 已知图 3-29（a），作所示物体的斜二测。

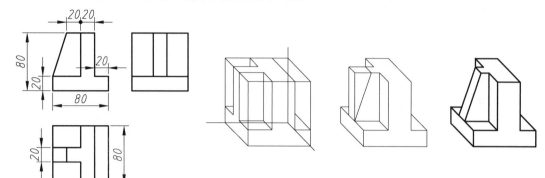

（a）已知视图 　（b）画正方体，在正方　（c）在左边板上　（d）擦去多余的
　　　　　　　　体上切割 3 个长方体　　切割三棱柱　　　线，描深完成全图

图 3-29　用切割法画平面立体斜二测

例 4 已知图 3-30（a），作所示物体的斜二测。

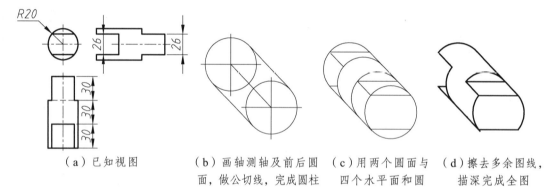

（a）已知视图 　（b）画轴测轴及前后圆　（c）用两个圆面与　（d）擦去多余图线，
　　　　　　　　面，做公切线，完成圆柱　四个水平面和圆　　描深完成全图
　　　　　　　　　　　　　　　　　　柱相切割

图 3-30　用切割法画曲面立体斜二测

三、综合体的斜二测

例 5 已知图 3-31，作所示端盖的斜二测图。

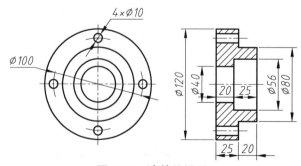

图 3-31　端盖的视图

　　由三视图可知此端盖主视图圆面较多，且圆面互相平行，因此把圆面放在 *XOZ* 面上，圆心与原点重合，将端盖中心轴与 *Y* 轴重合，这样放置最能简化绘制过程。

　　绘图过程如表 3-1 所示。

表 3-1　端盖的斜二测画法

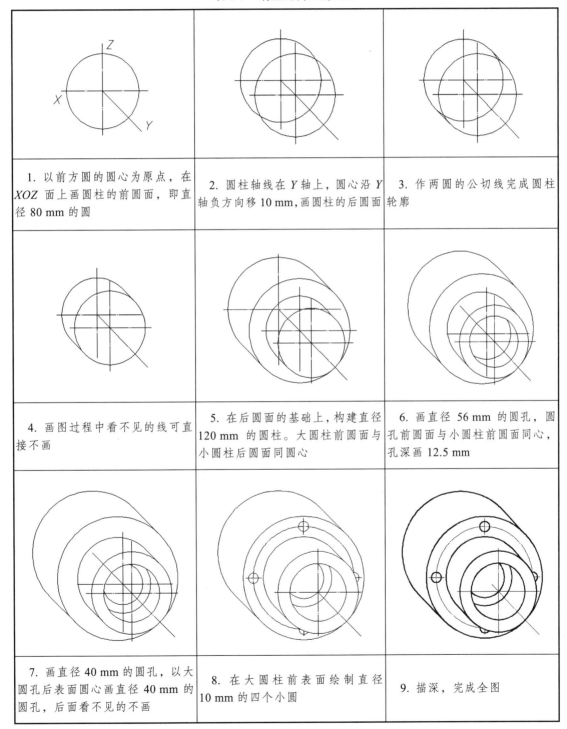

1. 以前方圆的圆心为原点，在 *XOZ* 面上画圆柱的前圆面，即直径 80 mm 的圆	2. 圆柱轴线在 *Y* 轴上，圆心沿 *Y* 轴负方向移 10 mm，画圆柱的后圆面	3. 作两圆的公切线完成圆柱轮廓
4. 画图过程中看不见的线可直接不画	5. 在后圆面的基础上，构建直径 120 mm 的圆柱。大圆柱前圆面与小圆柱后圆面同圆心	6. 画直径 56 mm 的圆孔，圆孔前圆面与小圆柱前圆面同心，孔深画 12.5 mm
7. 画直径 40 mm 的圆孔，以大圆孔后表面圆心画直径 40 mm 的圆孔，后面看不见的不画	8. 在大圆柱前表面绘制直径 10 mm 的四个小圆	9. 描深，完成全图

例6 根据图3-32所示压盖的两视图，作压盖的斜二测。

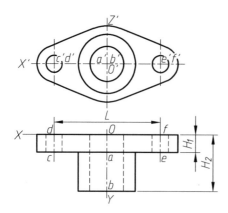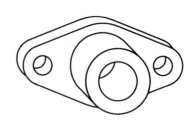

图 3-32 压盖

压盖的斜二测绘图步骤如图3-33所示。

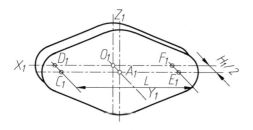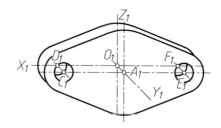

（a）画轴测轴，由 H_1、L 确定底板前面的
中心 A_1 和底板两侧圆柱的圆心
C_1、D_1、E_1、F_1 画出底板

（b）由 C_1、D_1、E_1、F_1 为圆心
作出底板两侧的圆孔

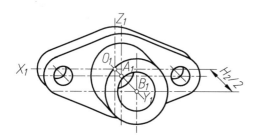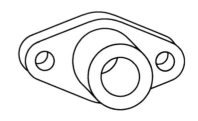

（c）由尺寸 H_2 确定圆柱前端面圆心 B_1，
以 A_1、B_1 为圆心作圆柱，
以 O_1、B_1 为圆心作中间圆孔

（d）描深并完成全图

图 3-33 压盖的斜二测绘制过程

例7 根据图3-32所示压盖的两视图，作压盖的轴测剖视图。

如图3-34所示，先将物体完整的轴测外形图作出，然后用沿轴测轴方向的剖切面将它剖开，画出端面形状，擦去被剖切掉的 1/4 部分轮廓，添加剖切后的可见内形，并在端面上画上剖面线。

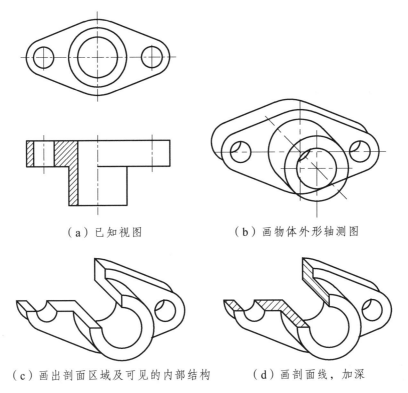

（a）已知视图　　　　　　　　（b）画物体外形轴测图

（c）画出剖面区域及可见的内部结构　　　（d）画剖面线，加深

图 3-34　轴测剖视图的画法

　　轴测图中剖面线的画法：如图 3-35 所示：用剖切平面剖开物体后得到的断面上应填充剖面符号与未剖切部位相区别，剖面线的方向随不同轴测图的轴测轴方向和轴向伸缩系数而有所不同。

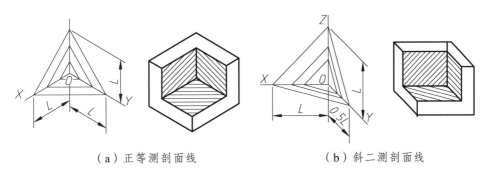

（a）正等测剖面线　　　　　　　（b）斜二测剖面线

图 3-35　轴测剖视图剖面线的画法

模块 4
机件的表达方式

任务 4-1 视 图

一、基本视图

物体向基本投影面投射所得的视图，称为基本视图。

对于形状比较复杂的机件，用两个或三个视图尚不能完整、清楚地表达它们的内、外形状时，则可以根据国标规定，在原有三个投影面的基础上，再增加三个投影面，组成一个六面体，也就是基本视图，如图 4-1 所示。基本视图除了原先的主视图、俯视图、左视图外，还有后视图（从后向前投影）、仰视图（从下往上投影）、右视图（从右往左投影），在同一张图纸上配置视图时，可不标注视图的名称，如图 4-2 所示。

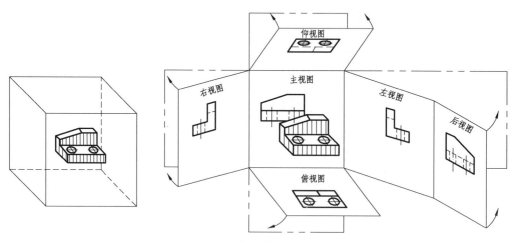

图 4-1 六个基本视图的形成

由图 4-2 可知，六个基本视图之间仍符合"长对正、高平齐、宽相等"的投影规律。除后视图外，各视图里边（靠近主视图的一边）均表示机件的后面；各视图的外边（远离主视图的一边）均表示机件的前面。

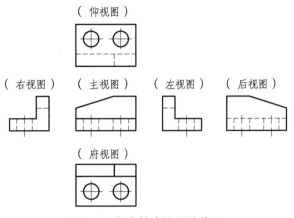

图 4-2　六个基本视图的位置

二、向视图

向视图是自由配置（即移位配置）的视图。

在实际绘图中，根据实际需要，合理表达零件结构，可按图 4-3（b）所示的向视图自由配置，但需加要标注。

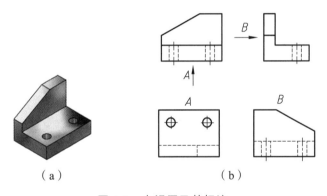

（a）　　　　　　　　　（b）

图 4-3　向视图及其标注

向视图的标注方法：

（1）向视图配置时，需在向视图正上方标注"X"（"X"为大写英文字母），且在相应的视图附近用箭头指明投射方向，并注上相同的字母。

（2）表示投射方向的箭头尽可能配置在主视图上，并使所获得的视图与基本视图一致。表示后视图投射方向的箭头，应配置在左视图或右视图上。

三、局部视图

将机件的某一部分向基本投影面投射所得到的视图，称为局部视图。

如图 4-4 所示，该机件采用主、俯两视图，可将主要结构表达清楚，但左右两凸台形状表达不清晰，若将左视图完整画出，则显得烦琐、重复。此时，可画出左视图和右视图的一部分，用 A 向和 B 向的两个局部视图来表达左右两凸台的形状。

1. 局部视图的配置

（1）可按基本视图的形式配置。

当局部视图按投影关系配置，且中间有没有其他图形隔开时，可省略标注，如图 4-4（a）所示。

（2）可按向视图的形式配置。

为了合理地利用图纸，也可将局部视图配置在图纸的合适位置（没有按投影关系配置），但需按向视图的规则标注，如图 4-4（b）所示。

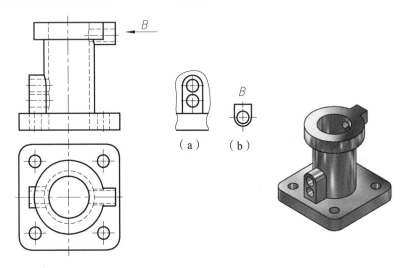

图 4-4　局部视图的表达

2. 画局部视图的表达方式

（1）局部视图的断裂边界常以波浪线表示，如图 4-4（a）所示。

（2）局部视图的外形轮廓成封闭状态时，可省略表示断裂边界的波浪线，如图 4-4（b）所示。

四、斜视图

物体向不平行于基本投影面的平面投射所得的视图，称为斜视图。

画斜视图的注意事项：

（1）须在基本视图附近用箭头指明投射方向（箭头与相应的外轮廓线垂直），再在基本视图与斜视图上方注上相同的大写拉丁字母，如图 4-5 所示。

（2）斜视图一般按投影关系配置，也可旋转摆正。通常旋转角度小于 90°，斜视图旋转后要加旋转符号。旋转符号为半径等于字体高度的半圆弧，标注时要与图形旋转方向一致，且字母要写在靠近箭头的一方，如图 4-5（b）所示。

（3）画出倾斜结构的斜视图后，通常用波浪线断开机件上其余部分，不画视图中已表达清楚的部分。

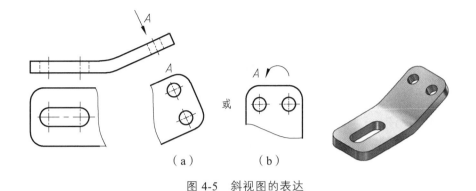

图 4-5　斜视图的表达

任务 4-2　剖视图

一、剖视图的基本概念及形成

1. 概　述

假想用剖切平面剖开机件，将处于观察者和剖切面之间的部分移去，其余的部分向投影面投影，所得到的视图称为剖视图（简称剖视）。

用来剖切机件的假想平面称为剖切面。

剖切面与机件接触的部分称为剖面区域。在绘制剖视图时，通常应在剖面区域内画出剖面线，如图 4-6 所示。不同材料的剖面线如图 4-7 所示。

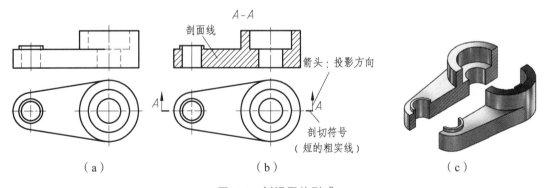

图 4-6　剖视图的形成

国家标准规定，表示金属材料剖面区域的剖面线的方向一般与主要轮廓或剖面区域的对称线成 45°。画图时要注意，同一机件的剖面线的方向、间隔应保持一致，且线型为细实线。当图形主要轮廓线与水平方向成 45°时，该图形的剖面线画成与水平方向成 30°或 60°的细实线，如图 4-8 所示。

图 4-7　材料的剖面符号（GB/T 4457.5—2013）

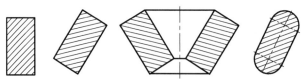

图 4-8　剖面线的角度

2. 剖视图的标注

为了便于读图，剖视图应该进行标注，以表明剖切位置及剖视图名称和投影方向。剖视图的标注有三要素：

（1）剖切符号。

表示剖切面的位置，用粗实线画出，长度 5 mm 左右，尽可能不与图形的轮廓线相交，如图 4-6（b）所示。

（2）箭头。

表示投影方向，画在剖切符号的两端，且应与剖切符号垂直。

（3）剖视图名称。

在剖视图的正上方用大写字母标注出其名称"$X—X$"，并在剖切符号两端和转折处注上相同的字母，如图 4-6（b）所示。

3. 画剖视图的注意事项

（1）分清剖切的真与假。

剖视图中剖开机件是假想的，因此当一个视图画成剖视之后，其他视图的完整性不受影响。如主视图剖切后，俯视图仍需按完整机件画出。

（2）注意虚线的取舍。

剖视图中看不见的结构形状，在其他视图中已表达清楚时，其虚线可省略不画。对尚未表达清晰的结构，也可用细虚线表达，如图 4-9 所示。

（3）肋板结构的画法。

当剖切平面通过肋板的对称平面或对称线时（纵向剖切），按制图标准规定，其剖面区域不画剖面线，且用粗实线将它与其相邻部分隔开，如图 4-10 所示。

（4）不可漏画可见轮廓线。

在剖切面后面的可见轮廓线，应全部用粗实线绘制出，如图 4-9、图 4-11 所示。

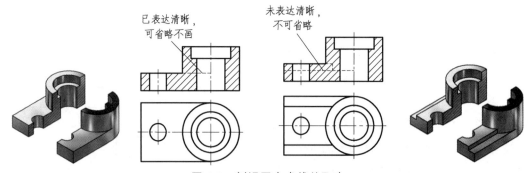

图 4-9　剖视图中虚线的取舍

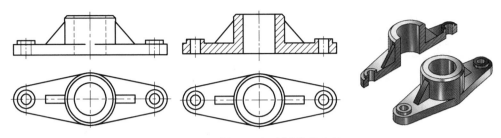

图 4-10　剖视图中肋板处的画法

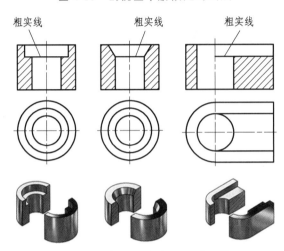

图 4-11　剖视图中常漏画的图线

二、剖视图的种类

根据剖切机件范围的大小，剖视图可分为全剖视图、半剖视图、局部剖视图。下面主要介绍三种剖视图的使用范围、画法及标注方法。

1. 全剖视图

假想用剖切面完全剖开机件得到的剖视图称为全剖视图，如图 4-6 所示。全剖视图主要用于表达内部形状复杂的不对称机件或外形简单的对称机件。

2. 半剖视图

当机件具有对称平面时，向垂直于对称平面的投影面投射所得的图形，以对称中心线为界，一半画成剖视图，另一半画成视图，这种组合的图形称为半剖视图。半剖视图主要用于内、外结构形状都需表达的对称机件。

画半剖视图时，应注意以下问题：

（1）半个视图与半个剖视图应以细点画线为界（不可画成粗实线），如图 4-12（b）所示。

（2）半剖视图中，已在半个剖视图中表达清楚的内部形状，在半个视图中不画虚线，如图 4-12（b）所示，在半个剖视图中未表达清楚的内部结构，可在半个视图中做局部剖视图，如图 4-13 所示。

（3）半剖视图的习惯位置：图形左、右对称时，剖右半部分；前、后对称时，剖前半部分，如图 4-12、图 4-13 所示。

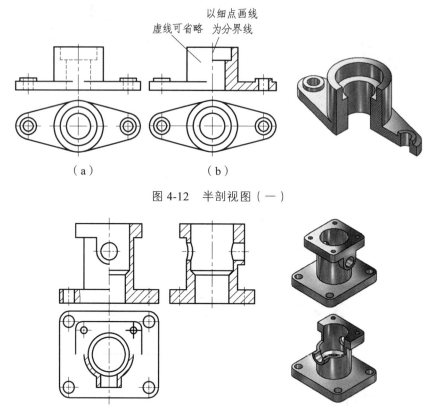

图 4-12　半剖视图（一）

图 4-13　半剖视图（二）

3. 局部剖视图

假想用剖切面局部地剖开机件所得的剖视图，称为局部剖视图。局部剖视图主要用来表达机件的局部内部形状结构，用于不宜采用全剖视图或半剖视图的地方（如轴、连杆、螺钉、箱体等实心零件上的某些孔或槽等），如图 4-14 所示。

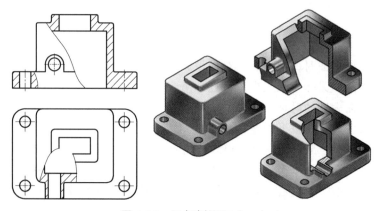

图 4-14　局部剖视图（一）

画局部剖视图的注意事项：

（1）在一个视图中，局部剖切的次数不宜过多，否则就会显得凌乱，甚至影响图形的清晰度。

（2）局部剖视图中，视图与剖视图的分界线为细波浪线或双折线。波浪线是假想的断裂面的投影，因此波浪线不能超出实体轮廓，不能穿孔、槽而过，如图 4-15（b）、图 4-16、图 4-17 所示，也不能与图形上的其他任何图线重合或画在轮廓线的延长线上，如图 4-15（c）所示。

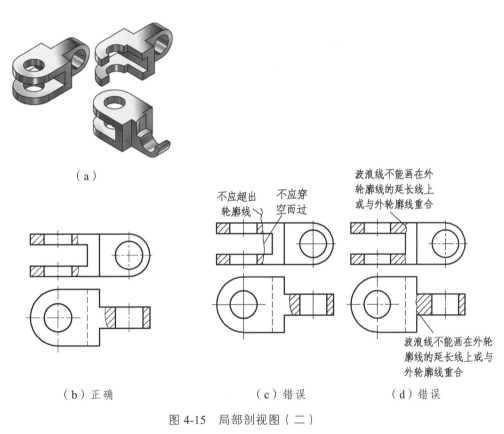

（a）

（b）正确　　　　　　　（c）错误　　　　　　　（d）错误

图 4-15　局部剖视图（二）

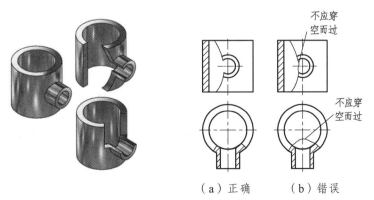

（a）正确　　　　　（b）错误

图 4-16　局部剖视图（三）

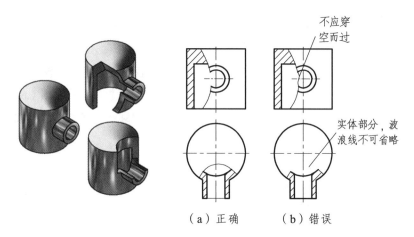

（a）正确　　　（b）错误

图 4-17　局部剖视图（四）

（3）当对称机件在对称中心线处有图线而不便于采用半剖视图时，应采用局部剖视图，如图 4-18 所示。

（4）当被剖切的结构为回转体时，允许将该结构的中心线作为局部剖视图与视图的分界线，如图 4-19 所示。

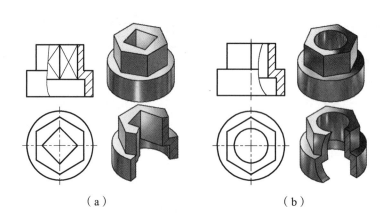

（a）　　　　　　　　（b）

图 4-18　局部剖视图（五）

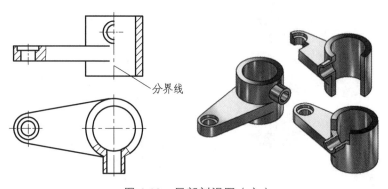

图 4-19　局部剖视图（六）

三、剖切面的种类

1. 单一剖切面

（1）单一剖切平面。

平行于基本投影面的单一剖切平面。前面所述的全剖视图、半剖视图和局部剖视图都是用单一剖切平面剖切机件所得的剖视图。

（2）单一斜剖切平面。

不平行于任何基本投影面的单一剖切平面（一般为投影面垂直面）。用它来表达机件上倾斜部分的内部结构形状，如图 4-20（a）所示，即为用单一斜剖切平面获得的全剖视图。这种剖视图通常按向视图或斜视图的形式配置并标注。一般按投影关系配置在剖切符号相对应的位置上。在不致引起误解的情况下，也允许将图形旋转，如图 4-20（b）所示。

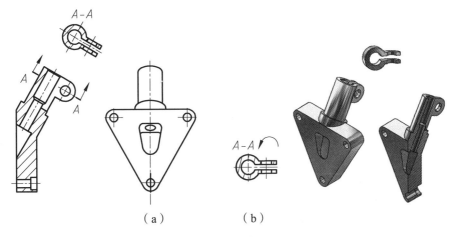

图 4-20　单一斜剖切平面

2. 几个平行的剖切面

当机件上的几个欲剖部位不在同一个平面上时，可采用这种剖切方法。平行的剖切平面可能是两个或两个以上，各剖切平面的转折处必须是直角，如图 4-21 所示。

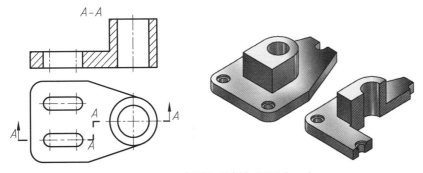

图 4-21　几个平行的剖切平面（一）

画这种剖视图时，应注意以下几点：

（1）因为剖切是假想的，因此，剖切平面转折处不应画线，并且转折处不应与图形轮廓线重合，如图 4-22 所示。

（2）剖视图内不应出现不完整要素，仅当两个要素具有公共对称中心线或轴线时，可以以对称中心或轴线为界各画一半，如图 4-23 所示。

（3）当剖切到肋板时，肋板按不剖切处理，应完整地在视图中表达，如图 4-24 所示。

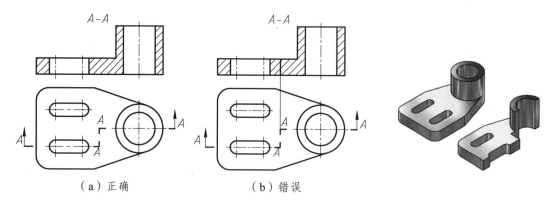

（a）正确　　　　　　　　　（b）错误

图 4-22　几个平行的剖切平面（二）

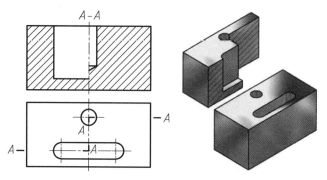

图 4-23　几个平行的剖切平面（三）

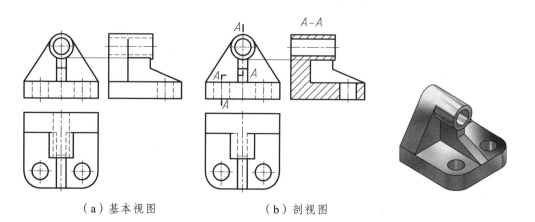

（a）基本视图　　　　　　　（b）剖视图

图 4-24　几个平行的剖切平面（四）

3. 几个相交的剖切面

当机件上有孔、槽轴线不在同一个平面上，且机件具有回转轴时，可采用这种剖切方法。如图 4-25 所示是用两个相交平面假想剖开机件（两个剖切面交线与孔的轴线重合），然后将倾斜平面剖到的结构及其相关部分绕轴线旋转到与选定的基本投影面平行后再投射。

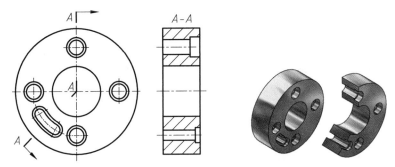

图 4-25　几个相交的剖切平面（一）

画这种剖视图时，应注意以下几点：

（1）必须加标注。

如图 4-25，图 4-26 和图 4-27（a）所示，用剖切符号表示剖切面的起止和转折位置，并注上字母 "X"，箭头表示投射方向，在得到的剖视图上方标注相同字母 "X—X"。当剖视图按投影关系配置，中间无图形隔开时可省略箭头。

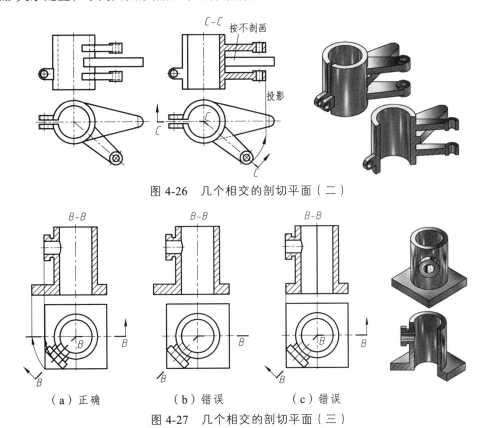

图 4-26　几个相交的剖切平面（二）

（a）正确　　　　　（b）错误　　　　　（c）错误

图 4-27　几个相交的剖切平面（三）

（2）当剖切后产生不完整要素时，应将该部分按不剖画出，如图 4-26 所示。

（3）被剖到的结构，在投射前，先假想将其旋转，使之与投影面平行，然后再按投影规律绘制，如图 4-27（a）所示。

任务 4-3　断面图

假想用剖切面将机件的某处切断，仅画出剖切面与机件接触部分的图形，称为断面图，简称断面。断面图又分为移出断面图和重合断面图两种。

一、移出断面图

画在视图之外的断面图，称为移出断面图。

1. 断面图与剖视图的区别

断面图只画出机件剖切处的断面形状；剖视图不仅要画出断面形状，还要画出断面后可见部分的投影，如图 4-28 所示。

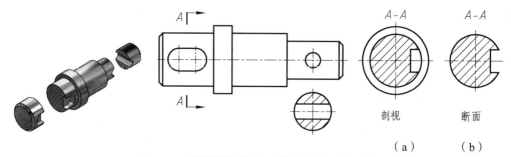

图 4-28　断面图的形成及其与剖视图的比较

2. 移出断面图的标注

断面图标注与剖视图相同，包含剖切符号、剖切线、字母及标注的基本规定（见表 4-1）。

表 4-1　断面图的配置与标注关系

分类		配置在剖切符号的延长线上	移位配置	按投影关系配置
断面图对称性与标注关系	对称			
	说明	配置在剖切符号延长线上的对称图形，不必标注符号和字母	移位配置的对称图形，不必标注箭头	按投影关系配置的对称图形，不必标注箭头

分类		配置在剖切符号的延长线上	移位配置	按投影关系配置
断面图对称性与标注关系	不对称			
	说明	配置在剖切符号延长线上的不对称图形，不必标注符号和字母	移位配置的不对称图形，完整标注符号、箭头、字母	按投影关系配置的不对称图形，不必标注箭头

3. 画移出断面图注意事项

（1）移出断面图的外轮廓线用粗实线绘制，并在剖切到的实体范围内绘制剖面线。

（2）移出断面图可配置在剖切符号的延长线上，也可自由配置或按投影关系配置。

（3）当断面对称时，移出断面图可配置在视图的中断处，如图 4-29 所示。

（4）当移出断面图是两个相交的剖切平面剖切时，断面的中间应断开，如图 4-30 所示。

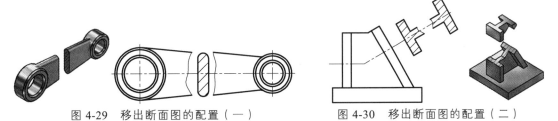

图 4-29 移出断面图的配置（一）　　　　图 4-30 移出断面图的配置（二）

4. 移出断面图的特殊情况

（1）当剖切平面通过回转面形成的孔或凹坑的轴线时，这些结构按剖视图绘制，如图 4-31 所示。

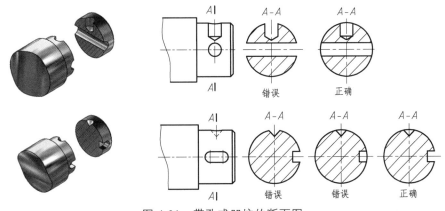

图 4-31 带孔或凹坑的断面图

（2）当剖切平面通过非圆孔，导致出现完全分离的两个断面时，这些结构按剖视图绘制，如图 4-32 所示。

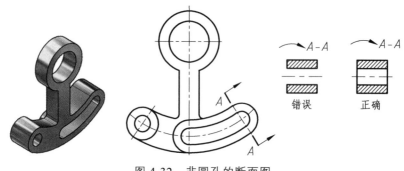

图 4-32　非圆孔的断面图

二、重合断面图

画在视图之内的断面图称为重合断面图。

画重合断面图的注意事项：

（1）重合断面图的轮廓线用细实线绘制，与原视图轮廓线重合部分，视图轮廓线不中断，在剖切到的实体范围内绘制剖面线，如图 4-33 所示。

（2）对称断面的标注可省略。

（3）画局部断面图时，断面轮廓不封闭，如图 4-34 所示。

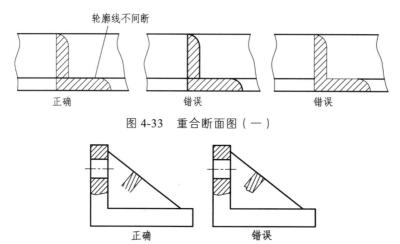

图 4-33　重合断面图（一）

图 4-34　重合断面图（二）

任务 4-4　机件的其他表达方式

为使画图简便和图形清晰，制图国家标准规定了一些图形的其他表达方法，介绍如下。

一、局部放大视图

将机件的部分结构用大于原图形的比例放大画出的图形，称为局部放大图。

当机件上的细小结构在视图中表达不清晰或不便于标注尺寸时，可采用局部放大视图。局部放大图可画成视图、剖视图、断面图，与被放大部分在原图中的表达方式无关。局部放大图所采用的比例，是指局部放大图与所表达的机件对应要素的线性之比（图与物之比），与原图所采用的比例无关。

画局部放大图的注意事项：

（1）在原图上用细实线的圆或长圆将需要放大的部位圈起来，当被放大的部位有两处及以上时，必须用罗马数字编号，如图 4-35 主视图所示。

（2）放大图一般配置在被放大部位的附近，当被放大部位为两处以上时，在放大图上以分数形式标出比例和放大部位的编号，如图 4-35（a）、（b）所示。当被放大部位只有一处时，在局部放大图的上方只注明所采用的比例，如图 4-36（a）所示。

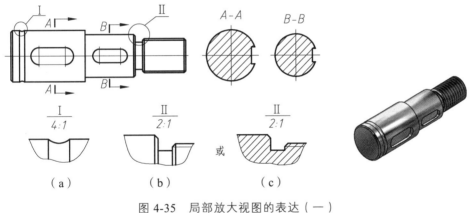

图 4-35　局部放大视图的表达（一）

（3）局部放大图可画成视图、剖视图、断面图，它与被放大部分的表达方式无关，如图 4-35（b）、（c）所示。

（4）局部放大图的断裂边界用波浪线表示。

（5）通用机件上不同位置的相同结构，只画一处局部放大图，如图 4-36（b）所示。

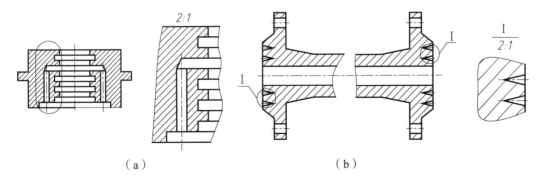

图 4-36　局部放大视图的表达（二）

二、相同结构的简化画法

（1）机件具有若干相同结构（如齿、槽等），并按一定规律分布时，只需画出一个或几个完整结构，并用细实线反映其分布规律，但需在图中标注出该结构的总数，如图 4-37 所示。

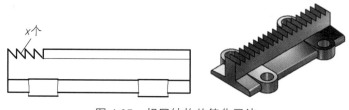

图 4-37　相同结构的简化画法

（2）机件具有若干直径相同且成规律分布的孔（圆孔、沉孔和螺孔等），可以仅画出一个或几个，其余只需用细点画线或细实线表示其中心位置，但在图中应注明孔的总数，如图 4-38 所示。

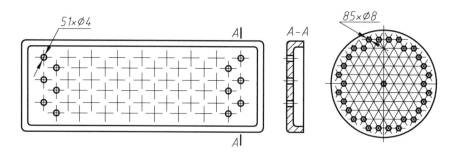

图 4-38　按规律分布的等直径孔的简化画法

三、机件回转体的规定画法

（1）当机件回转体上均匀分布的肋、轮辐、孔等结构不位于剖切平面上时，需将这些结构旋转到剖切面上画出，如图 4-39、图 4-40 所示。

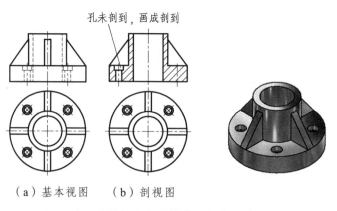

（a）基本视图　　（b）剖视图

图 4-39　回转体上均布结构的规定画法（一）

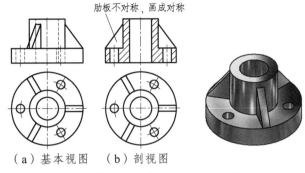

（a）基本视图   （b）剖视图

图 4-40   回转体上均布结构的规定画法（二）

（2）对称机件在不致引起误解时，其视图可只画一半或 1/4，并在图形对称中心线的两端分别画出两条与其垂直的平行细实线（短画），如图 4-41 所示。

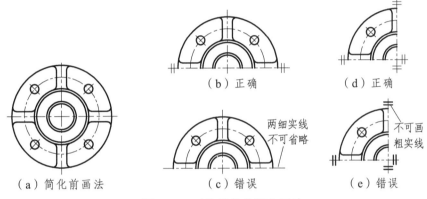

（a）简化前画法   （c）错误   （e）错误

图 4-41   对称机件的简化画法

四、对机件某些交线和投影的简化

（1）平面结构在图形中不能充分表达时，可用平面符号（相交的两条细实线即对角线）表示，如图 4-42 所示。

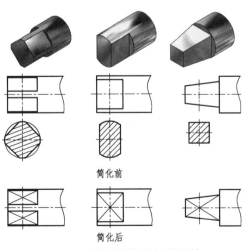

简化前

简化后

图 4-42   平面结构的简化画法

（2）当机件上有圆柱形法兰或类似零件上的均布孔时，可按如图 4-43 所示的形式（由机件外向该法兰端面方向投射）画出。

（3）当采用移出断面图表达机件时，在不会引起误解的情况下，允许省略剖面符号（即剖面线），但剖切位置和剖切图的标注如前所述，如图 4-44 所示。

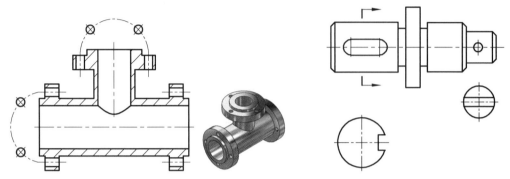

图 4-43　圆柱形法兰均布孔的简化画法　　　　图 4-44　移出断面图省略剖面符号

五、对小结构的简化

（1）对机件上一些较小结构，如在一个图形中已表达清楚，在其他视图中可以简化或省略。如图 4-45（a）所示，锥销孔与外圆柱和内圆孔相贯，俯视图中的两条相贯线用直线代替了非圆曲线，主视图中简化了锥销孔的投影。如图 4-45（b）所示，主视图的两条截交线也可简化，省略不画。

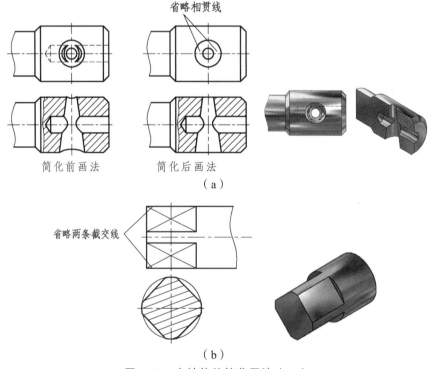

图 4-45　小结构的简化画法（一）

（2）对机件上斜度不大的结构，如在一个图形中已表达清楚，在其他图中可以只按小端画出，如图 4-46 所示。

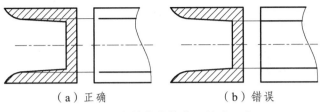

（a）正确   （b）错误

图 4-46 小结构的简化画法（二）

（3）机件上对称结构的局部视图，如键槽、方孔等，可按图 4-47 所示方法表示。在不致引起误解时，图形中的过渡线、截交线、相贯线允许简化。

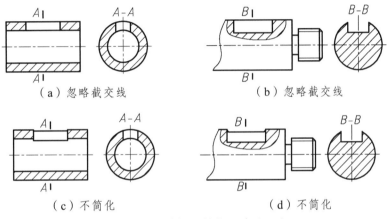

（a）忽略截交线   （b）忽略截交线

（c）不简化   （d）不简化

图 4-47 小结构的简化画法（三）

（4）对较长机件的简化。

轴、杆类较长的机件，沿长度方向的形状相同或按一定规律变化时，可以断开缩短表示，但标注尺寸时要标注实际尺寸，如图 4-48 所示。

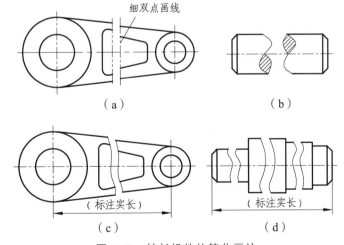

（a）   （b）

（c）   （d）

图 4-48 较长机件的简化画法

（5）滚花等网状结构应用粗实线完全或部分地表现出来，如图 4-49 所示。

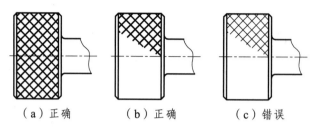

（a）正确　　　（b）正确　　　（c）错误

图 4-49　机件上滚花的简化画法

模块 5
标准件与常用件的绘制

任务 5-1 螺纹的绘制与标注

螺钉、螺栓、螺母等零件广泛用于机械设备中，在城市轨道交通设备中也随处可见。在本任务中着重介绍螺纹及其紧固件的基本知识、规定画法及标记。

一、螺纹的基本知识

螺纹是零件上常见的结构之一，其基本几何要素包括牙型、直径、线数、螺距、导程、旋向、牙型角和螺纹升角等。

1. 牙　型

在通过螺纹轴线的剖切面上，螺纹的轮廓形状称为螺纹牙型。常见的螺纹牙型有三角形、梯形、锯齿形、矩形等，如图 5-1 所示。

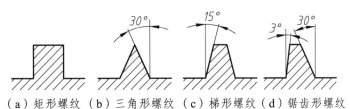

（a）矩形螺纹 （b）三角形螺纹 （c）梯形螺纹 （d）锯齿形螺纹

图 5-1 螺纹的牙型

2. 直　径

螺纹的直径有大径、小径、中径，如图 5-2 所示。

（1）大径：与外螺纹牙顶或内螺纹牙底相切的假想圆柱面的直径。（内螺纹大径：D；外螺纹大径：d）

（2）小径：与外螺纹牙底或内螺纹牙顶相切的假想圆柱面的直径。（内螺纹小径：D_1；外螺纹小径：d_1）

（3）中径：一个假想圆柱的直径。该圆柱的母线通过牙型上沟槽和凸起宽度相等的地方。（内螺纹中径：D_2；外螺纹中径：d_2）

（4）公称直径：代表螺纹尺寸的直径，螺纹的公称直径为大径。

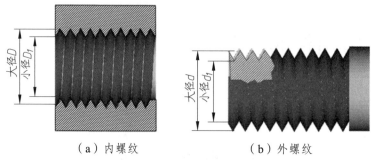

（a）内螺纹　　　　　　　　（b）外螺纹

图 5-2　螺纹的直径

3. 线　数

形成螺纹的螺旋线条数称为线数，用字母 n 表示。沿一条螺旋线形成的螺纹称为单线螺纹，沿多条螺旋线形成的螺纹称为多线螺纹，如图 5-3 所示。连接螺纹多为单线螺纹。

4. 螺距和导程

螺纹相邻两牙在中径线上对应两点间的轴向距离称为螺距，用字母 P 表示。

在同一条螺旋线上，螺纹相邻两牙在中径线上对应两点间的轴向距离称为导程，用字母 P_h 表示。如图 5-3 所示。导程、线数与螺距之间的关系为：$P_h = P \times n$

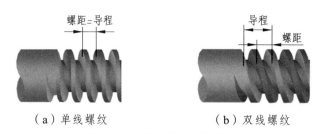

（a）单线螺纹　　　　　　　　（b）双线螺纹

图 5-3　单线螺纹与双线螺纹

5. 旋　向

螺纹有右旋螺纹和左旋螺纹之分。顺时针旋转时旋入的螺纹，称右旋螺纹；逆时针旋转时旋入的螺纹，称左旋螺纹。

采用如图 5-4 所示的方法，可判断螺纹的右旋与左旋。工程上常用右旋螺纹，螺纹升角为 14°。当螺纹 5 个要素完全相同时，内外螺纹才能相互旋合，实现零件间的连接或传动。

如图 5-5 所示，为地铁车辆客车室门的传动机构，该螺杆一端为左旋，另一端为右旋，当电机带动螺杆转动时，可使双开门做开门、关门动作。

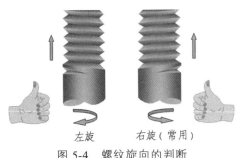

图 5-4　螺纹旋向的判断

图 5-5　车门螺杆传动机构

二、螺纹的规定画法

螺纹不按真实的投影作图，而是采用机械制图国家标准 GB/T 14791—2013 规定的画法绘制，以简化作图过程。

1. 外螺纹的画法

如图 5-6 所示，外螺纹的画法应注意以下几点：

（1）在投影为非圆的视图上，外螺纹的大径用粗实线绘制，小径用细实线绘制，螺纹终止线用粗实线绘制。（经验公式 $d_1 = 0.85d$）

（2）在投影为非圆的视图上，倒角处也应画出牙底细实线。

（3）在投影为圆的视图上，外螺纹的大径用粗实线绘制，小径用细实线画 3/4 圈。

（4）在投影为圆的视图上，螺纹的倒角圆不绘制。

（5）当外螺纹被剖开时，螺纹终止线只能画出表示牙型高度的一小段，剖面线应画到粗实线为止，如图 5-7 所示。

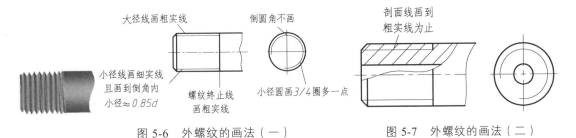

图 5-6　外螺纹的画法（一）　　　　图 5-7　外螺纹的画法（二）

2. 内螺纹的画法

如图 5-8 所示，内螺纹的画法应注意以下几点：

（1）在投影为非圆的视图上，内螺纹的大径用细实线绘制，小径用粗实线绘制，螺纹终止线用粗实线绘制。（经验公式 $D_1 = 0.85D$）

（2）在投影为非圆的视图上，倒角处不画，牙底细实线。

（3）在投影为非圆的视图上，一般采用剖视图表达，剖面线画到粗实线为止。

（4）在投影为圆的视图上，内螺纹的小径用粗实线绘制，大径用细实线画 3/4 圈。

（5）在投影为圆的视图上，螺纹的倒角圆不绘制。

（6）当内螺纹为盲孔时，其底部是圆锥面，锥面顶角应画成120°，且注意螺纹终止线不应在盲孔的最末端，最少应保持0.5D的距离，如图5-9所示。

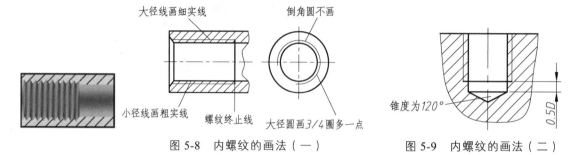

图 5-8　内螺纹的画法（一）　　　　　　图 5-9　内螺纹的画法（二）

3. 内外螺纹的连接画法

内、外螺纹正确的旋合在一起，其前提条件是内、外螺纹的牙型、直径、线数、螺距、旋向必须一致。如图5-10所示，当我们绘制内、外螺纹连接时，重点注意以下几点：

（1）主视图中，通常把内螺纹画剖视，外螺纹画基本视图。

（2）外螺纹旋入内螺纹后，内、外螺纹的大径线和小径线分别是平齐的。

（3）内、外螺纹旋合处按照外螺纹的方式绘制。

（4）剖面线画到粗实线为止。

（5）外螺纹旋入端面距内螺纹螺纹终止线距离约0.5D，内螺纹螺纹终止线距盲孔末端约0.5D，如图5-11所示。

（6）如图5-11所示，绘制A-A断面图时，需注意剖面线方向，且剖面线画到粗实线为止。

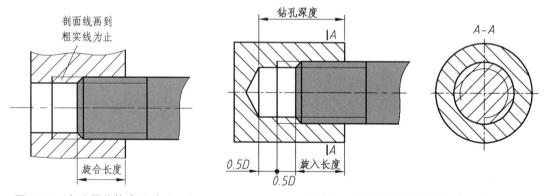

图 5-10　内外螺纹旋合画法（一）　　　　图 5-11　内外螺纹旋合画法（二）

三、螺纹的种类和标注方法

1. 螺纹的分类

螺纹按用途可分为连接螺纹与传动螺纹，具体分类如图5-12所示。常用的几种螺纹的特征代号及用途见表5-1。

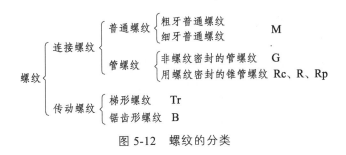

图 5-12　螺纹的分类

表 5-1　常用的几种螺纹的特征代号及用途

螺纹种类			特征代号	外形图	用　　途
连接螺纹	粗牙	普通螺纹	M		是最常用的连接螺纹
	细牙				用于细小的精密或薄壁零件
	管螺纹		G		用于水管、油管、气管等薄壁管子上，用于管路的连接
传动螺纹	梯形螺纹		Tr		用于各种机床的丝杠，作传动用
	锯齿形螺纹		B		只能传递单方向的动力

2. 螺纹的标记方法

（1）普通螺纹。

普通螺纹的标记用尺寸标注的形式标注在内、外螺纹的大径上，其标记的具体项目和格式如下：

$$\boxed{\text{螺纹特征代号}}\boxed{\text{公称直径}}\times\boxed{\text{螺距}}\boxed{\text{旋向}}-\boxed{\substack{\text{中径公差}\\\text{带代号}}}\boxed{\substack{\text{顶径公差}\\\text{带代号}}}-\boxed{\text{旋合长度}}$$

螺纹特征代号：普通螺纹的代号用"M"表示。

公称直径：表示内、外螺纹大径的基本尺寸。

螺距：粗牙螺纹省略标注螺距，因为在国标中它的螺距是唯一的数据；细牙螺纹必须标注螺距，因为它的螺距数据有几种可选项。

旋向：右旋省略标注，左旋应标注字母"LH"。

中径公差带代号和顶径公差带代号：由表示公差等级的数字和字母组成，大写字母代表内螺纹，小写字母代表外螺纹。顶径是指外螺纹的大径和内螺纹的小径，若两组公差带相同，则只写一组。

旋合长度：旋合长度分为短、中、长旋合长度，其代号分别用 S、N、L 表示。若是中等旋合长度，其代号"N"可省略。

如图 5-13 所示为普通螺纹的标记示例。

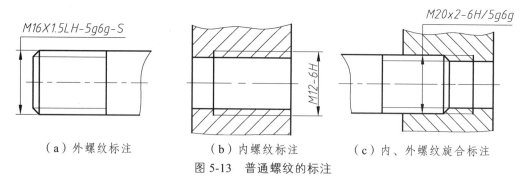

（a）外螺纹标注　　　　　　（b）内螺纹标注　　　　　（c）内、外螺纹旋合标注

图 5-13　普通螺纹的标注

图 5-13（a）所示，标记 M16×1.5LH-5g6g-S，表示普通螺纹，公称直径为 16 的外螺纹，螺距为 1.5 的细牙螺纹，左旋，中径公差带代号为 5g，顶径公差带代号为 6g，短旋合长度。

图 5-13（b）所示，标记 M12-6H，表示普通螺纹，公称直径为 12 的内螺纹，粗牙螺纹，右旋，中径、顶径公差带代号为 6H，中等旋合长度。

图 5-13（c）所示，标记 M20×2-6H/5g6g，表示普通螺纹，公称直径为 20 的外螺纹，螺距为 2 的细牙螺纹，右旋，中径公差带代号为 5g，顶径公差带代号为 6g，与公称直径为 20，中径、顶径公差带代号为 6H 的内螺纹旋合，中等旋合长度。

（2）传动螺纹。

传动螺纹主要指的是梯形螺纹和锯齿形螺纹，它们也用尺寸标注的形式。标注在内、外螺纹的大径上，其标记的具体项目和格式如下：

| 螺纹特征代号 | 公称直径 | × | 导程（P 螺距） | 旋向 | — | 中径公差带代号 | — | 旋合长度 |

螺纹特征代号：梯形螺纹代号用字母"Tr"表示，锯齿形螺纹代号用字母"B"表示。

导程与螺距：多线螺纹标注导程与螺距，单线螺纹只标注螺距。

旋向：右旋省略标注，左旋应标注字母"LH"。

中径公差带代号：传动螺纹只标注中径公差带代号。

旋合长度：旋合长度分为短、中、长旋合长度，其代号分别用 S、N、L 表示。若是中等旋合长度，其代号"N"可省略。

如图 5-14 所示为传动螺纹的标注示例。

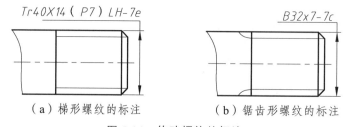

（a）梯形螺纹的标注　　　　　　（b）锯齿形螺纹的标注

图 5-14　传动螺纹的标注

图 5-14（a）所示，标记 Tr40×14（P7）LH-7e，表示梯形螺纹，公称直径为 40，导程为 14，螺距为 7 的双线螺纹，左旋，中径公差带代号为 7e，中等旋合长度。

图 5-14（b）所示，标记 B32×7-7c，表示锯齿形螺纹，公称直径为 32，螺距为 7，右旋，中径公差带代号为 7c，中等旋合长度。

（3）管螺纹。

管螺纹的标记必须标注在大径的引出线上。常用的管螺纹分为用螺纹密封的管螺纹和非螺纹密封的管螺纹。管螺纹标注的具体项目及格式如下：

螺纹密封的管螺纹代号：

螺纹特征代号	尺寸代号	×	旋向代号

非螺纹密封的管螺纹代号：

螺纹特征代号	尺寸代号	公差等级代号	—	旋向代号

管螺纹的种类分为 55°密封管螺纹和 55°非密封的管螺纹，如图 5-15 所示，其具体分类及特征代号如表 5-2 所示。

（a）55°密封管螺纹　　　　（b）55°非密封管螺纹

图 5-15　管螺纹

尺寸代号：由数字组成，需要注意的是它并不是代表螺纹的大径，也不是指管螺纹本身的任何一个直径，其大径和小径等参数可从有关标准中查出。

表 5-2　管螺纹的分类及特征代号

管螺纹的分类		特征代号	用途		备注
螺纹密封的管螺纹	与圆柱内螺纹相配合的圆锥外螺纹	R_1	压力在 0.5 MPa 以下时，此形式连接足够紧密	适用于管子、管接头、旋塞、阀门及其管路附件等	右旋省略标注，旋向代号只标注"LH"（左旋螺纹）
	与圆锥内螺纹相配合的圆锥外螺纹	R_2	通常适用于高温、高压状态下		
	圆锥内螺纹	R_c			
	圆柱内螺纹	R_p			
非螺纹密封的管螺纹		G	主要用于压力较低的水、煤气管道，连接时应加填料或密封圈以防止渗漏		公差等级代号有 A、B 两个精度等级，外螺纹需注明精度等级，内螺纹不需标注此项代号；左旋螺纹标记"LH"，右旋省略标记。

如图 5-16 所示为管螺纹的标注示例。

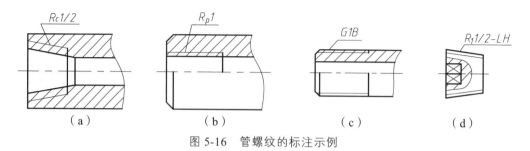

图 5-16   管螺纹的标注示例

图 5-16（a）所示，标记 $R_c1/2$，表示用螺纹密封的圆锥内螺纹，尺寸代号为 1/2，右旋。

图 5-16（b）所示，标记 R_p1，表示用螺纹密封的圆柱内螺纹，尺寸代号为 1，右旋。

图 5-16（c）所示，标记 G1B，表示用非螺纹密封的管螺纹（外螺纹），尺寸代号为 1，公差等级代号为 B，右旋。

图 5-16（d）所示，标记 $R_1$1/2-LH，表示与圆柱内螺纹相配合的圆锥外螺纹，公差代号为 1/2，左旋。

任务 5-2   螺纹连接件的绘制

螺纹是机械零件上常用到的一种结构。螺纹连接由螺纹连接件（紧固件）与被连接件构成，是一种应用广泛的可拆连接（不破坏连接中的任一零件就可拆开的连接），具有结构简单、装拆方便、连接可靠等特点。螺纹紧固件的结构形式及尺寸已经标准化并由专门厂家生产，属于标准件。螺纹紧固件的类型如图 5-17 所示。

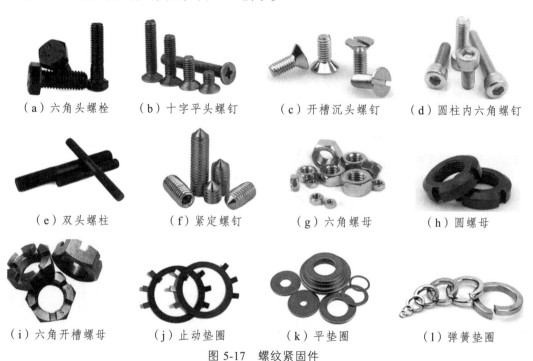

（a）六角头螺栓　　（b）十字平头螺钉　　（c）开槽沉头螺钉　　（d）圆柱内六角螺钉

（e）双头螺柱　　（f）紧定螺钉　　（g）六角螺母　　（h）圆螺母

（i）六角开槽螺母　　（j）止动垫圈　　（k）平垫圈　　（l）弹簧垫圈

图 5-17   螺纹紧固件

一、常用螺纹紧固件的种类及标记

常用螺纹紧固件有螺栓、双头螺柱、螺钉、螺母和垫圈。它们的结构、尺寸都已经标准化，称为标准件，在使用或绘制时，可以从相应的标准中查到所需的结构及尺寸。表 5-3 列出了常用螺纹紧固件的图例与标记。

表 5-3　螺纹紧固件图例、标记

名称	图例	标记示例
六角头螺栓	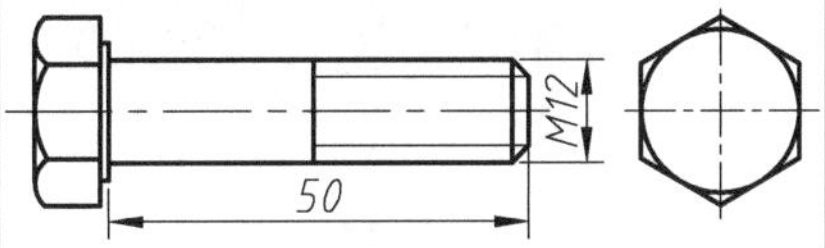	螺栓　GB/T 5782—2000 M12×50
六角螺母	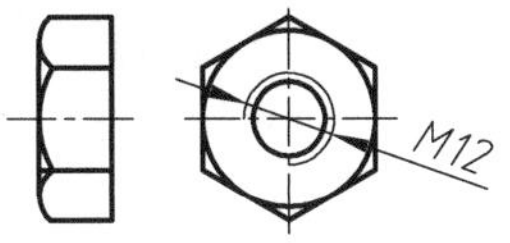	螺母　GB/T 6170—2000 M12
垫圈	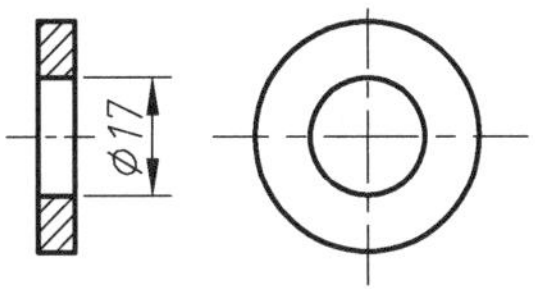	垫圈　GB/T 97.1—2002 16
双头螺柱	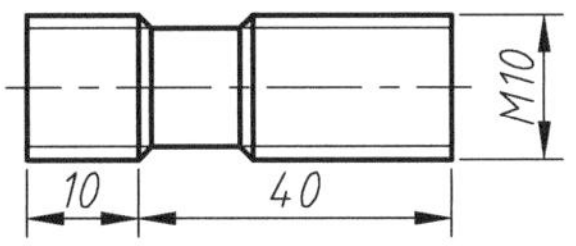	螺柱　GB/T 897—1988　M10×40
开槽圆柱头螺钉	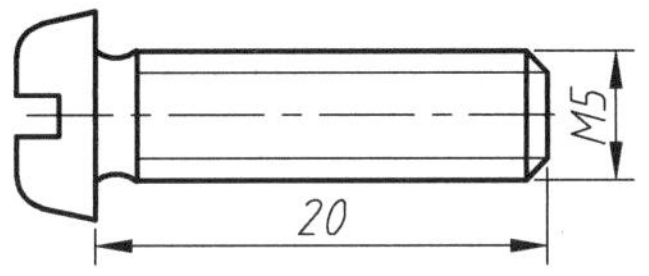	螺钉　GB/T 65—2000 M5×20
开槽沉头螺钉	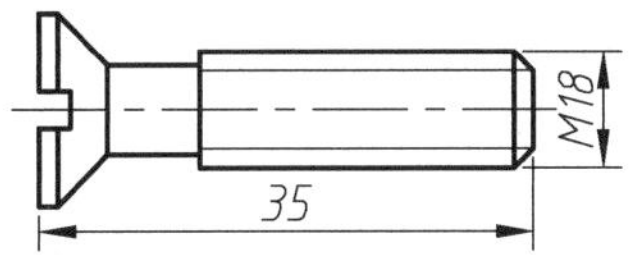	螺钉　GB/T 68—2000 M18×35

二、螺纹紧固件连接及其画法

1. 螺栓连接

螺栓连接：常用来连接不太厚而且又允许钻成通孔的零件。

它是用螺栓、螺母和垫圈将两个不太厚，而且又允许钻成通孔的零件连接在一起，如图 5-18 所示。

在绘制螺栓连接装配图时，应注意以下几点：

（1）两零件的接触表面只画一条线，不接触的表面要画两条线，如图 5-19 所示；

（2）剖视图中，相邻的不同零件的剖面线方向应相反或方向一致、间隔不等，如图 5-19 所示；

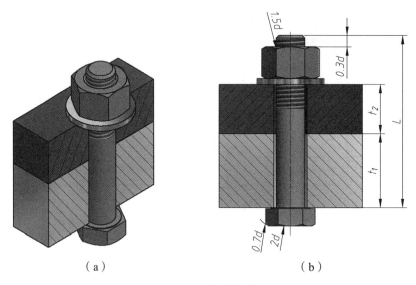

图 5-18 螺栓连接

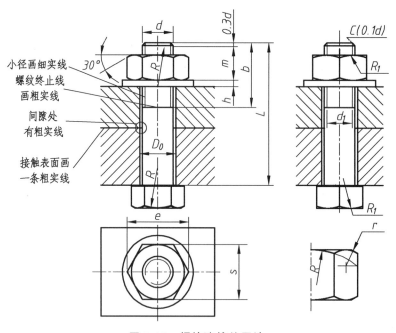

图 5-19 螺栓连接的画法

（3）当剖切面沿紧固件的轴线剖切时，这些零件均按不剖绘制，只画其外形，需要剖切时可采用局部剖，如图 5-19 所示。

（4）螺栓长度 $L \geq t_1 + t_2 +$ 垫圈厚度 + 螺母厚度 + $(0.2 \sim 0.3)d$，根据此式的估算值，然后查表选取与估算值相近的标准长度值作为 L 值，如图 5-18（b）所示。

（5）被连接件上加工的螺栓孔直径稍大于螺栓直径，取 1.1d。

（6）螺母和螺帽的绘制，应先绘制俯视图的正六边形，再用"长对正"来绘制主视图的螺母和螺帽。

画螺栓连接时，应根据紧固件的标记，按其相应标准中的各部分尺寸绘制。但为了方便绘图，通常可按其各部分尺寸与螺栓大径 d 的比例关系近似画出，如图 5-19 所示。其比例关系见表 5-4 所示。

表 5-4　螺栓紧固件近似画法的比例关系

部位	尺寸比例		部位	尺寸比例		部位	尺寸比例
螺栓	$b = 2d$　　$e = 2d$ $R = 1.5d$　$c = 0.1d$ $K = 0.7d$　$d_1 = 0.85d$ $R_1 = d$		螺母	$e = 2d$　　　$R = 1.5d$ $R_1 = d$　　　$m = 0.8d$ r 由作图决定 s 由作图决定		垫圈	$h = 0.15d$ $d_2 = 2.2d$
						被连接件	$D_0 = 1.1d$

2. 双头螺柱连接

当两个连接件中有一个零件较厚，加工通孔困难时；或者由于其他原因，不便使用螺栓连接的场合，一般用双头螺柱连接。

这种连接方式是用双头螺柱与螺母、垫圈配合使用，将两个零件连接在一起，如图 5-20 所示。

在绘制双头螺柱连接装配图时，应注意以下几点：

（1）双头螺柱与上端零件的光孔存在间隙，与下端螺孔旋合，如图 5-20（b）所示；

（2）旋入端的螺纹终止线与接触面平齐，表示旋入端已拧紧，如图 5-20（b）所示；

（3）旋入端的长度 b_m 要根据被旋入件的材料而定，当被旋入端的材料为钢时，$b_m = 1d$；被旋入端的材料为铸铁或铜时，$b_m = 1.25 \sim 1.5d$；当被连接件为铝合金等轻金属时，$b_m = 2d$；

（4）旋入端的螺纹孔深度为 $b_m + 0.5d$，钻孔深度取 $b_m + d$，如图 5-20（b）所示；

（5）螺柱的公称长度 $L \geqslant t$ + 垫圈厚度 + 螺母厚度 + （0.2 ~ 0.3）d，根据此公式的估算值，然后查表选取与估算值相近的标准长度值作为 L 值，如图 5-20（b）所示。

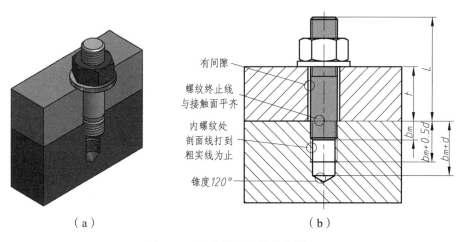

（a）　　　　　　　　　　　（b）

图 5-20　双头螺柱连接的画法

3. 螺钉连接

螺钉连接的种类很多，按其用途可分为：螺钉连接和紧定螺钉连接。

（1）连接螺钉：螺钉连接用于不经常拆卸，并且受力不大的零件。如开槽圆柱头螺钉、开槽盘头螺钉、开槽沉头螺钉等，如图 5-21、图 5-22 所示。

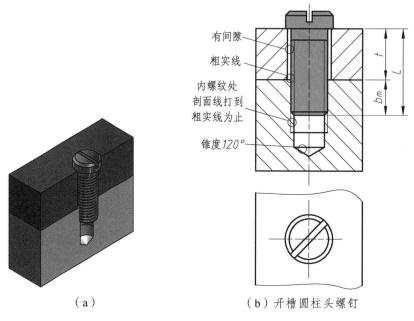

（a）　　　　　　　　　　（b）开槽圆柱头螺钉

图 5-21　螺钉连接的画法（一）

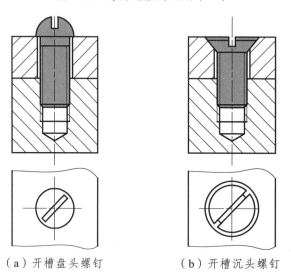

（a）开槽盘头螺钉　　　　　　　（b）开槽沉头螺钉

图 5-22　螺钉连接的画法（二）

绘制螺钉连接装配图，其旋入端与双头螺柱相同，被连接板的孔部画法与螺栓连接相同。螺钉的有效长度 $L = t + b_\mathrm{m}$，并根据标准校正，绘图时注意以下几点：

① 螺钉的螺纹终止线不能与结合面平齐，而应画在盖板的范围内；

② 具有沟槽的螺钉头部，在主视图中应被放正，在俯视图中规定画成45°斜角。

（2）紧定螺钉连接：紧定螺钉连接主要用于防止两个零件的相对运动，如图 5-23 所示。

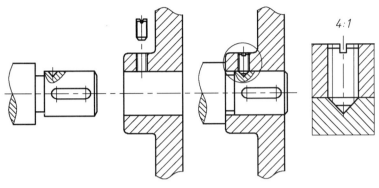

图 5-23　紧钉螺钉连接的画法

【知识扩展】

螺纹的防松

　　用于螺纹连接的标准件一般都能满足自锁的要求。装配时拧紧螺母，在受静载荷和工作温度变化不大的场合，螺母一般不会松脱。但如果温度变化较大，且承受冲击、振动或交变载荷作用，会使连接螺母渐渐松动、脱落，影响正常工作，甚至发生事故。因此，为了满足螺纹连接的工作可靠性要求，必须采取有效的防松措施。

　　在轨道交通的车辆检修工作中，经常会遇到螺纹的防松问题，通常采用以下三大类防松措施：利用摩擦力防松、利用机械元件防松、破坏螺纹运动副防松等方式。

　　在列车检修期间如何快速、准确地发现螺纹是否松动呢？列车检修工需做的是在螺纹连接处画上弛缓线，如图 5-24 所示。当螺纹松动时，所画的弛缓线就会错开，不能对齐，这样就能快速、准确地发现螺纹松动。以下详细讲解具体的螺纹防松方式及其特点。

图 5-24　画弛缓线

一、利用摩擦力防松

1. 对顶螺母

　　如图 5-25 所示,两个螺母对顶拧紧,使旋合螺纹间始终受到附加的压力和摩擦力的作用。工作载荷有变动时,该摩擦力仍存在。

　　特点：对顶螺母防松结构简单。适用于平稳、低速和重载的固定装置上的螺纹连接。

2. 弹簧垫圈

　　如图 5-26 所示,螺母拧紧后,靠压平弹簧垫圈而产生的弹性反力使旋合螺纹间压紧。同时弹簧垫圈斜口的尖端抵住螺母与被连接件的支撑面也有防松作用。

特点：结构简单、使用方便。但由于弹簧垫圈的弹力不均，在冲击、振动的工作条件下，其防松效果较差，一般用于不重要的连接。

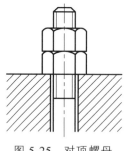
图 5-25　对顶螺母

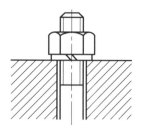
图 5-26　弹簧垫圈

3. 尼龙圈锁紧螺母

如图 5-27 所示，螺母中嵌有尼龙圈，拧上后尼龙圈内孔被胀大，压紧旋合螺纹。

特点：该方式结构简单，防松可靠，但装拆后会降低防松性能。

二、机械元件防松

1. 开口销与开槽螺母

图 5-27　尼龙圈
锁紧螺母

如图 5-28（a）所示，开槽螺母拧紧后，将开口销穿入螺栓尾部的小孔和螺母的槽内，并将开口销尾部掰开与螺母侧面贴紧，靠开口销阻止螺栓与螺母的相对转动而防止松动。图 5-28（b）为转向架上的螺纹防松，图 5-28（c）为高度调整杆的螺纹防松。

特点：该方式适用于变载、振动场合重要部位连接的防松，性能可靠。

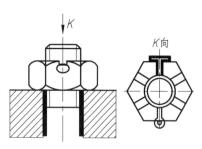
（a）开口销与开槽螺母

（b）转向架上的螺纹防松

（c）高度调整杆的螺纹防松

图 5-28　开口销与开槽螺母

2. 串联钢丝

如图 5-29（a）所示，用低碳钢丝穿入螺钉头部的孔内，将各螺钉串联起来，使其相互制约而防松。使用时必须注意钢丝穿入的正确方向。图 5-29（b）为转向架轴向端盖处的串联钢丝防松。

特点：该方式适用于螺钉组连接，防松可靠，但拆装不便。

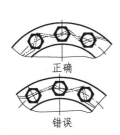

（a）串联钢丝的方法 （b）转向架轴向端盖处的串联钢丝防松

图 5-29 串联钢丝

3. 止动垫圈

（1）六角螺母止动垫圈。

如图 5-30 所示，螺母拧紧后将止动垫圈上的耳分别向螺母和被连接件的侧面折弯贴紧，即可将螺母锁住。

特点：该方式结构简单，使用方便，防松可靠，但要求有固定垫圈的位置。

（2）圆螺母止动垫圈。

如图 5-31 所示，装配时，将垫圈内翅插入螺栓的槽内，而外翅翻入圆螺母的沟槽中，使螺母和螺栓没有相对运动。

特点：该方式常用于受力不大的螺母防松。

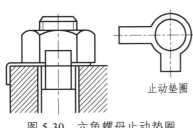
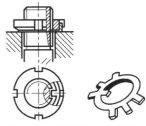

图 5-30 六角螺母止动垫圈 图 5-31 圆螺母止动垫圈

三、破坏螺纹副运动关系

1. 冲点、焊接

如图 5-32 所示，在螺纹旋合后，用冲头在旋合缝处冲 2～3 点冲点，或点焊 2～3 点。

特点：该防松方式可靠，螺纹连接变为不可拆卸连接。

2. 黏 结

如图 5-33 所示，将厌氧胶涂在螺栓上并经干燥处理形成微胶囊（表面干燥、没有黏感）。装配时，微胶囊受挤压破裂，胶液溢出，将螺栓与连接件或螺母黏结牢固。

特点：只要所选黏接剂的抗剪强度低于紧固件的抗扭强度，拆卸后的紧固件就不会被破坏。在一定的期限内，能重复使用，不宜用于需经常拆卸和振动大的场合。

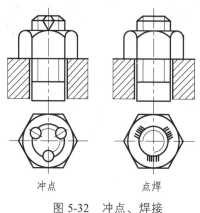

冲点　　　　　　点焊

图 5-32　冲点、焊接

图 5-33　转向架的螺纹黏结防松

四、新型防松方式

1. 唐氏螺纹

唐氏螺纹为"双旋向、非连续、变截面"螺纹。唐氏螺纹防松为结构防松方式，可将紧固螺母的松退力转变为锁紧螺母的拧紧力，完全依靠螺纹自身结构防止螺母松动。唐氏螺纹是将左旋和右旋两条螺旋线复合在同一段螺纹上，使唐氏螺纹既有左旋螺纹的特点，又有右旋螺纹的特点，它既可以与左旋螺纹配合，又可以与右旋螺纹配合。唐氏螺纹可以利用螺纹自身特点解决防松问题，在连接时，需要使用两个不同旋向的螺母。工件支撑面上的螺母称为紧固螺母，非支撑面上的螺母称为锁紧螺母，使用时先将紧固螺母预紧，再将锁紧螺母拧紧，其结构如图 5-34 所示。

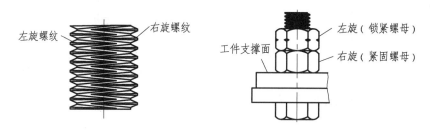

左旋螺纹　　　　　右旋螺纹　　　　　　　　　左旋（锁紧螺母）

工件支撑面　　　　　　　　　　　右旋（紧固螺母）

图 5-34　唐氏螺纹

2. Hard Lock——永不松动的螺母

日本哈德洛克（Hard Lock）工业株式会社的"永不松动的螺母"，应用在高铁、城市轨道交通和众多高速重载场合下。

"Hard Lock 螺母"的构思十分简单，其原理就像在螺母与螺栓之间揳入楔子防止松动，如图 5-35 所示。

其结构就是在一个螺栓上使用呈"凹""凸"形状的两种螺母。下方呈凸状的螺母,在加工时中心稍许错动(偏心加工),起到楔子的作用。上方呈凹状的螺母,则不作偏离中心的加工(圆形加工),于是形成了锤子揳打楔子的功能,如图 5-36 所示。这样的两个螺母合二为一,松动问题就迎刃而解了。

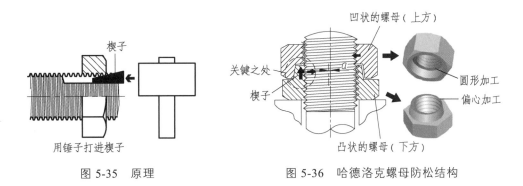

图 5-35　原理　　　　　　　　　　图 5-36　哈德洛克螺母防松结构

任务 5-3　直齿圆柱齿轮及其画法

齿轮在机械传动中被广泛应用,常用它来传递动力、改变旋转速度与旋转方向。齿轮的种类很多,根据其传动情况可以分为三类:圆柱齿轮、锥齿轮、蜗轮蜗杆等,如图 5-37 所示。

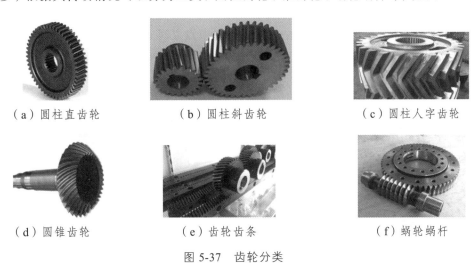

(a)圆柱直齿轮　　　　　　(b)圆柱斜齿轮　　　　　　(c)圆柱人字齿轮

(d)圆锥齿轮　　　　　　(e)齿轮齿条　　　　　　(f)蜗轮蜗杆

图 5-37　齿轮分类

圆柱齿轮用于两平行轴之间的传动;圆锥齿轮用于两相交轴之间的传动;蜗杆蜗轮用于两交叉轴之间的传动。

一、直齿圆柱齿轮各部分的名称及参数

直齿圆柱齿轮各部分的名称及参数如图 5-38 所示。

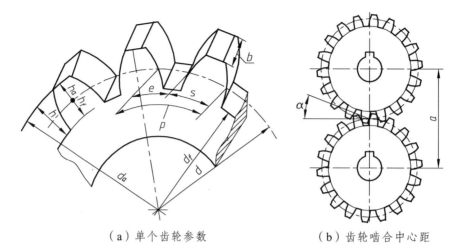

（a）单个齿轮参数　　　　　　　　（b）齿轮啮合中心距

图 5-38　直齿圆柱齿轮各项参数示意图

（1）齿顶圆直径 d_a——通过齿顶的圆柱面直径。

（2）齿根圆直径 d_f——通过齿根的圆柱面直径。

（3）分度圆直径 d——分度圆直径是齿轮设计和加工时的重要参数。分度圆是一个假想的圆，在该圆上齿厚 s 与槽宽 e 相等，其直径称为分度圆直径。

（4）齿高 h——齿顶圆和齿根圆之间的径向距离，$h = h_a + h_f$。

（5）齿顶高 h_a——齿顶圆和分度圆之间的径向距离。

（6）齿根高 h_f——分度圆与齿根圆之间的径向距离。

（7）齿距 p——在分度圆上，相邻两齿对应点之间的弧长，$p = s + e$。

（8）齿厚 s——在分度圆上，一个齿的两侧对应点之间的弧长。

（9）槽宽 e——在分度圆上，一个齿槽的两侧相应点之间的弧长。

（10）齿数 z——齿轮上轮齿的个数。一般齿轮的齿数不少于 17 个，如果少于 17 个，特别是渐开线齿轮，就会发生在加工时产生根切的现象，导致齿轮强度的降低。

（11）模数 m——由于齿轮的分度圆周长 $= zp = \pi d$，则 $d = zp/\pi$，其中 π 为无理数，为计算方便，将 p/π 称为模数 m，则 $d = mz$。模数是设计、制造齿轮的重要参数，单位为毫米。

齿轮模数 m 越大，齿距 p 也越大，齿厚 s 和齿高 h 也随之增大，齿轮的承载能力也增大；两齿轮啮合，其模数必须相等。

齿轮模数数值已经标准化，模数标准化后，有利于齿轮的设计、计算与制造，渐开线齿轮的模数如表 5-5 所示。

表 5-5　圆柱齿轮的模数（GB/T1357—2008）　　　　　单位：mm

第一系列	1	1.25	1.5	2	2.5	3	4	5	6	
	8	10	12	16	20	25	32	40	50	
第二系列	1.125	1.375	1.75	2.25	2.75	3.5	4.5	5.5	（6.5）	
	7	9	11	14	18	22	28	35	45	

注：1. 选用模数时，应优先选用第一系列；其次选用第二系列；括号内的模数尽可能不用。

2. 本表未摘录小于 1 的模数。

（12）中心距 a——两啮合齿轮轴线之间的距离，称为中心距，如图 5-25（b）所示，中心距等于两啮合齿轮分度圆半径之和。

$$a = \frac{d_1 + d_2}{2} = \frac{m(z_1 + z_2)}{2}$$

（13）压力角：相互啮合的一对齿轮，其受力方向与运动方向之间所夹的锐角，称为压力角。同一齿廓在不同点上的压力角是不同的，在分度圆上的压力角称为标准压力角。国家标准规定，标准压力角为 20°。

二、直齿圆柱齿轮的尺寸计算

已知齿轮的模数 m 和齿数 z 时，齿轮的各部分尺寸均可按表 5-6 中的公式计算出来。

表 5-6　标准直齿轮圆柱齿轮的基本尺寸计算公式

序号	名称	代号	计算公式
1	齿距	p	$p = \pi m$
2	齿顶高	h_a	$h_a = m$
3	齿根高	h_f	$h_f = 1.25m$
4	齿高	h	$h = 2.25m$
5	分度圆直径	d	$d = mz$
6	齿顶圆直径	d_a	$d_a = m(z + 2)$
7	齿根圆直径	d_f	$d_f = m(z - 2.5)$
8	中心距	a	$a = d_1 + d_2/2 = m(z_1 + z_2)/2$

三、直齿圆柱齿轮的画法

1. 单个齿轮的画法

单个齿轮一般用两个视图表示，如图 5-39 所示。

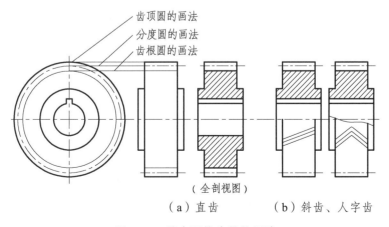

图 5-39　单个圆柱齿轮的画法

在绘制单个直齿圆柱齿轮时，应注意以下几点：

（1）齿顶圆、齿顶线用粗实线绘制；

（2）分度圆、分度线用细点画线绘制；

（3）齿根圆、齿根线用细实线绘制也可省略不画（在视图中）。

（4）在剖视图中，齿根线需用粗实线绘制，不可以省略。

（5）若为斜齿或人字齿，可在非圆的视图上画成半剖或局部剖视图，并用三条细实线表示轮齿的方向，如图 5-39（b）所示。

2. 齿轮啮合的画法

一对齿轮的啮合图，一般可采用两个视图表达，如图 5-40 所示。

在绘制齿轮啮合图时，应注意以下几点：

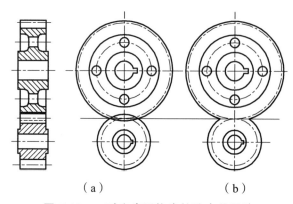

（a）   （b）

图 5-40　一对直齿圆柱齿轮啮合的画法

（1）啮合区：两齿顶圆均用粗实线绘制，分度圆相切，齿根圆省略不画，如图 5-40（a）所示。

（2）两齿顶圆在啮合区也可省略不画，如图 5-40（b）所示。

（3）在不反映圆的视图中，在啮合区将一个齿轮的齿顶线用粗实线绘制，另一个齿轮的轮齿被遮挡，其齿顶用虚线绘制或省略不画，如图 5-40 所示。

（4）相互啮合的齿轮两分度圆相切（分度线重合）；一个齿轮的齿顶线和另一个齿轮的齿根线间相距 0.25 m（mm）的间隙，如图 5-41 所示。

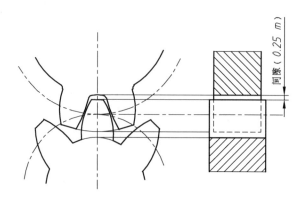

图 5-41　直齿圆柱齿轮齿根间隙

任务 5-4　键、销及其连接的画法

一、键连接

1. 键的分类与标记

键是一种标准件，主要用来连接轴及轴上的零件（齿轮、带轮等）以传递转矩。如图 5-42 所示，将键嵌入轴上的键槽中，再将带有键槽的齿轮装在轴上，当轴转动时，因为键的存在，齿轮就与轴同步转动，达到传递动力的目的。常用的键有普通平键、半圆键、钩头楔键、花键等，如图 5-43 所示。

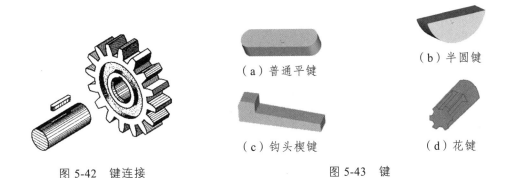

（a）普通平键　　（b）半圆键　　（c）钩头楔键　　（d）花键

图 5-42　键连接　　　　　　　　图 5-43　键

选择平键时应根据轴的直径 d 从相应的标准中查取键的截面尺寸（$b \times h$），然后按轮毂的宽度选定键长 L。

常用键的型式、画法和标记见表 5-7 所示，其中普通平键应用最广泛，按形状的不同可分为普通 A 型平键，普通 B 型平键和普通 C 型平键三种类型，如图 5-44 所示。

（a）A 型　　　　　　（b）B 型　　　　　　（c）C 型

图 5-44　普通平键的种类

普通平键的标记格式和内容为：键 型式代号 宽度×高度×长度 标准代号，其中 A 型可省略型式代号。例如：宽度 $b = 18$ mm，高度 $h = 11$ mm，长度 $L = 100$ mm 的圆头普通平键（A 型），其标记为键 $18 \times 11 \times 100$ GB/T 1096—2003；宽度 $b = 18$ mm，高度 $h = 11$ mm，长度 $L = 100$ mm 的平头普通平键（B 型），其标记为键 B $18 \times 11 \times 100$ GB/T 1096—2003；宽度 $b = 18$ mm，高度 $h = 11$ mm，长度 $L = 100$ mm 的单圆头普通平键（C 型），其标记为键 C $18 \times 11 \times 100$ GB/T 1096—2003。表 5-7 列举了常用键的形式和标记规定。

表 5-7　常用键的型式、画法和标记

名称	标准号	图例	标记示例
普通平键	GB/T 1096—2003	R=0.5b	$b=8$，$h=7$，$L=25$ 的普通 A 型平键： 键 8×25 GB/T 1096—2003
半圆键	GB/T 1099—1990		$b=6$，$h=10$，$d_1=25$，$L=24.5$ 的半圆键： 键 6×10×25 GB/T 1099—1990
钩头楔键	GB/T 1565—1990	45°　1:100	$b=18$，$h=11$，$L=100$ 的钩头楔键： 键 18×100 GB/T 1565—1990

2. 键连接的应用

以普通平键为例，图 5-45 所示为地铁车辆电机输出轴的键连接，键槽的宽度与普通平键的两侧面为过盈配合，输出轴转动，带动平键旋转，平键的两侧面带动负载转动。

（a）键未装配时　　　　　　　　　　　（b）键装配后

图 5-45　电机输出轴的键连接

3. 键连接的画法

采用普通平键连接时，键的长度 L 和宽度 b 要根据轴的直径 d 和传递的扭矩大小从标准中选取适当值。轴和轮毂上的键槽的表达方法及尺寸如图 5-46 所示。

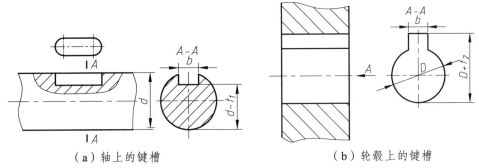

（a）轴上的键槽　　　　　　　　（b）轮毂上的键槽

图 5-46　轴和轮毂上的键槽的画法及标注

在装配图中，普通平键连接的画法如图 5-47 所示。

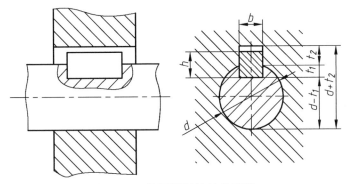

图 5-47　普通平键连接的画法

图 5-48 为半圆键的连接画法，半圆键的工作原理与平键类似，工作面为两侧面。图 5-49 为钩头楔键的连接画法，其工作面为上下两面。

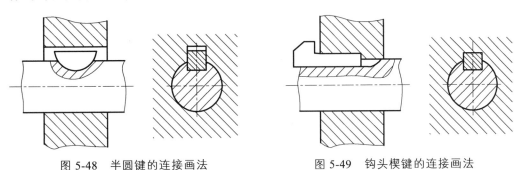

图 5-48　半圆键的连接画法　　　　　　图 5-49　钩头楔键的连接画法

二、销连接

1. 销的分类与标记

销是标准件，常用的销有圆柱销、圆锥销、开口销三种，如图 5-50 所示。圆柱销和圆锥销主要用来固定零件之间的相对位置，起定位作用，也可用于轴与轮毂的连接，传递不大的载荷，还可作为安全装置中的过载剪断元件。而开口销可以用来防止槽形螺母松动或固定其他零件。

（a）圆柱销　　　　　（b）圆锥销　　　　　（c）开口销

图 5-50　常用销

销的种类和标记形式见表 5-8 所示。

表 5-8　销的种类、形式和标记

名称	标准号	图例	标记示例
圆柱销	GB/T 119.1—2000		销 GB/T 119.1—2000　8×30 表示公称直径 $d=8$，公称长度 $L=30$。
圆锥销	GB/T 117—2000		销 GB/T 117—2000　5×60 表示公称直径 $d=5$，公称长度 $L=60$。
开口销	GB/T 91—2000		销 GB/T 91—2000　5×50 表示公称直径 $d=5$，公称长度 $L=50$。

2. 销连接的画法

销有圆柱销和圆锥销两种基本类型，且其均已标准化。圆柱销利用微量过盈固定在销孔中，经过多次装拆后，连接的紧固性及精度降低，故用于不常拆卸处。圆锥销有 1：50 的锥度，装拆比圆柱销方便，多次装拆对连接的紧固性及定位精度影响较小，因此应用广泛。销连接的画法如图 5-51 所示。

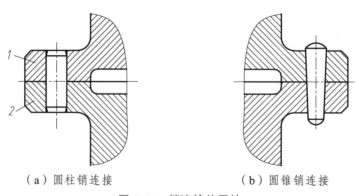

（a）圆柱销连接　　　　　　　　　　（b）圆锥销连接

图 5-51　销连接的画法

注：如图 5-51（a）所示，为保证定位销定位准确，常把被连接件 1 与被连接件 2 组合固定起来加工销孔，保证其同轴度精度，称为配作加工。

任务 5-5　滚动轴承及其画法

滚动轴承是一种标准部件，其作用是支承轴的旋转，它具有结构紧凑、摩擦力小等特点，能在较大载荷、较高转速下工作。转动精度较高，在工业中应用十分广泛。滚动轴承的结构及尺寸已经标准化，由专门的厂家生产，选用时可查阅有关标准。

一、滚动轴承的结构和种类

1. 滚动轴承的结构

滚动轴承的结构一般由外圈、内圈、滚动体和保持架四部分组成，如图 5-52 所示。

外圈装在机体或轴承座内，一般固定不动。

内圈装在轴上，与轴紧密配合且随轴转动。

滚动体装在内外圈之间的滚道中，有短圆柱滚子、圆锥滚子、鼓形滚子、空心螺旋滚子、长圆柱滚子和滚针等，如图 5-53 所示。

保持架用来均匀分隔滚动体，防止滚动体之间相互摩擦与碰撞。

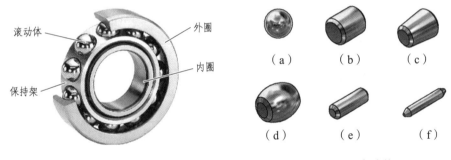

图 5-52　滚动轴承结构　　　　　　　图 5-53　滚动体

2. 滚动轴承的种类

滚动轴承按所承受载荷的方向可分为以下三种类型，如图 5-54 所示：

（a）深沟球轴承　　　　　　（b）推力球轴承　　　　　　（c）圆锥滚子轴承

图 5-54　滚动轴承

向心轴承：主要承受径向载荷，常用的向心轴承有深沟球轴承。

推力轴承：只承受轴向载荷，常用的推力轴承有推力球轴承。

向心推力轴承：同时承受轴向和径向载荷，常用的有圆锥滚子轴承。

二、滚动轴承的代号

滚动轴承的代号一般印在轴承内圈的端面上，由基本代号、前置代号和后置代号三部分组成，排列顺序如下：

| 前置代号 | 基本代号 | 后置代号 |

1. 基本代号

基本代号表示滚动轴承的基本类型、结构及尺寸，是滚动轴承代号的基础。基本代号由轴承类型代号、尺寸系列代号和内径代号构成（滚针轴承除外），其排列顺序如下：

| 类型代号 | 尺寸系列代号 | 内径代号 |

（1）类型代号。

轴承类型代号用阿拉伯数字或大写拉丁字母表示，其含义见表 5-9。

表 5-9　滚动轴承类型代号（GB/T 272—1993）

代号	轴承类型	代号	轴承类型
0	双列角接触球轴承	6	深沟球轴承
1	调心球轴承	7	角接触球轴承
2	调心滚子轴承和推力调心滚子轴承	8	推力圆柱滚子轴承
3	圆锥滚子轴承	N	圆柱滚子轴承双列或多列用字母 NN 表示
4	双列深沟球轴承	U	外球面球轴承
5	推力球轴承	QJ	四点接触球轴承

注：在表中代号后或前加字母或数字表示该类轴承中的不同结构。

（2）尺寸系列代号。

尺寸系列代号由滚动轴承的宽（高）度系列代号和直径系列代号组合而成，用两位数字表示。它主要用来区别内径相同而宽（高）度和外径不同的轴承。详细情况请查阅有关的国家标准。

尺寸系列代号用基本代号右起第三（四）位数字表示。它反映了具有相同内径和外径尺寸的轴承。对向心轴承，配有不同宽度尺寸系列，代号取 8、0、1、2、3、4、5、6（见表 5-9），宽度依次增大。正常宽度的轴承，宽度系列代号为"0"，一般在代号中不标出，但对调心滚子轴承和圆锥滚子轴承宽度系列代号"0"必须标出；对推力轴承，配有不同高度尺寸系列，代号取 7、9、1、2 的顺序（见表 5-10），高度依次增大。图 5-55 所示为深沟球轴承宽（高）度系列对比。

表 5-10　滚动轴承尺寸系列代号

直径系列代号	向心轴承								推力轴承			
	宽度系列代号（宽度→）								高度系列代号（高度→）			
	8	0	1	2	3	4	5	6	7	9	1	2
	直径系列代号											
7	—	—	17	—	37	—	—	—	—	—	—	—
8	—	08	18	28	38	48	58	68	—	—	—	—
9	—	09	19	29	39	49	59	69	—	—	—	—
0	—	00	10	20	30	40	50	60	70	90	10	—
1	—	01	11	21	31	41	51	61	71	91	11	—
2	82	02	12	22	32	42	52	62	72	92	12	22
3	83	03	13	23	33	—	—	—	73	93	13	23
4	—	04	—	24	—	—	—	—	74	94	14	24
5	—	—	—	—	—	—	—	—	—	95	—	—

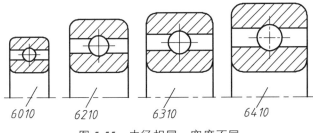

图 5-55　内径相同、宽度不同

（3）内径代号。

内径代号表示轴承的公称内径，见表 5-11。

表 5-11　滚动轴承的内径代号及其示例

轴承公称内径/mm		内径代号	示例
0.6～10（非整数）		用公称内径毫米数直接表示,在其与尺寸系列代号之间用"/"分开	深沟球轴承 618/2.5 d = 2.5 mm
1～9（整数）		用公称内径毫米数直接表示,对深沟及角接触球轴承 7、8、9 直径系列,内径与尺寸系列代号之间用"/"分开	深沟球轴承 62/5、618/5 d = 5 mm
10～17	10	00	深沟球轴承 6200 d = 10 mm
	12	01	
	15	02	
	17	03	
20～480（22、28、32 除外）		公称内径毫米数/5	调心滚子轴承 232/08 d = 40
≥500 以及 22、28、32		用公称内径的毫米数直接表示,在其与尺寸系列代号之间用"/"分开	深沟球轴承 62/22 d = 22 mm

以调心滚子轴承 23208 为例，说明代号中各数字的意义如下：

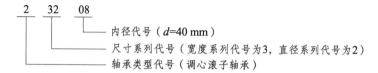

2. 前置代号和后置代号

前置代号和后置代号是滚动轴承在结构形状、尺寸、公差、技术要求等有改变时，在其基本代号左、右添加的补充代号。具体情况可查阅有关的国家标准。

滚动轴承代号标记示例：

6208

第一位数 6 表示轴承类型代号，为深沟球轴承；第二位数 2 表示尺寸系列代号，宽度系列代号 0 省略，直径系列代号为 2；后两位数 08 表示内径代号，内径 $d = 8 \times 5 = 40$ mm。

N2110

第一个字母 N 表示轴承类型代号，为圆柱滚子轴承。第二、三两位数 21 表示尺寸系列代号，宽度系列代号为 2，直径系列代号为 1。后两位数 10 表示内径代号，内径 $d = 10 \times 5 = 50$ mm。

三、滚动轴承的画法

国家标准 GB/T 4459.7—1998 对滚动轴承的画法作了统一规定，有简化画法和规定画法，简化画法又分为通用画法和特征画法两种。

1. 简化画法

用简化画法绘制滚动轴承时，一般采用通用画法或特征画法。但在同一图样中，只采用其中的一种画法。

（1）通用画法。

是指在剖视图中，不需要确切地表示滚动轴承的外形轮廓、载荷特性、结构特征时，可采用矩形线框以及位于线框中央正立的十字形符号来表示。矩形线框和十字形符号均用粗实线绘制，十字形符号不应与矩形线框接触，常用滚动轴承的通用画法见表 5-11。

（2）特征画法。

是指在剖视图中，需要比较形象地表示滚动轴承的结构特征时，可采用在矩形线框内画出其结构要素符号的方法来表示滚动轴承。特征画法的矩形线框、结构要素符号均用粗实线绘制，常用滚动轴承的特征画法见表 5-11。

2. 规定画法

必要时，滚动轴承可采用规定画法绘制。采用规定画法绘制滚动轴承的剖视图时，轴承的滚动体不画剖面线，其内、外圈须画成方向和间隔相同的剖面线，滚动轴承的保持架及倒角等省略不画。规定画法一般绘制在轴的一侧，另一侧按通用画法绘制。规定画法中各种符号、矩形线框和轮廓线均用粗实线绘制，其规定画法见表 5-12。

表 5-12　滚动轴承的简化画法和规定画法

类型名称和标准号	简化画法		规定画法
	通用画法	特征画法	
深沟球轴承 GB/T 276—1994			
圆锥滚子轴承 GB/T 297—1994			
推力球轴承 GB/T 301—1995			

任务 5-6　弹簧及其画法

弹簧是机械、电器设备中一种常用的零件，主要用于减震、夹紧、复位、储存能量和测力等。弹簧的种类很多，使用较多的是圆柱螺旋弹簧，如图 5-56（a）、（b）、（c）所示。本节主要介绍圆柱螺旋压缩弹簧的尺寸计算和规定画法。

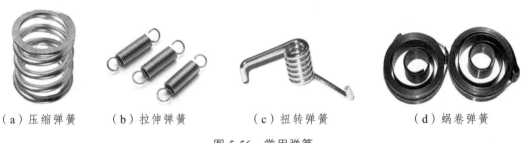

（a）压缩弹簧　　　（b）拉伸弹簧　　　　　　（c）扭转弹簧　　　　　　（d）蜗卷弹簧

图 5-56　常用弹簧

一、圆柱螺旋压缩弹簧各部分的名称及尺寸计算

表 5-13 列出了圆柱螺旋压缩弹簧各部分名称和基本参数。

表 5-13　圆柱螺旋压缩弹簧各部分名称和基本参数

名称	符号	说明	图例
型材直径	d	制造弹簧用的钢丝直径	
弹簧的中径	D	规格直径	
弹簧的内径	D_1	圆柱弹簧的最小直径 $D_1 = D - d$	
弹簧的外径	D_2	圆柱弹簧的最大直径 $D_2 = D + d$	
旋向		弹簧螺旋线的方向，有右旋和左旋之分	
有效圈数（具有相等节距的圈数）	n	为了工作平稳，n 一般不小于 3 圈	
支撑圈数	n_0	弹簧两端并紧和磨平（或锻平）仅起支撑或固定作用的圈（一般取 1.5、2 或 2.5 圈）	
总圈数	n_1	$n_1 = n + n_0$	
节距	t	相邻两有效圈上对应点间的轴向距离。	
自由高度	H_0	未受负荷时的弹簧高度 $H_0 = nt + (n_0 - 0.5)d$	
展开长度	L	制造弹簧所需钢丝的长度 $L \approx \pi D n_1$	

二、圆柱螺旋压缩弹簧的画法

1. 弹簧的画法

弹簧可以画成剖视图、视图或示意图，如图 5-57 所示。国标 GB/T 4459.4—2003 对弹簧的画法做了如下规定：

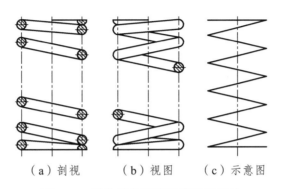

（a）剖视　　　（b）视图　　　（c）示意图

图 5-57　圆柱螺旋压缩弹簧的表示法

（1）在平行于圆柱螺旋弹簧轴线的投影面的视图中，其各圈的轮廓应画成直线。

（2）有效圈数在 4 圈以上时，可以每端只画出 1~2 圈（支承圈除外），中间省略不画，用通过弹簧钢丝中心的两条点画线表示，并允许适当缩短图形的长度。

（3）螺旋弹簧均可画成右旋，左旋弹簧不论画成左旋或右旋，均需注写旋向"左"字。

（4）螺旋压缩弹簧如要求两端并紧且磨平时，不论支承圈多少均按支承圈 2.5 圈绘制，必要时也可按支承圈的实际结构绘制。

（5）在装配图中，被弹簧挡住的结构一般不画出，可见部分应从弹簧的外轮廓线或从弹簧钢丝剖面的中心线画起，如图 5-58（a）所示。

（6）当弹簧被剖切时，剖面直径或厚度在图形上等于或小于 2 mm 时，也可用涂黑表示，且各圈的轮廓线不画，如图 5-58（b）所示；在装配图中，型材直径或厚度在图形上等于或小于 1 mm 的螺旋弹簧，允许用示意图绘制，如图 5-58（c）所示。

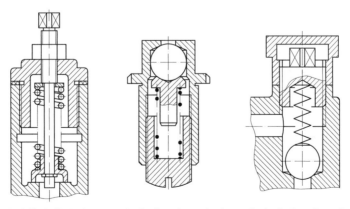

（a）被弹簧遮挡处的画法　（b）簧丝断面涂黑　（c）簧丝示意画法

图 5-58　装配图中弹簧的画法

2. 圆柱螺旋压缩弹簧的画图步骤

圆柱螺旋压缩弹簧的画图步骤如图 5-59 所示。

（1）根据弹簧的中径 D 和自由高度 H_0 作矩形 $ABCD$，如图 5-59（a）所示；

（2）画出支撑圈部分弹簧钢丝的端面，如图 5-59（b）所示；

（3）画出有效圈部分弹簧钢丝的端面，如图 5-59（c）所示；

（4）按右旋方向作相应圆的公切线及画剖面线，即完成作图，如图 5-59（d）所示。

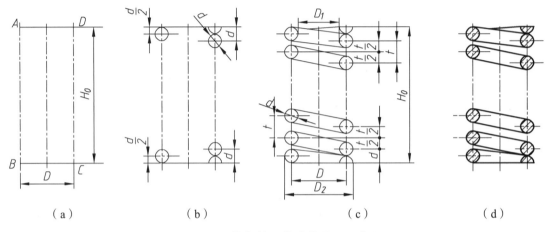

（a）	（b）	（c）	（d）

图 5-59　圆柱螺旋压缩弹簧的画图步骤

三、弹簧的应用

弹簧是重要的机械零件之一，作为一种具有弹力的机械元件，它广泛用于各种机械装置及机构中。如图 5-60（a）所示，为城市轨道交通车辆转向架一系悬挂系统，其中用到了圆柱螺旋压缩弹簧，其主要作用是吸收振动和冲击能量，提高车辆行驶的平稳性。

如图 5-60（b）所示，为地铁车辆气压传动中使用的 E-1-L 安全阀，通过调节螺钉来设置弹簧的压缩力，当阀下部的主储气室压力比弹簧力大时，阀芯上升离开阀座，自动泄压。

（a）转向架一系悬挂　　　　　　　　　　　（b）安全阀中的弹簧

图 5-60　弹簧的应用

模块 6
零 件 图

任务 6-1 零件图概述

一、零件图的含义和作用

零件是组成机器和部件的最小单元。零件图是表达零件的结构、大小和技术要求的图样，是制造和检验零件的主要依据。

如图 6-1 所示，由 13 个零件组成的球阀装配体是管路中的一个部件，是控制管路畅通或断流的开关。图 6-2 是该球阀的阀盖零件图。

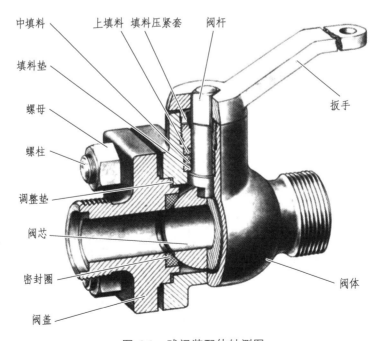

图 6-1 球阀装配体轴测图

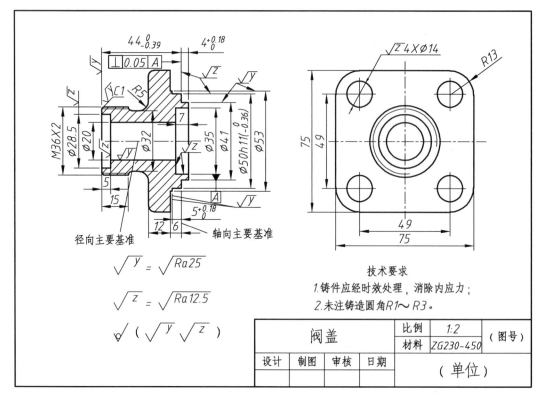

图 6-2　阀盖

二、零件图的内容

一张完整的零件图主要包括一组图形、一组尺寸、技术要求、标题栏和明细栏。如图 6-2 所示。

1. 一组图形

零件图中的一组图形主要用来表达零件各组成部分的结构形状及其相互关系。

2. 一组尺寸

零件图中的一组尺寸主要用来表达零件各部分的大小及其相对位置。

3. 技术要求

零件图的技术要求是用来表达零件在制造及检验时应该达到的一些质量要求。零件图的技术要求主要包含表面粗糙度、极限与配合、几何公差、表面要求和热处理等。例如，表面粗糙度 $Ra\,3.2$，尺寸的极限偏差 $12^{+0.018}_{-0.025}$，几何公差 ⊚ | ⌀0.1 | B 等。

4. 标题栏

零件图的标题栏是用来填写零件的名称、材料、数量、绘图比例、日期、图纸的编号，以及设计、审核人员签名等。

三、零件图的视图选择

1. 了解所画零件图的情况

这些情况包括零件名称、工作原理、工作状态、空间结构与相邻零件的关系等。

2. 确定表达方案

（1）主视图的选择。

主视图是一组视图的核心，应选择形状信息最多的那个视图作为主视图。选择时通常应先确定零件的安放位置，再确定主视图的投射方向。

① 工作位置原则。

选择主视图要尽量考虑零件在机器中的工作位置，这样能较容易地想象出该零件的工作情况，便于画图与看图。如图 6-3 支架的主视图和图 6-4 车前拖钩与吊钩的主视图，就是根据它们的形状特征和工作位置选择的。

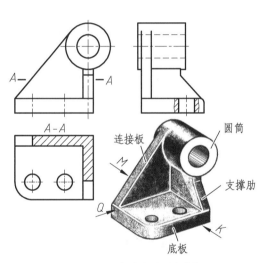

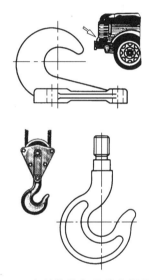

图 6-3　支架主视图的选择　　　　图 6-4　车前拖钩与吊钩主视图的选择

② 加工位置原则。

盘盖、轴套等以回转体构型为主的零件，主要在车床或外圆磨床上加工，应尽量按照零件的主要加工位置，即轴线水平放置，此原则为加工位置原则，如图 6-5 所示。这样，在加工时可以直接图、物对照，便于看图。

（2）其他视图的选择。

其他视图用于补充主视图尚未表达清楚的结构，选择时应考虑以下几点：

① 优先考虑基本视图，并在基本视图上考虑剖视、端面的表达。根据零件内外形状的复杂程度，所选的其他视图都应有一个表达重点。

② 合理选择其他辅助视图，如向视图、局部视图、斜视图等。在表达清楚的情况下应采用较少的视图。同时考虑合理的布置视图位置，使视图清晰匀称又便于看图。

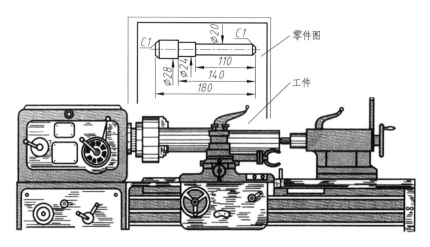

图 6-5　轴类零件的加工位置

四、典型零件的视图选择举例

根据零件在机器中的作用和结构，零件大体可以分为轴套类、轮盘类、叉架类和箱体类。

1. 轴套类零件

包括轴、螺杆、阀杆和空心套等，基本形状是圆柱形。这类零件在机器中主要用来支承传动零件（如齿轮、带轮）和传递动力；套一般装在轴上，起轴向定位、传动或连接等作用，如图 6-6 所示。

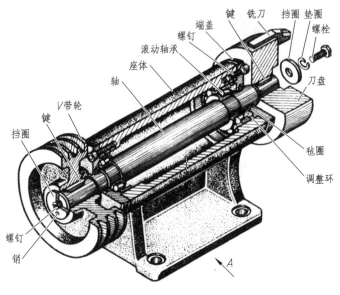

图 6-6　铣刀头轴测图

如图 6-7 所示，轴的主体是由几段不同直径的圆柱体或圆锥体组成，构成阶梯状，轴上常加工有键槽、花键、螺纹、孔、挡圈槽、倒角、退刀槽和中心孔等结构。

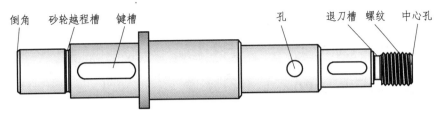

倒角　砂轮越程槽　键槽　　　　　　　　孔　　退刀槽　螺纹　中心孔

图 6-7　轴套类零件结构特点

由于轴类零件多在车床或磨床上进行加工，在选择视图时，为了便于加工时看图，一般按加工位放置，用一个基本视图来表达轴的主体结构。轴上的局部结构，一般采用局部视图、局部剖视图、局部放大图和断面图来表达。对结构简单且较长的轴段，常采用断开后缩短的方法表达。套类零件的表达方法与轴类零件类似，当内部结构复杂时，常用剖视图来表达。

轴套类零件图例

（1）实心轴。

实心轴的表达：实心轴是指沿轴线方向没有孔的轴，常采用轴线水平放置的一个主视图加若干断面或局部放大图表达，选择有槽或有孔的方向作为主视图投射方向，对于轴上的键槽和垂直轴线的孔采用断面表达，对于轴肩的圆角、退刀槽等工艺结构可采用局部放大图表达。尺寸标注应以基准进行标注，径向尺寸基准为轴线，轴向尺寸基准一般为轴肩或端面（见图 6-8）。

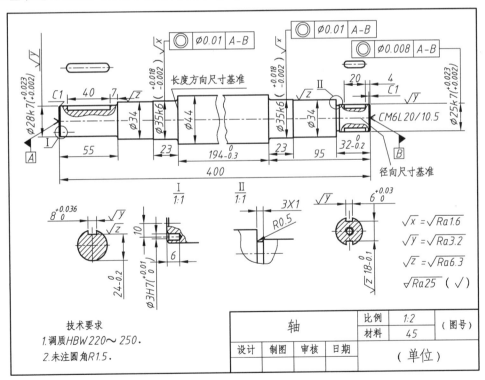

图 6-8　轴的零件图

（2）空心轴。

空心轴的表达：空心轴主视图采用轴线水平放置的全剖或局部剖视图，轴上槽、孔部分的形状和位置，可以用俯视图或局部视图表达，孔、槽的深度，可用断面图表达（见图 6-9）。

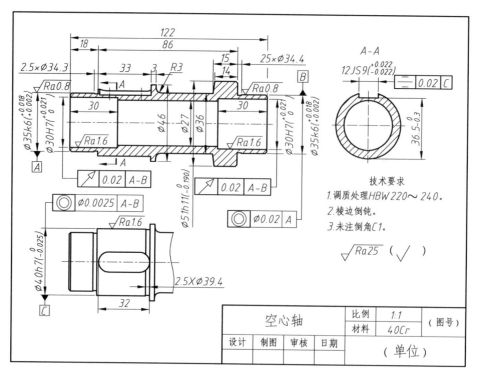

图 6-9　空心轴

（3）细长轴。

当轴较长，图纸幅面不够，可在相同直径区间，用断开画法，标注仍为实际长度（见图 6-10）。

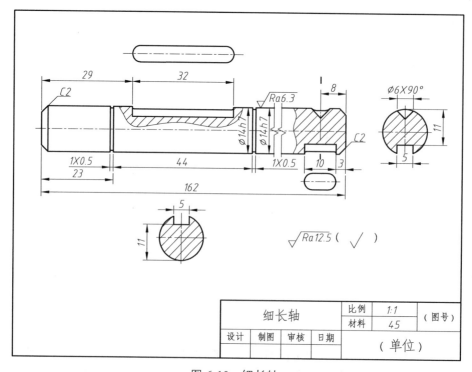

图 6-10　细长轴

（4）花键轴（见图 6-11）。

花键轴是指轴的某一圆柱面有花键结构，花键可采用断面图表达，尺寸可标注在断面图上。

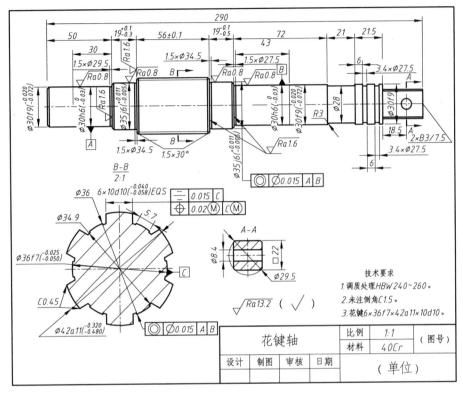

图 6-11　花键轴

（5）其他轴套类零件（见图 6-12）。

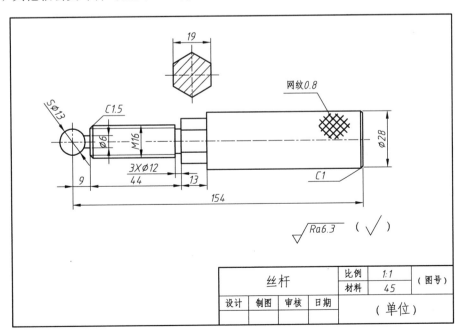

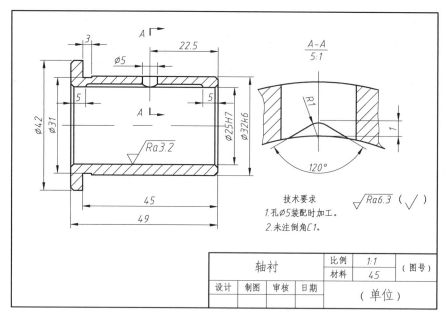

图 6-12　其他轴套类零件

2. 轮盘类零件

包括端盖、阀盖、齿轮、带轮、法兰盘、盘座、手轮等,基本形状是扁平的盘状。这类零件在机器中主要起传递动力、支承、轴向定位及密封的作用。如图 6-13 所示,它们的主要结构大体上是回转体,通常还带有各种形状的槽、孔、凸台、肋等局部结构。

图 6-13　轮盘类零件

在选择视图时,由于轮盘类零件的主要加工表面是以车削为主,所以其主视图也应按加工位置布置,将轴线按水平位放置进行投影,且多将该视图作全剖视,以表达内部结构。除主视图外,还需用左或右视图,以表达零件上沿圆周分布的孔、槽及轮辐、肋条等结构。对于零件上的一些小的结构,可补充局部视图、局部剖视图、局部放大图和断面图等。

轮盘类零件图例

(1)盘盖类。

图 6-14 中端盖零件图,主视图将轴线水平放置,且作了全剖视,表达了端盖的主体结构。左视图采用了只画一半的简化画法,反映了端盖的形状和沉孔的位置。局部放大图则清楚地反映出密封槽内部的结构形状。

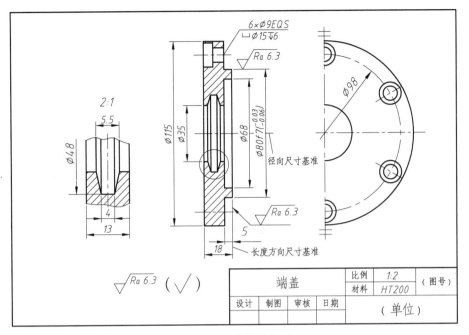

图 6-14 端盖零件图

（2）齿轮与链轮。

齿轮零件工作图，应在图纸的右上角用表格说明主要参数，渐开线圆柱齿轮的参数一般包括：齿数、模数、齿形角、齿顶高系数、公法线长度及跨齿数等；斜齿还须标注螺旋角及螺旋线方向，变位齿轮需注明变位系数。齿轮实例如图 6-15 所示。

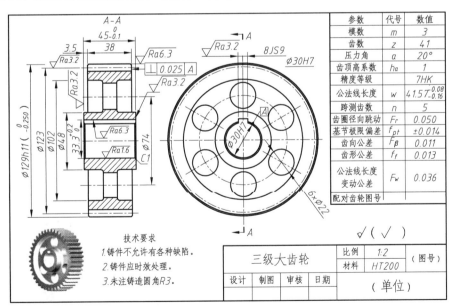

图 6-15 齿轮零件图

链轮零件工作图，应在图纸的右上角，用表格说明主要参数，一般包括，节距、齿数，滚子直径等。链轮实例如图 6-16 所示。

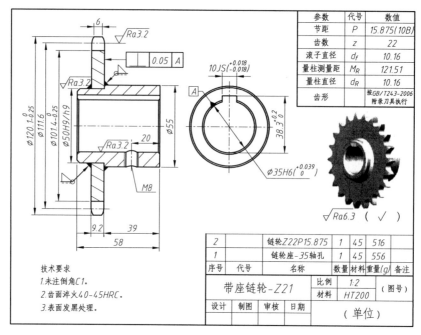

参数	代号	数值
节距	P	15.875(10B)
齿数	z	22
滚子直径	d_f	10.16
量柱测量距	M_R	121.51
量柱直径	d_R	10.16
齿形		按GB/T243-2006 附录刀具执行

$\sqrt{Ra6.3}$ ($\sqrt{}$)

2		链轮Z22P15.875	1	45	516	
1		链轮座-35轴孔	1	45	556	
序号	代号	名称	数量	材料	重量(g)	备注

带座链轮-Z21		比例	1:2	(图号)
		材料	HT200	
设计	制图	审核	日期	
				(单位)

技术要求
1.未注倒角C1.
2.齿面淬火40-45HRC.
3.表面发黑处理.

图 6-16 链轮零件图

（3）带轮。

带传动根据带的形状可分为平带传动，V带传动和同步带传动。带轮常由轮缘、轮辐、轮毂三部分组成。带轮实例如图6-17所示。

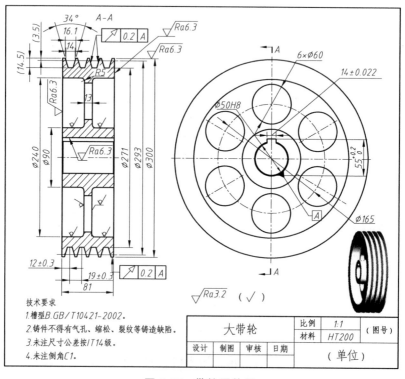

技术要求
1.槽型B.GB/T10421-2002.
2.铸件不得有气孔、缩松、裂纹等铸造缺陷.
3.未注尺寸公差按IT14级.
4.未注倒角C1.

$\sqrt{Ra3.2}$ ($\sqrt{}$)

大带轮		比例	1:1	(图号)
		材料	HT200	
设计	制图	审核	日期	
				(单位)

图 6-17 带轮零件图

3. 叉架类零件

叉架类零件有支架、杠杆、连杆、拨叉等，主要起支承和连接作用。如图 6-18 所示，其一般由三部分组成：支承部分、工作部分和连接部分。连接部分多为肋板结构且形状弯曲、扭斜的较多。

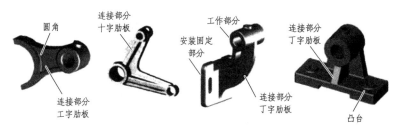

图 6-18　叉架类零件的结构特点

由于它的加工位置多变，在选择主视图时，主要考虑工作位置和形状特征。在选择其他视图时，常需要选择两个或两个以上的基本视图，并且还要用适当的局部视图、断面图等表达方法来表达零件的局部结构。

叉架类零件图例

（1）支架类。

如图 6-19 所示，该支架共采用了 4 个视图，主视图表达了左侧支承侧板、中间的肋板以及上方的圆筒三个主要结构，俯视图采用基本视图加局部视图表达内外结构，向视图 A 是表达侧板形状的左视图，最后移出断面图补充表达了肋板的横断面形状。

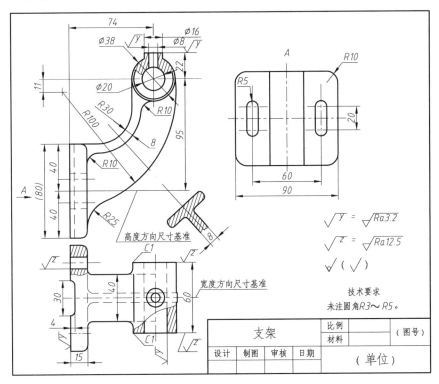

图 6-19　支架零件图

（2）杠杆类。

杠杆类零件的工作位置有时不固定，甚至是倾斜的，因此在选择视图时，应将零件摆正，再将反映形状特征明显的方向作为主视图的投射方向，如图 6-20 所示。

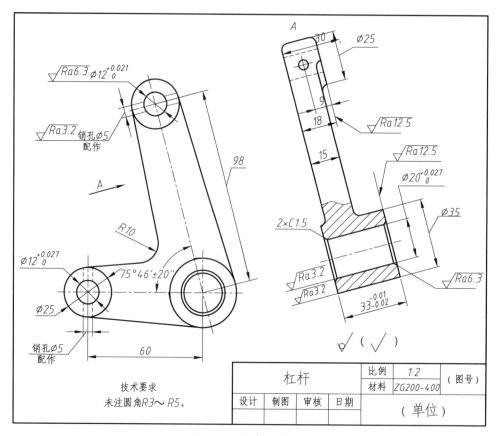

图 6-20　杠杆零件图

（3）拨叉类。

拨叉主要是用在操纵机构中，如改变车床滑移齿轮的位置，实现变速；或者应用于控制离合器的啮合断开的机构中，从而控制横向或纵向进给。

图 6-21 中，主视图是主要形状特征视图，俯视图用全剖表达内部结构与板厚度方向的情况，由于肋板和小孔在倾斜位置面，补充了斜视图 B 表达肋板实形。

4. 箱体类零件

箱体类零件包括箱体、壳体、阀体、泵体、减速器箱体等零件。这类零件主要用来支承、包容和保护体内的零件，也可以做定位和密封用。如图 6-22 所示，它们通常有一个薄壁所围成的较大空腔和与其相连供安装用的底板，在箱壁上有多个向内或向外伸延的供安装轴承用的圆筒或半圆筒，且在其上下常有肋板加固。此外，箱体类零件上还有许多细小结构，如凸台、凹坑、起模斜度、铸造圆角、螺孔、销孔和倒角等。

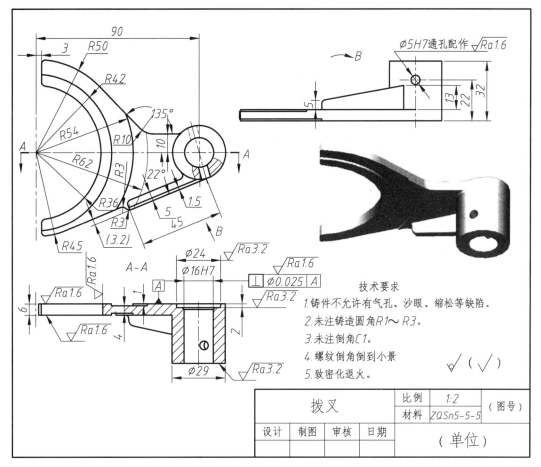

图 6-21　拨叉零件图

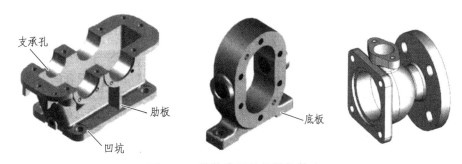

图 6-22　箱体类零件的结构特点

一般来说，这类零件的形状、结构比前面三类零件复杂，而且加工位置的变化更多。在选择主视图时，主要考虑工作位置和形状特征。选用其他视图时，应根据实际情况采用适当的剖视图、断面图、局部视图和斜视图等多种辅助视图，以清晰地表达零件的内外结构。如图 6-23 所示，该座体是铣刀头上支承轴系组件的一个零件，结构比较简单，用三个视图就可以表达清楚。主视图采用局部剖视图，其表达圆筒的内部结构、左右支板和底板的结构；左视图也采用局部剖视图，其表达了圆筒端面上螺孔的位置、支板、肋板和底板的结构形状、相对位置及连接情况；俯视图为局部视图，表达了底板四角的形状和安装孔的位置。

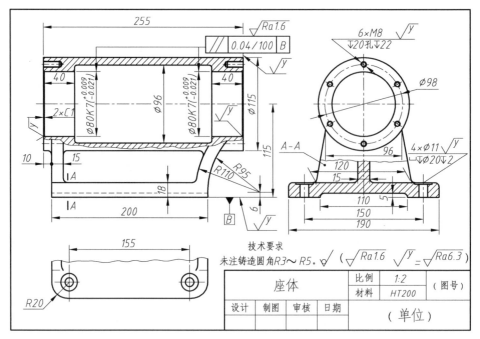

图 6-23　座体零件图

箱体零件的三视图绘制如图 6-24 所示。

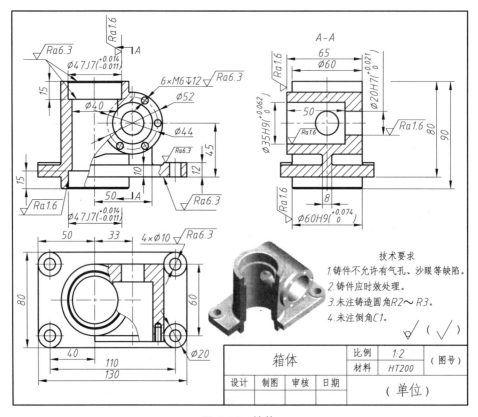

图 6-24　箱体

如图 6-25 所示，弯头零件图按工作位置放置，主视图用了局部剖表达了弯头大部分结构的形状尺寸，俯视图作 *A—A* 面的全剖，表达了前后通孔以及底板等形状尺寸，由于上方的凸缘为倾斜位置，因此增加 *B*、*C* 两幅斜视图表达凸缘的实形。

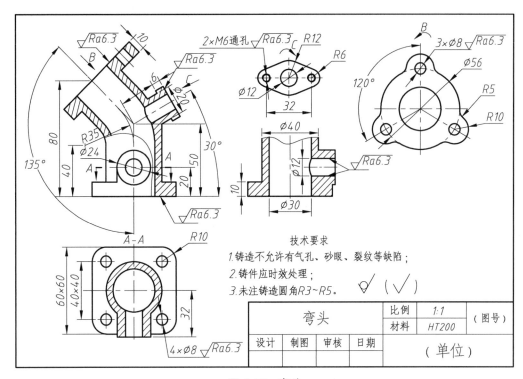

图 6-25　弯头

五、零件图的尺寸标注

前面我们已经介绍了尺寸标注的基本要求和方法，在此基础上，讨论零件图的合理标注的原则。

1. 合理地选择尺寸基准

根据基准的作用不同可以分为两类：

（1）设计基准。

根据设计要求用以确定零件结构的位置所选定的基准，称为设计基准。如图 6-26 所示的轴承座，选择底面为高度方向的设计基准，对称平面为长度方向设计基准。由于一根轴通常要由两个轴承支撑，两者的轴孔应在同一轴线上，所以在标注高度方向尺寸时，应以底面为基准，以保证两轴孔到底面的距离相等。在标注长度方向尺寸时，应以对称平面为基准，以保证底板上两个安装孔之间的中心距及其与轴孔的对称关系，实现两轴承座安装后同轴。

（2）工艺基准。

为了便于零件的加工和测量所选定的基准，称为工艺基准。如图 6-26 中凸台的顶面为工艺基准，以此为基准测量螺孔的深度尺寸比较方便。

在标注尺寸时，最好使设计基准和工艺基准重合，既满足设计要求又保证工艺要求。当同一个方向不止一个尺寸基准时，根据基准作用的重要性分为主要基准和辅助基准。总之，在零件长、宽、高（或径向、轴向）的每一个方向上，都需有一个主要基准。为方便测量与制造，在同一个方向上，可以增加辅助基准。主要基准与辅助基准之间必须有直接的尺寸联系。如图 6-26 中高度方向的辅助基准是通过尺寸 58 与主要基准相联系的。

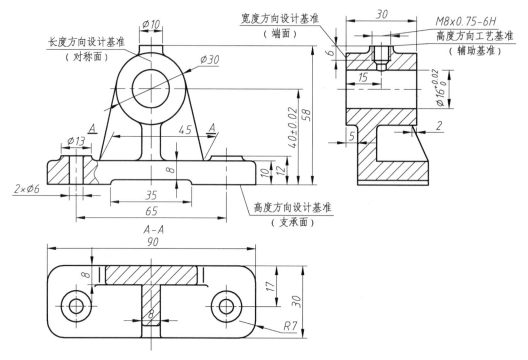

图 6-26 轴承座的尺寸标注

（3）常见的基准参考。

以设计基准和工艺基准为选择原则，一般将零件上的一些有代表性几何元素选为基准，如对称中心线、底面、端面、轴线等。以下为不同类型零件基准选择的常见类型，仅作为参考，具体问题应具体分析。

如图 6-8、图 6-14 轴套、轮盘类零件的基准主要可以分为

① 径向尺寸基准，一般为轮盘、轴套类零件的轴线；

② 轴向尺寸基准，一般为重要的端面。

如图 6-19、图 6-23，支架、箱体类零件的基准主要可以分为

① 长度方向尺寸基准，一般为箱体、支架类零件的左右对称平面；

② 高度方向尺寸基准，一般为箱体、支架类零件的底面；

③ 宽度方向尺寸基准，一般为安装结合面或较大的加工表面等。

2. 避免形成封闭的尺寸链

图 6-27（a）的轴，标注了总长，又对每段长度分别标注，这样就形成了封闭的尺寸链。封闭的尺寸链意味着必须严格地控制误差范围，造成加工的极大困难。由于实际对一般性尺

寸的要求不高，过于放大误差的危害，并不合理，所以标注时要避免注成封闭尺寸链。正确的做法是将封闭尺寸中相对次要的尺寸空出一个，将误差累积到这个次要尺寸上，形成开口环，如图6-27（b）所示。

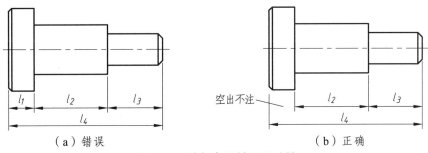

（a）错误   （b）正确

图 6-27　避免出现封闭尺寸链

3. 重要尺寸应直接注出

在图6-28（b）中轴承孔的中心高应从设计基准（底面）为起点直接注出尺寸 a，不能如图6-28（a）所示以 b、c 两个尺寸之和来替代。同样道理，为了保证底板上两个安装孔与机座上的两个螺孔对中，必须直接注出其中心距 l，不应如图6-28（a）所示标注两个 e。

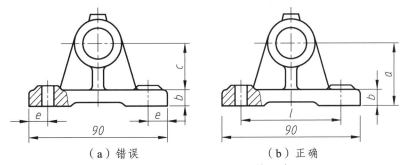

（a）错误   （b）正确

图 6-28　重要的尺寸要直接注出

4. 尺寸标注要方便加工与测量

在图 6-29（a）中，阶梯轴的加工顺序是：先加工 $\phi22$、长度为 70 的外圆；再加工直径 $\phi15$、长度为 53 的外圆；然后在长度 26 的左端切一个长度为 2 的退刀槽；最后加工 M10 的螺纹和倒角。上述几个轴段都是以右端面为加工时的测量基准，所以应按图 6-29（b）所示标注轴向尺寸。

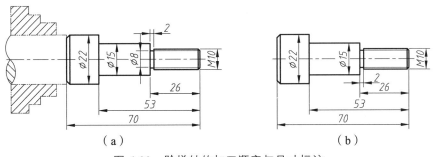

（a）   （b）

图 6-29　阶梯轴的加工顺序与尺寸标注

　　另外，为了让不同工种的工人看图方便，尽量将零件上的加工面和非加工面的尺寸分注两边。对同一工种的加工尺寸，也要适当地集中；并且尺寸标注要尽量做到使用普通量具就能方便测量，减少测量成本，如图 6-30 所示。

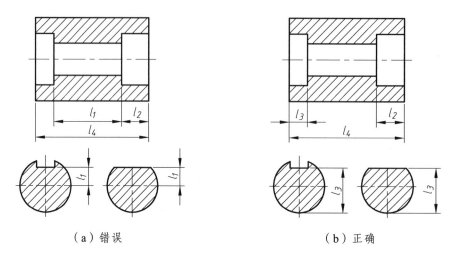

（a）错误　　　　　　　　　　　　　　　（b）正确

图 6-30　标注尺寸应便于测量

5. 常见孔的尺寸注法

　　光孔、锪孔、沉孔、螺孔等是零件上的常见孔，它们的简化注法如表 6-1 所示。

表 6-1　零件上常见孔的尺寸注法

类型	旁 注 法	说 明
光孔	4×Ø4H7▽0　孔▽12　　　4×Ø4H7▽10　孔▽12	"▽"为孔深符号
光孔	锥销孔Ø4　配作　　　锥销孔Ø4　配作	"配作"指该孔与相邻零件的同位锥销孔一起加工。
锪孔	4×Ø6.6　⊔Ø13　　　4×Ø6.6　⊔Ø13	"⊔"为锪平符号　锪孔不标深度

类型	旁　注　法	说　明
沉孔	6×∅6.6　∨∅13×90°　6×∅6.6　∨∅13×90°	"∨"为埋头孔符号
	4×∅6.6　⊔∅11▽4.5　4×∅6.6　⊔∅11▽4.5	"⊔"为沉孔符号　沉孔标注深度
螺孔	3×M6▽10　孔▽12EQS　3×M6▽10　孔▽12EQS	EQS 为均布孔的缩写

任务 6-2　表面结构的表示法

表面结构是指零件表面的几何形貌。它是表面粗糙度、表面波纹度、表面纹理、表面缺陷和表面几何形状的总称。本任务只介绍最常见的表面粗糙度在图样上的表示方法和识读方法。

如图 6-31 所示，无论经过多么精细的加工，零件表面在显微镜下观察，都会看到其表面是凹凸不平的，凸起为峰，凹下为谷。表面粗糙度是指加工表面上具有较小的间距和峰谷所组成的微观几何形状特性。零件实际表面的这种微观不平度，对零件的磨损、疲劳强度、耐腐蚀性、配合性质及外观都有很大的影响，并直接关系到机器的使用性能和寿命。设计时，应根据产品的精密程度，对零件的表面结构提出相应要求。由于表面粗糙度的高低决定了零件表面性能的好坏，因此，国家标准规定了零件表面粗糙度的评定方法及在图样上的表示方法。

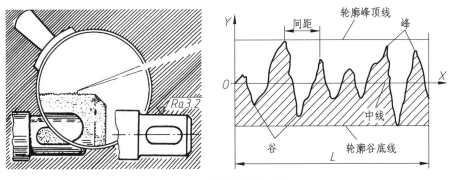

图 6-31　表面粗糙度示意图

一、表面结构的评定参数和数值

评定表面结构有三类参数：轮廓参数、图形参数、支承率曲线参数。本节重点介绍表面粗糙度之轮廓参数中的高度参数 Ra 和 Rz。

1. 轮廓算术平均偏差 Ra

在一个取样长度内，轮廓偏距 $Z(x)$ 绝对值的算术平均值，如图 6-32。其值计算如下：

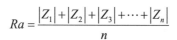

$$Ra = \frac{|Z_1| + |Z_2| + |Z_3| + \cdots + |Z_n|}{n}$$

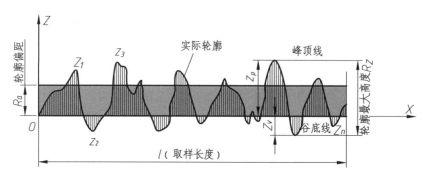

图 6-32　轮廓算术平均偏差（Ra）

2. 轮廓最大高度 Rz

在一个取样长度内，轮廓最高峰和最低谷之间的高度，如图 6-32 所示。其值的计算如下：

$$Rz = |Z_P| + |Z_V|$$

Ra 和 Rz 的数值越大，表示零件表面越粗糙，数值越小，表示零件表面越光滑。Ra 和 Rz 的常用参数值为 0.4 μm，0.8 μm，1.6 μm，3.2 μm，6.3 μm，12.5 μm，25 μm（见表 6-2）。

表 6-2　Ra、Rz 数值　　　　　　　　　单位：μm

Ra	Rz	Ra	Rz
0.012		6.3	6.3
0.025	0.025	12.5	12.5
0.05	0.5	25	25
0.1	0.1	50	50
0.2	0.2	100	100
0.4	0.4		200
0.8	0.8		400
1.6	1.6		800
3.2	3.2		1 600

二、表面结构符号和代号

1. 表面结构的图形符号及含义

表面结构的图形符号及含义见表 6-3。

表 6-3 表面结构的图形符号及含义

符号名称	符 号	含义及说明
基本符号	 √	表示对表面结构有要求的符号
扩展符号	 √（带横线）	要求去除材料的符号
	 √（带圆圈）	不允许去除材料的符号
完整符号	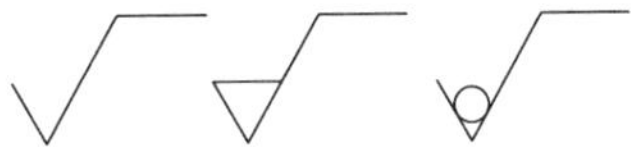 √ √ √	用于对表面结构有补充要求的标注。 左、中、右符号分别用于"允许任何工艺""去除材料""不去除材料"方法获得的表面的标注
工件轮廓各表面的符号	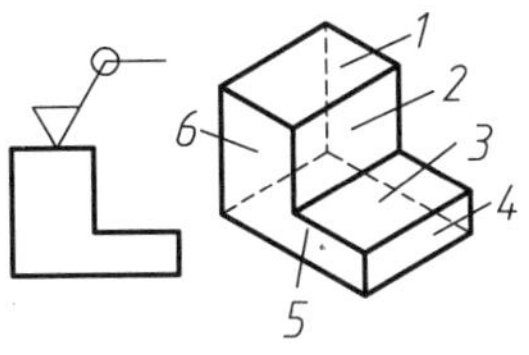 	当在图样某个视图上构成封闭轮廓的各表面有相同的表面粗糙度要求时，应在完整符号上加一圆圈，标注在图样中工件的封闭轮廓线上

2. 表面结构代号

代号由符号和在各规定位置上标注的参数值及其他有关要求组成。画法如图 6-33 所示。

图 6-33 表面结构代号及符号的比例

h = 数字和字母高度；$H_1 \approx 1.4h$；$H_2 = 3h$；圆与正三角形内切。

三、表面结构的注法说明

表面粗糙度在图样上的注法见表6-4。

表6-4　表面粗糙度在图样上的注法

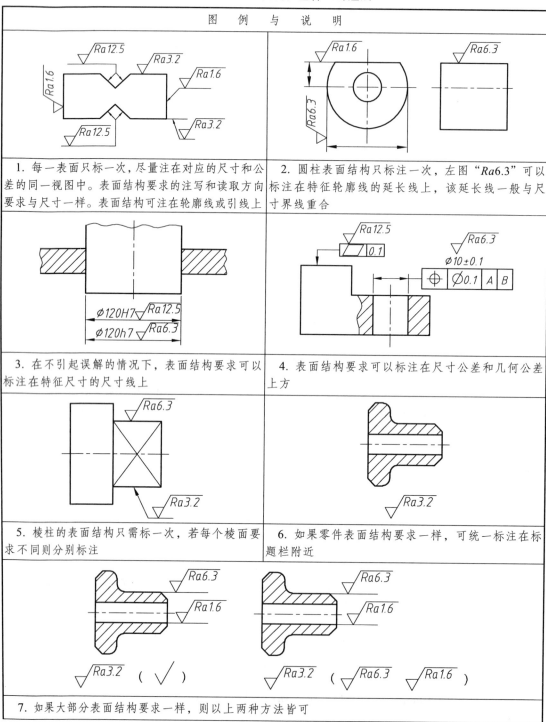

图　例　与　说　明	
1. 每一表面只标一次，尽量注在对应的尺寸和公差的同一视图中。表面结构要求的注写和读取方向要求与尺寸一样。表面结构可注在轮廓线或引线上	2. 圆柱表面结构只标注一次，左图"*Ra6.3*"可以标注在特征轮廓线的延长线上，该延长线一般与尺寸界线重合
3. 在不引起误解的情况下，表面结构要求可以标注在特征尺寸的尺寸线上	4. 表面结构要求可以标注在尺寸公差和几何公差上方
5. 棱柱的表面结构只需标一次，若每个棱面要求不同则分别标注	6. 如果零件表面结构要求一样，可统一标注在标题栏附近
7. 如果大部分表面结构要求一样，则以上两种方法皆可	

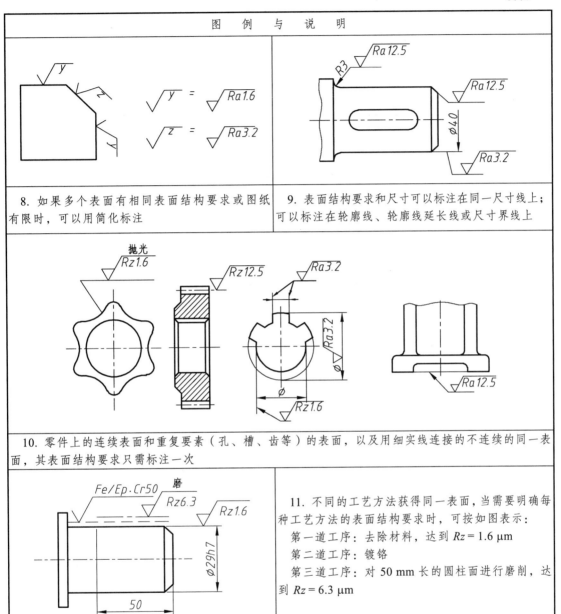

图　例　与　说　明

8. 如果多个表面有相同表面结构要求或图纸有限时，可以用简化标注

9. 表面结构要求和尺寸可以标注在同一尺寸线上；可以标注在轮廓线、轮廓线延长线或尺寸界线上

10. 零件上的连续表面和重复要素（孔、槽、齿等）的表面，以及用细实线连接的不连续的同一表面，其表面结构要求只需标注一次

11. 不同的工艺方法获得同一表面，当需要明确每种工艺方法的表面结构要求时，可按如图表示：

第一道工序：去除材料，达到 $Rz = 1.6$ μm

第二道工序：镀铬

第三道工序：对 50 mm 长的圆柱面进行磨削，达到 $Rz = 6.3$ μm

四、热处理

热处理是通过加热和冷却固态金属的操作方法来改变其内部组织结构，并获得所需性能的一种工艺。热处理可以改善金属材料的使用性能（强度、刚度、硬度、塑性和韧性等）和工艺性能（适应各种冷、热加工），因此多数机械零件都需要通过热处理来提高产品质量和性能。金属材料的热处理可以分为正火、退火、淬火、回火及表面热处理等五种基本方法。

当零件需要全部进行热处理时，可在技术要求中用文字统一加以说明。

当零件表面需要进行局部热处理时，可以用文字说明；也可以在零件图上标注。当需要将零件进行局部渡（涂）覆时，可用粗点划线画出其范围并标注相应的尺寸，也可将其要求注写在表面结构符号长边的横线上，如图 6-34 所示。

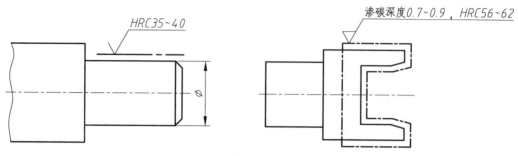

图 6-34　表面局部热处理标注

任务 6-3　极限与配合

批量生产的零件必须具有互换性。互换性是指同一批零件中的任意一个都能装配到机器上，且能满足使用功能的性质。它不要求将零件的尺寸都准确地制成一个指定值，而是允许其在一个合理的范围内变动，这个范围用极限来表示。如轴和孔是相配合的零件，当各自都达到这样的技术要求后，装配在一起就能满足装配体的使用功能。国家标准 GB/T 1800.1—2009 和 GB/T 1800.2—2009 对此做出了一系列的规定。

一、基本概念

1. 尺寸及其公差

以图 6-35 为例，分别说明如下：

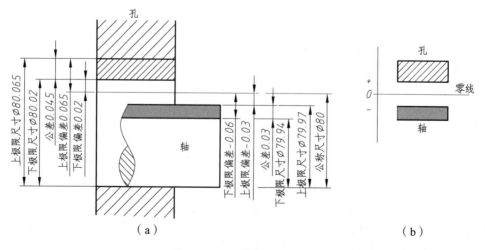

（a）　　　　　　　　　　　　　　　　（b）

图 6-35　尺寸及公差图解

（1）公称尺寸：根据使用要求而设计的尺寸。

（2）极限尺寸：孔或轴公称尺寸允许的两个极端，实际尺寸位于其中，也可达到极限尺寸。

孔 $\begin{cases} \text{上极限尺寸为 } \phi 80.065 \\ \text{下极限尺寸为 } \phi 80.020 \end{cases}$ 　　轴 $\begin{cases} \text{上极限尺寸为 } \phi 79.97 \\ \text{下极限尺寸为 } \phi 79.94 \end{cases}$

（3）极限偏差：极限尺寸减公称尺寸的代数差。偏差可以是正值、负值和零。

孔 $\begin{cases} \text{上极限偏差}(ES)\ \phi 80.065 - \phi 80 = +0.065 \\ \text{下极限偏差}(EI)\ \phi 80.020 - \phi 80 = +0.02 \end{cases}$ 　　轴 $\begin{cases} \text{上极限偏差}(es)\ \phi 79.97 - \phi 80 = -0.03 \\ \text{下极限偏差}(ei)\ \phi 79.94 - \phi 80 = -0.06 \end{cases}$

（4）尺寸公差（简称公差）：公差是尺寸允许的变动量。值为上极限尺寸减下极限尺寸，或上极限偏差减下极限偏差。公差值恒大于 0。

孔 $\begin{cases} \text{公差}=\text{上极限尺寸}-\text{下极限尺寸}=\phi 80.065 - \phi 80.02 = 0.045 \\ \text{公差}=\text{上极限偏差}-\text{下极限偏差}=0.065 - 0.02 = 0.045 \end{cases}$

轴 $\begin{cases} \text{公差}=\text{上极限尺寸}-\text{下极限尺寸}=\phi 79.97 - \phi 79.94 = 0.03 \\ \text{公差}=\text{上极限偏差}-\text{下极限偏差}=-0.03 - (-0.06) = 0.03 \end{cases}$

所以说，公差用于限制尺寸误差，代表尺寸精度。公差值越小，精度等级越高，加工经费就越高，反之亦然。

（5）公差带：由代表上偏差和下偏差或最大极限尺寸和最小极限尺寸的两条直线所限定的一个区域，称为公差带，如图 6-35（b）所示。

2. 配　合

公称尺寸相同且相互结合的孔和轴的公差带之间的关系称为配合。

根据使用要求和配合松紧程度的不同，配合分为三种类型：

（1）间隙配合：具有间隙的配合（包括最小间隙等于零）。间隙配合主要用于孔、轴间需要产生相对运动的活动连接。如图 6-36 所示，间隙配合中孔的公差带在轴的公差带之上。

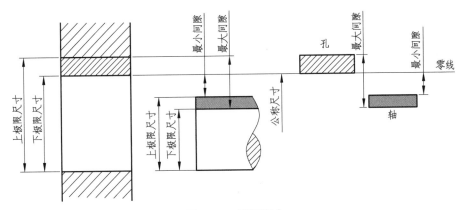

图 6-36　间隙配合

（2）过盈配合：具有过盈的配合（包括最小过盈等于零）。过盈配合主要用于孔、轴间不允许产生相对运动的紧固连接。由于过盈配合中轴的实际尺寸比孔的实际尺寸大，所以在装配时需要一定的外力才能把轴压入孔中。如图 6-37 所示，过盈配合中轴的公差带在孔的公差带上方。

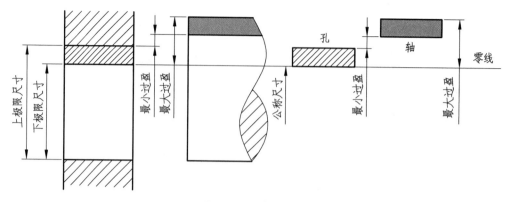

图 6-37 过盈配合

（3）过渡配合：可能具有间隙或过盈的配合称为过渡配合。其配合究竟是出现间隙还是过盈，只有通过孔、轴实际尺寸的比较或试装才能知道。过渡配合主要用于孔、轴间的定位连接。如图 6-38 所示，过渡配合中孔和轴的公差带相互交叠。

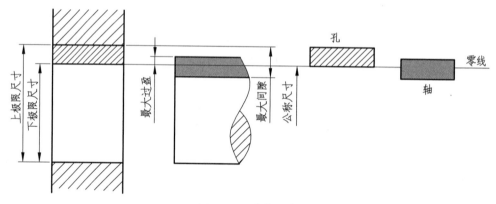

图 6-38 过渡配合

二、标准公差与基本偏差

公差带由"公差带大小"和"公差带位置"这两个要素组成。如图 6-39 所示，公差带大小由标准公差确定，公差带位置由基本偏差确定。

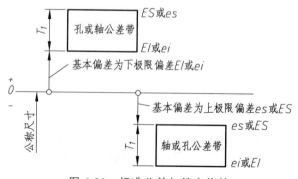

图 6-39 标准公差与基本偏差

1. 标准公差（IT）

指极限与配合制中所规定的任一公差。"IT"是标准公差的代号，阿拉伯数字表示其公差等级。标准公差等级分 IT01，IT0，IT1，IT2 至 IT18 共 20 级，等级依次降低。而相应的标准公差数值依次增大。

各级标准公差的数值，可查表 6-5。从表中可以看出，同一公差等级对所有公称尺寸的一组公差值由小到大，这是因为随着尺寸的增大，其零件的加工误差也随之增大。因此，它们都应视为具有同等精确程度。

表 6-5 标准公差数值

公称尺寸 /mm		标准公差等级																
		IT1	IT2	IT3	IT4	IT5	IT6	IT7	IT8	IT9	IT10	IT11	IT12	IT13	IT14	IT15	IT16	IT17	IT18
大于	至	μm											mm						
—	3	0.8	1.2	2	3	4	6	10	14	25	40	60	0.1	0.14	0.25	0.4	0.6	1	1.4
3	6	1	1.5	2.5	4	5	8	12	18	30	48	75	0.12	0.18	0.3	0.45	0.75	1.2	1.8
6	10	1	1.5	2.5	4	6	9	15	22	36	58	90	0.15	0.22	0 36	0.58	0.9	1.5	2.2
10	18	1.2	2	3	5	8	11	18	27	43	70	110	0.18	0.27	0.43	0.7	1.1	1.8	2.7
18	30	1.5	2.5	4	6	9	13	21	33	52	84	130	0.21	0.33	0 52	0.84	1.3	2.1	3.3
30	50	1.5	2.5	4	7	11	16	25	39	62	100	160	0.25	0.39	0.62	1	1.6	2.5	3.9
50	80	2	3	5	8	13	19	30	46	74	120	190	03	0.46	0.74	1.2	1.9	3	4.6
80	120	2.5	4	6	10	15	22	35	54	87	140	220	0.35	0.54	0.87	1.4	2.2	3.5	5.4
12	180	3.5	5	8	12	18	25	40	63	100	160	250	0.4	0.63	1	1.6	2.5	4	6.3
180	250	4.5	7	10	14	20	29	46	72	115	185	290	0.46	0.72	1.15	1.85	2.9	4.6	7.2
250	315	6	8	12	16	23	32	52	81	130	210	320	0.52	0.81	1.3	2.1	3.2	5.2	8.1
315	400	7	9	13	18	25	36	57	89	140	230	360	0.57	0.89	1.4	2.3	3.6	5.7	8.9
400	500	8	10	15	20	27	40	63	97	155	250	400	0.63	0.97	1.55	2.5	4	6.3	9.7

2. 基本偏差

在极限与配合制中，确定公差带相对零线位置的那个极限偏差称为基本偏差。一般为靠近零线的那个偏差。基本偏差见图 6-40，其中 A～H（a～h）用于间隙配合；J～N（j～n）用于过渡配合；P～ZC（p～zc）用于过盈配合。基本偏差系列的公差带只画出属于基本偏差的一端，另一端则是开口的，即公差带的另一端应由标准公差来定。

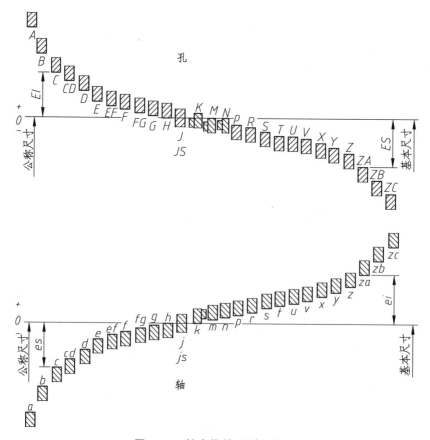

图 6-40　基本偏差系列示意图

　　轴和孔的公差代号，由基本偏差代号和标准公差等级代号组成。两种代号并列，位于公称尺寸之后，并与其字号相同，如图 6-41 所示。

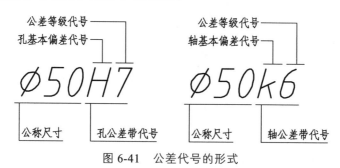

图 6-41　公差代号的形式

三、配合制

　　当公称尺寸确定后，为了得到孔与轴之间各种不同性质的配合，如果孔和轴的公差带都可以任意变动，则配合的情况变化极多，不便于零件的设计和制造，因此国家标准规定了两种不同的配合制度——基孔制配合和基轴制配合。

1. 基孔制配合

基本偏差为一定的孔的公差带，与不同基本偏差的轴的公差带形成各种配合的一种制度。在基孔制中选作基准的孔称为基准孔，基本偏差代号为"H"。其上极限偏差为正值，下极限偏差为零，下极限尺寸等于公称尺寸。如图 6-42 所示，即以孔的公差带为基准，当轴的公差带位于它的下方时，形成间隙配合；当轴的公差带与孔的公差带相互交叠时，形成过渡配合；当轴的公差带位于孔的公差带上方时，形成过盈配合。

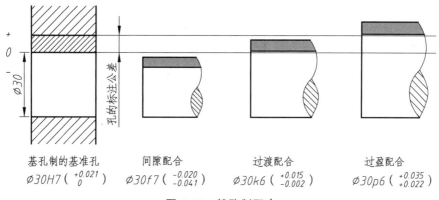

图 6-42　基孔制配合

2. 基轴制配合

基本偏差为一定的轴的公差带，与不同基本偏差的孔的公差带形成各种配合的一种制度。在基轴制中选作基准的轴称为基准轴，基本偏差代号为"h"。其上极限偏差为零，下极限偏差为负值，上极限尺寸等于公称尺寸。

基轴制配合，就是将轴的公差带保持一定，通过改变孔的公差带，使孔、轴之间形成松紧程度不同的间隙配合、过渡配合、过盈配合，以满足不同的使用要求。其公差带图解如图 6-43 所示，分析方法与基孔制图解类似，不再赘述。

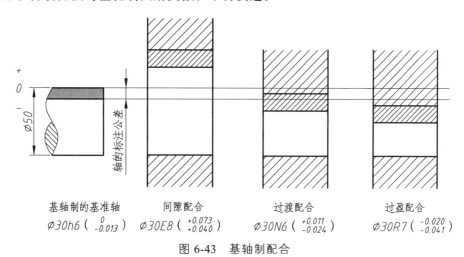

图 6-43　基轴制配合

关于基准制的选择，国家标准明确规定，在一般情况下应优先采用基孔制配合。

四、极限与配合的标注方法

1. 在装配图上标注

在装配图中标注线性尺寸的配合代号时，必须在公称尺寸的后边用分数的形式注出，分子位置注孔的公差代号，分母位置注轴的公差代号，如图 6-44（a）。必要时也允许按图 6-44（b）和图 6-44（c）标注。

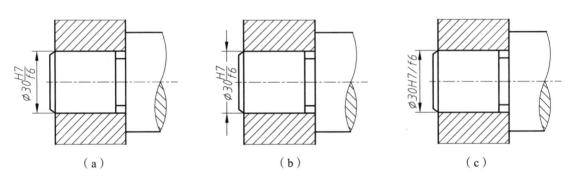

（a）　　　　　　　　　　（b）　　　　　　　　　　（c）

图 6-44　配合代号在装配图上标注的三种形式

2. 在零件图上标注

用于大批量生产的零件图，可只注公差带代号，用于中小批量生产的零件图，一般可只注出极限偏差，如需要同时注出公差代号和对应的极限偏差值时，则其极限偏差值应加上圆括号，如图 6-45 所示。

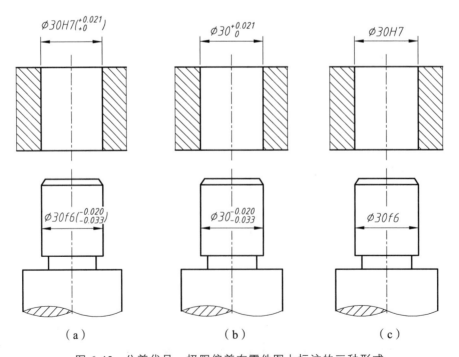

（a）　　　　　　　　　　（b）　　　　　　　　　　（c）

图 6-45　公差代号、极限偏差在零件图上标注的三种形式

3. 标准件与零件配合的标注

在装配图上标注标准件与零件配合时,通常只标注与其相配零件的公差带代号,如图 6-46 所示。

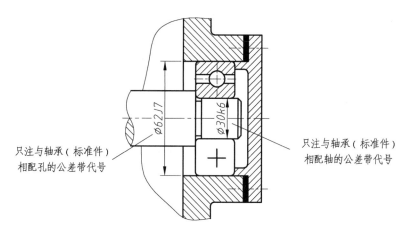

图 6-46 标准件与零件配合时的标注

五、极限与配合的标注示例

极限与配合的综合标注示例, 如图 6-47 所示。图中标注的含义有:

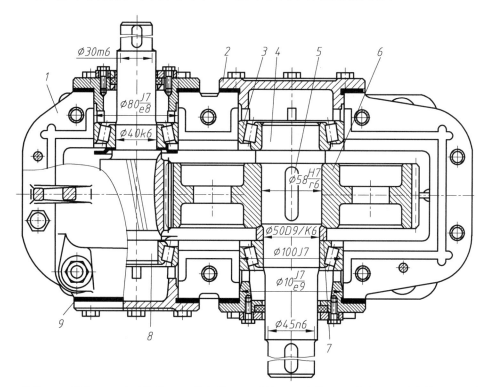

1—箱体；2—端盖；3—滚动轴承；4—输出轴；5—平键；6—齿轮；7—轴套；8—齿轮轴；9—垫片

图 6-47 圆柱齿轮减速器

1. 对装配体的标注

$$\phi 58 \frac{H7}{r6}$$

表示输出轴和齿轮配合处的公称直径为 58，此处轴的基本偏差为 r，公差等级为 6 级。查表（附表 5-1 轴的极限偏差）得其极限偏差值为 $\phi 58^{+0.060}_{+0.041}$。此处轮毂的基本偏差为 H，公差等级为 7。查表（附表 5-2 孔的极限偏差）得其偏差值为 $\phi 58^{+0.030}_{0}$。

2. 对单个零件的标注

$$\phi 40k6$$

表示齿轮轴轴颈处公称直径为 40，其基本偏差为 k，公差等级为 6 级。查表（附表 5-1 轴的极限偏差）得其极限偏差值为 $\phi 40^{+0.018}_{+0.002}$。

其余标注请读者自行识读。

任务 6-4 几何公差

在实际生产中，经过加工的零件，不仅会产生尺寸误差，而且会产生几何公差。

图 6-48（a）为理想形状的销轴，而加工所得实际销轴的轴线变弯了如图 6-48（b）所示，产生了直线度误差。图 6-49（a）为理想形状的四棱柱，而加工所得实际四棱柱的上表面是倾斜的，如图 6-49（b）所示，产生了平行度误差。

如果零件有严重的几何误差，会影响其装配和机器质量，因此对精度要求高的零件，除了给出尺寸公差还应合理确定出几何误差的最大允许值。因此国家标准规定了技术指标 "几何公差"（GB/T 1182—2008）来保证零件的加工质量。

如图 6-50 中的 $\phi 0.06$ 表示销轴圆柱面的提取（实际）中心线应限定在直径等于 $\phi 0.08$ 的圆柱面内。又如图 6-51 中的 0.02 表示提取（实际）上表面应限定在间距等于 0.02 平行于基准平面 A 的两平行平面之间。

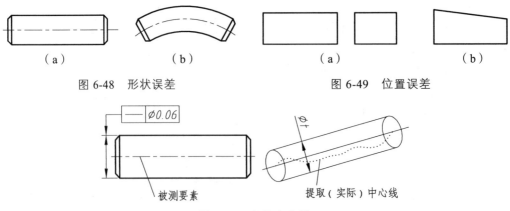

| （a） | （b） | （a） | （b） |

图 6-48 形状误差　　　　　　　　图 6-49 位置误差

图 6-50 直线度公差

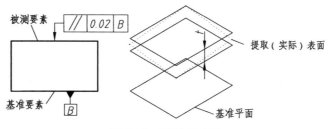

图 6-51 平行度公差

一、几何公差的几何特征和符号

几何公差的几何特征和符号见表 6-6。

表 6-6 几何公差的几何特征和符号

公差类型	几何特征	符　号	有无基准
形状公差	直线度	⎯	无
	平面度	▱	无
	圆　度	○	无
	圆柱度	⌭	无
	线轮廓度	⌒	无
	面轮廓度	⌓	无
方向公差	平行度	∥	有
	垂直度	⊥	有
	倾斜度	∠	有
	线轮廓度	⌒	有
	面轮廓度	⌓	有
位置公差	位置度	⌖	有或无
	同心度（用于中心点）	◎	有
	同轴度（用于轴线）	◎	有
	对称度	⩵	有
	线轮廓度	⌒	有
	面轮廓度	⌓	有
跳动公差	圆跳动	↗	有
	全跳动	⌰	有

二、几何公差的标注

1. 公差框格

（1）用公差框格标注几何公差时，公差要求注写在划分成两格或多格的矩形框内。其标注内容、顺序及框格的绘制规定等如图 6-52 所示。

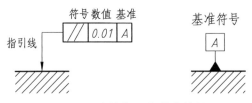

图 6-52　公差代号和基准符号

（2）公差值，以线性尺寸单位表示的量值。如果公差带为圆形或圆柱形，公差值前应加注符号"ϕ"，如图 6-53（c）所示；如果公差带为圆球形，公差值前应加注符号"$S\phi$"，如图 6-53（d）所示。

（3）基准，一个字母表示单个基准，多个字母表示基准体系或公共基准。如图 6-53（b）、（c）、（d）、（e）所示。

（4）当某项公差应用于几个相同要素时，应在公差框格的上方注明要素的个数，并在两者之间加符号"×"，如图 6-53（f）所示。

（5）如果需要限制被测要素在公差带内的形状，应在公差框格下方注明。如图 6-53（g）所示，NC 表示"不凸起"。

（6）如果需要就某个要素给出几种几何特征的公差，可将一个公差框格放在另一个下面，如图 6-53（h）所示。

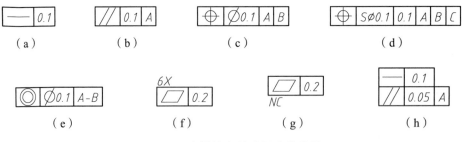

图 6-53　公差值和基准要素的注法

2. 被测要素

（1）当公差涉及轮廓线及轮廓面时，箭头指向该要素的轮廓线或其延长线，应和尺寸线明显错开，见图 6-54（a）、（b）；箭头也可指向引出线的水平线，引出线引自被测面，见图 6-55。

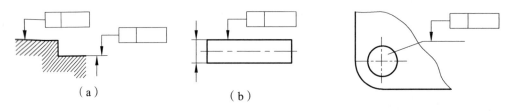

图 6-54　箭头与尺寸线分开　　　　图 6-55　箭头置于引出线的水平线上

（2）当公差涉及要素的中心线、中心面或中心点时，箭头应位于相应尺寸线的延长线上如图 6-56 所示。

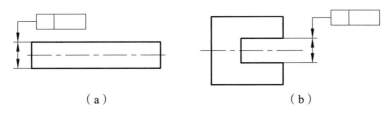

（a）　　　　　　　　　　　（b）

图 6-56　箭头与尺寸线的延长线重合

3. 基　准

与被测要素相关的基准用一个大写字母表示。带基准字母的基准三角形符号按以下原则放置：

（1）当基准要素是轮廓线或轮廓面时，基准三角形放置在要素的轮廓线或其延长线上，与尺寸线明显错开，如图 6-57 所示。基准三角形也可以放置在该轮廓面引出线的水平线上，如图 6-58 所示。

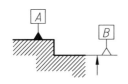

图 6-57　基准符号与尺寸线错开

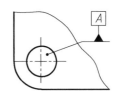

图 6-58　基准符号置于参考线上

（2）当基准是尺寸要素确定的轴线、中心平面或中心点时，基准三角形应放置在该要素尺寸线的延长线上，见图 6-59（a）、（b）。

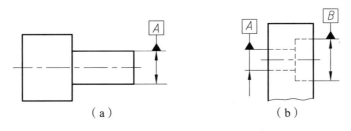

（a）　　　　　　　　　　　（b）

图 6-59　基准符号与尺寸线一致

三、几何公差标注示例

几何公差的综合标注示例如图 6-60 所示，图中各几何公差代号的含义及其解释如下：

⟋ | 0.005 | 表示 $\phi16$ 圆柱面的圆柱度为 0.005 mm。即提取的 $\phi16$（实际）圆柱面应限定在半径差为公差值 0.005 mm 的两同轴圆柱面之间。

◎ | $\phi0.1$ | A | 表示 M8×1 的中心线对基准轴线 A 的同轴度公差为 0.1 mm。即 M8×1 螺纹孔的实际中心线应限定在直径等于 $\phi0.1$ mm，以直径 $\phi16$ 基准轴线 A 为轴线的圆柱面内。

↗ | 0.1 | A | 表示右端面轴线 A 的轴向圆跳动公差为 0.1 mm。即在与基准轴线 A 同轴的任一圆柱形截面上，实际右端面圆应限定在轴向距离等于 0.1 mm 的两个等圆之间。

$\boxed{\perp}\ \boxed{0.025}\ \boxed{A}$ 表示 $\phi36$ 圆柱的右端面对基准轴线 A 的垂直度公差为 0.025 mm。即实际表面应限定在间距等于 0.025 mm 的两平行平面之间，这两平行平面垂直于基准轴线 A。

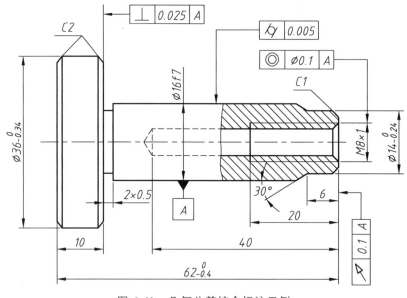

图 6-60 几何公差综合标注示例

任务 6-5 看零件图

一、看图要求

看零件图的要求：了解零件名称、所用材料和它在机器或部件中的作用。通过分析视图、尺寸和技术要求，想象出零件各组成部分的结构形状和相对位置，从而在头脑中建立起一个完整的、具体的零件形象，并对其复杂程度、要求较高的各项技术指标和制作方法做到心中有数，以便设计加工过程。

二、看零件图的方法和步骤

1. 看零件图的方法

看零件图的基本方法仍然是形体分析法和线面分析法。较复杂的零件图，由于其视图、尺寸数量及各种代号都较多，初学者看图时往往不知从哪看起，甚至会产生畏惧心理。其实，就图形而言，看多个视图与看三视图的道理是一样的。视图数量多，主要是因为组成零件的形体多，所以将表示每个形体的三视图组合起来，加之它们之间有些重叠的部位，图形就显得繁杂了。实际上，对每一个基本形体来说，仍然是只用 2~3 个视图就可以确定它的形状。所以看图时，只要善于运用形体分析法，按组成部分"分块"看，就可将复杂的问题分解成几个简单的问题处理了。

2. 看零件图的步骤

（1）看标题栏。

读标题栏，了解零件的名称、材料、绘图比例等，为联想零件在机器中的作用、制造要求及有关结构形状等提供线索。

（2）分析视图。

先根据视图的配置和有关标注，判断出视图的名称和剖切位置，明确它们之间的投影关系，进而抓住图形特征，分部分想形状，合起来想整体。

（3）分析尺寸。

先分析长宽高三个方向的尺寸基准，再找出各部分的定位尺寸和定形尺寸，搞清楚哪些是主要尺寸，最后还要检查尺寸标注是否齐全和合理。

（4）分析技术要求。

可根据表面粗糙度、尺寸公差、几何公差以及其他技术需要，弄清楚哪些是要求加工的表面以及精度的高低等。

（5）综合归纳。

将识读零件图所得到的全部信息加以综合归纳，对所示零件的结构、尺寸及技术要求都有一个完整的认识。

例 1　识读如图 6-61 所示支架的零件图（轴测图见 6-62）。

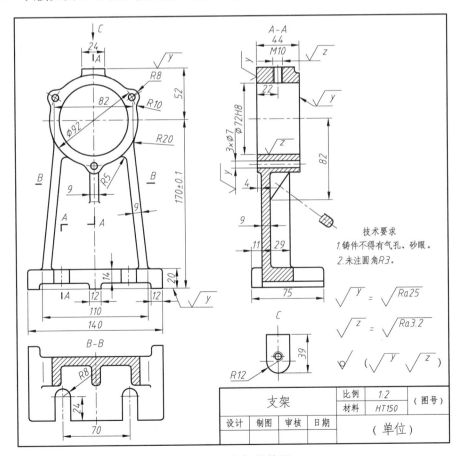

图 6-61　支架零件图

（1）看标题栏。

该零件的名称是支架，是用来支承轴承的，材料为灰铸铁 HT150，绘图比例为 1∶2。

（2）分析视图。

图中共有 5 个视图：3 个基本视图、1 个按向视图形式配置的局部视图 *C*、1 个移出断面图。主视图最直观地反映了支架的形状特征，从主视图可以看出支架由 5 个部分组成：圆筒、支承板、肋板、底板及油孔凸台。主视图反映了它们主要的结构形状和相对位置关系；俯视图 *B—B* 为全剖视图，是使用水平面 *B—B* 剖切得到的，从俯视图可以看出底板、安装板（槽）的形状及支承板、肋板间的相对位置；左视图 *A—A* 为全剖视图，是阶梯剖，反映了圆筒

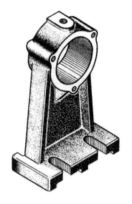

图 6-62　支架的轴测图

等内部结构以及肋板的厚度；局部视图 *C* 是移位配置的，局部视图显示出了带有螺孔的凸台形状；断面图画在剖切线的延长线上，反映了肋板的厚度和形状。

（3）分析尺寸。

从图中看出，其长度方向尺寸以对称面为主要基准，标注出安装槽的定位尺寸 70，还有尺寸 9、24、82、12、110、140 等；宽度方向尺寸以圆筒后端面为主要基准，标注出支承板定位尺寸 4；高度方向尺寸以底板的底面为主要基准，标注出支架的中心高 170±0.1，这是影响工作性能的定位尺寸，圆筒的孔径 ϕ72H8 是配合尺寸，它们都是支架的主要尺寸。

（4）分析技术要求。

圆筒孔径 ϕ72 中心高标出了公差带代号，轴孔表面属于配合面，要求较高，*Ra* 值为 3.2 μm。这些指标在加工时应予以保证。

例 2　识读如图 6-63 所示的缸体零件图。

（1）看标题栏。

该零件的名称为缸体，是内部为空腔的箱体类零件，材料为灰铸铁。绘图比例为 1∶2，可见该缸体为小型零件。

（2）分析视图。

缸体采用了主、俯、左三个基本视图。主视图是全剖视图，通过零件的前后对称面剖切。其中左端的 M6 螺孔并未被剖切，而是采用规定画法绘制；左视图是半剖视图通过底板上的销孔轴线位置进行剖切，在基本视图一边中又做了局部剖，表示了沉孔的结构；俯视为外形图。

分析零件结构：运用形体分析法，可将缸体大概分为 4 个部分：① 直径为 ϕ70 的圆柱形凸缘；② ϕ55 的圆柱；③ 在两个圆柱的上部各有一个凸台，经锪平又加工出螺孔；④ 带有凹坑的底板，在其上加工了 4 个沉孔和 2 个圆锥销孔。此外，主视图又清楚地表达出缸体的内部结构是直径不同的两个圆柱形空腔，右端的"缸底"上有一个圆柱形凸台。综合各个视图，构建空间立体，如图 6-64 所示。

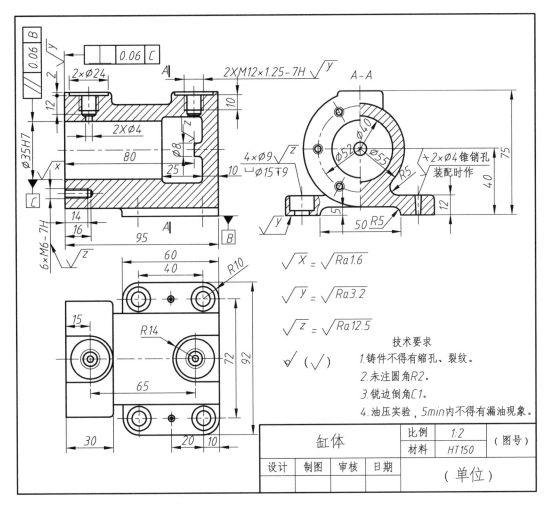

图 6-63 缸体零件图

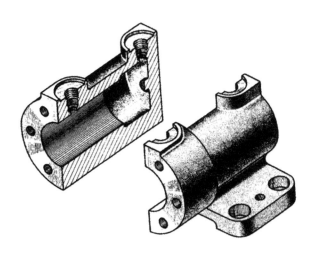

图 6-64 缸体实物图

（3）分析尺寸。

长度方向尺寸以左端面为基准，宽度方向尺寸以缸体的前后对称面为基准，高度方向尺寸以底板的底面为基准。缸体的中心高 40、两个锥销孔轴线之间的距离 72，以及主视图中的 80 都是影响其工作性能的定位尺寸，它们都是从基准出发直接标注的。

（4）分析技术要求。

分析技术要求时，主要应把握住对技术指标要求较高的部位或要素，以便保证零件的加工质量。例如，ϕ35H7 表明该孔和其他零件的配合关系。查表知其上下极限偏差为 + 0.025 和 0，限定了该孔的实际尺寸必须在 35.025 和 35 之间。$\boxed{//\ |0.06|\ B}$ 表示 ϕ35H7 孔的中心线对底板底面的平行度公差为 0.06，即提取实际中心线必须位于距离为 0.06 且平行基准平面 B 的两平行平面之间。$\boxed{\perp\ |0.06|\ C}$ 表示左端面与 ϕ35H7 孔轴线的垂直度公差为 0.06，即提取实际的左端面必须位于距离为 0.06 且垂直于基准轴线 C 的两平行平面之间。从所注表面粗糙度的情况来看，ϕ35H7 孔表面的 Ra 上限为 1.6 μm，在加工表面中要求最高。

例 3 抄画阀盖零件图。

画零件图的方法和步骤：

（1）布置视图，画出各视图的轴线、对称中心线以及主要基准面的轮廓线，如图 6-65（a）所示。布置视图时，要考虑到各视图间应留有标注尺寸的位置。

（2）以目测比例画各视图的主要部分投影，如图 6-65（b）所示。

（3）取剖视、断面，画剖面线，画出全部细节。选定尺寸基准，按正确、完整、清晰以及尽可能合理地标注尺寸的要求，画出全部尺寸界限、尺寸线及箭头，经仔细校核后，按规定线型将图线加深，如图 6-65（c）所示。

（4）逐个量注尺寸，标注各表面的表面结构代号，并注写技术要求和标题栏，如图 6-65（d）所示。

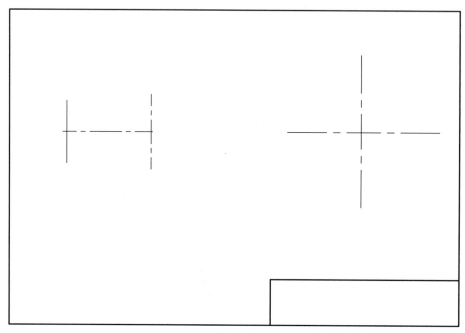

（a）

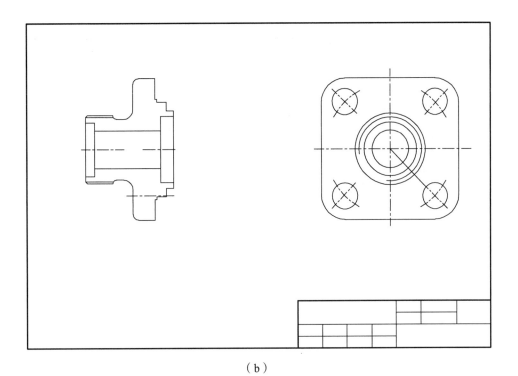

（b）

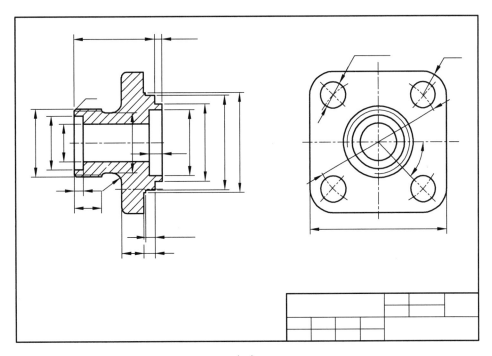

（c）

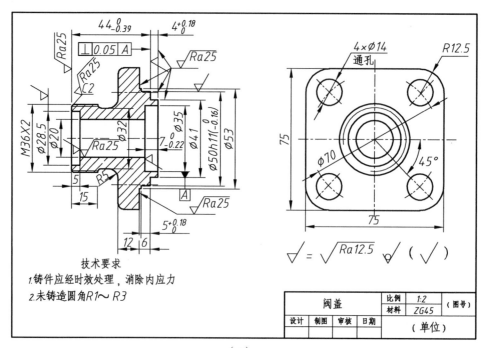

（d）

图 6-65　画零件图的步骤

模块 7
量具的使用及零件测绘

任务 7-1　游标卡尺、高度游标卡尺的使用

游标卡尺，是一种测量长度及内外径、深度的量具。游标卡尺由主尺和游标两部分组成。游标与主尺之间有一弹簧片，利用弹簧片的弹力使游标与尺身靠紧。游标上部有一紧固螺钉，可将游标固定在主尺上的任意位置。

一、游标卡尺

1. 游标卡尺的分类、结构

（1）机械式游标卡尺。

由主尺和附在主尺上能滑动的游标两部分构成，如图 7-1（a）所示。主尺一般以毫米为单位，游标上有 10、20 或 50 个分格，根据分格的不同，游标卡尺可分为十分度游标卡尺、二十分度游标卡尺、五十分度格游标卡尺等。游标为十分度的有 9 mm，二十分度的有 19 mm，五十分度的有 49 mm。机械式游标卡尺结构主要由尺身、测量爪（内测量爪和外测量爪）、游标尺、紧固螺丝、主尺、深度测量杆 6 部分构成。

（2）数显式游标卡尺。

数显式游标卡尺主要由尺身、传感器、控制运算部分和数字显示部分组成，如图 7-1（b）所示。按照传感器的不同形式划分，数显卡尺分为磁栅式数显卡尺和容栅式数显卡尺两大类。数显游标卡尺主要采用光栅、容栅等测量系统。

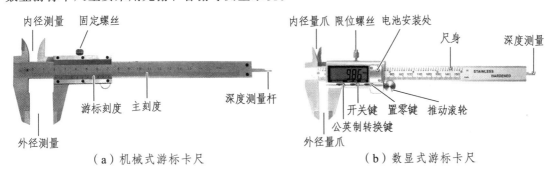

（a）机械式游标卡尺　　　　　　（b）数显式游标卡尺

图 7-1　游标卡尺

2. 游标卡尺的应用

游标卡尺作为一种常用量具，其具体应用主要在以下四个方面：

（1）测量工件长、宽度；

（2）测量工件外径；

（3）测量工件内径；

（4）测量工件深度。

具体应用如图 7-2 所示。

测量工件宽度　　　　　测量工件外径　　　　　测量工件内径　　　　　测量工件深度

图 7-2　游标卡尺的应用

3. 游标卡尺的原理

游标卡尺的读数机构，是由主尺和游标两部分组成。当活动量爪与固定量爪贴合时，游标上的"0"刻线（简称游标零线）对准主尺上的"0"刻线，此时量爪间的距离为"0"。当尺框向右移动到某一位置时，固定量爪与活动量爪之间的距离，就是零件的测量尺寸。此时零件尺寸的整数部分，可在游标零线左边的主尺刻线上读出来，而比 1 mm 小的小数部分，可借助游标读数机构来读出，现将三种游标卡尺的读数原理和读数方法介绍如下。

（1）游标读数值为 0.1 mm 的游标卡尺。

精度为 0.1 mm 的游标卡尺的主尺和游标刻线如图 7-3 所示。

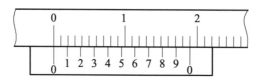

图 7-3　精度 0.1 mm 的游标卡尺

如图 7-4（a）所示，主尺刻线间距（每格）为 1 mm，当游标零线与主尺零线对准（两爪合并）时，游标上的第 10 根刻线正好指向主尺上的 9 mm，而游标上的其他刻线都不会与主尺上任何一根刻线对准。

游标每格间距 = 9 mm ÷ 10 = 0.9 mm；

主尺每格间距与游标每格间距相差 = 1 mm – 0.9 mm = 0.1 mm，0.1 mm 即为此游标卡尺上游标所读出的最小数值，再也不能读出比 0.1 mm 小的数值。

当游标向右移动 0.1 mm 时，则游标零线后的第 1 根刻线与主尺刻线对准。当游标向右移动 0.2 mm 时，则游标零线后的第 2 根刻线与主尺刻线对准，依次类推。若游标向右移动 0.5 mm，如图 7-4（b）所示，则游标上的第 5 根刻线与主尺刻线对准。由此可知，游标向右移动不足 1 mm 的距离，虽不能直接从主尺读出，但可以由游标的某一根刻线与主尺刻线对准时，该游标刻线的次序数乘其读数值而读出其小数值。例如，图 7-4（b）的尺寸即为：$5 \times 0.1 = 0.5$ mm。

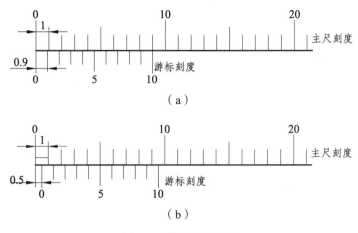

（a）

（b）

图 7-4　游标读数原理

如图 7-5 所示，游标零线在 2～3 mm 之间，其左边的主尺刻线是 2 mm，所以被测尺寸的整数部分是 2 mm，再观察游标刻线，这时游标上的第 3 根刻线与主尺刻线对准。所以，被测尺寸的小数部分为 $3 \times 0.1 = 0.3$ mm，被测尺寸即为 $2 + 0.3 = 2.3$ mm。

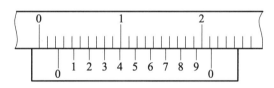

图 7-5　游标读数举例

（2）游标读数值为 0.05 mm 的游标卡尺。

如图 7-6 所示，主尺每小格 1 mm，当两爪合并时，游标上的 20 格刚好等于主尺的 39 mm，则游标每格间距 = 39 mm ÷ 20 = 1.95 mm；

主尺 2 格间距与游标 1 格间距相差 = 2 − 1.95 = 0.05 mm，0.05 mm 即为此种游标卡尺的最小读数值。同理，也有用游标上的 20 格刚好等于主尺上的 19 mm，其读数原理不变。

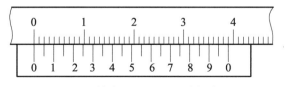

图 7-6　精度 0.05 mm 的游标卡尺

如图 7-7 所示，游标零线在 32 mm 与 33 mm 之间，游标上的第 11 格刻线与主尺刻线对准。所以，被测尺寸的整数部分为 32 mm，小数部分为 $11 \times 0.05 = 0.55$ mm，被测尺寸为 $32 + 0.55 = 32.55$ mm。

图 7-7 游标读数举例

（3）游标读数值为 0.02 mm 的游标卡尺。

如图 7-8 所示，主尺每小格 1 mm，当两爪合并时，游标上的 50 格刚好等于主尺上的 49 mm，则游标每格间距 = 49 mm ÷ 50 = 0.98 mm；

主尺每格间距与游标每格间距相差 = 1 − 0.98 = 0.02 mm，0.02 mm 即为此种游标卡尺的最小读数值。

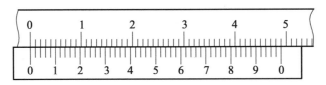

图 7-8 精度 0.02 mm 的游标卡尺

如图 7-9 所示，游标零线在 123 mm 与 124 mm 之间，游标上的 11 格刻线与主尺刻线对准。所以，被测尺寸的整数部分为 123 mm，小数部分为 11 × 0.02 = 0.22 mm，被测尺寸为 123 + 0.22 = 123.22 mm。

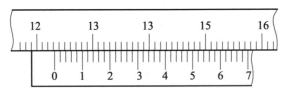

图 7-9 游标读数举例

4. 游标卡尺使用注意事项

游标卡尺是比较精密的量具，使用时应注意以下事项：

（1）使用前，应先擦干净两卡脚测量面，合拢两卡脚，检查游标 0 线与主尺 0 线是否对齐，若未对齐，应根据原始误差修正测量读数。

（2）移动尺框时，活动要自如，不应过松或过紧，更不能有晃动现象。用固定螺钉固定尺框时，卡尺的读数不应有所改变。在移动尺框时，不要忘记松开固定螺钉，也不宜过松以免游标掉落。

（3）测量工件时，卡脚测量面必须与工件的表面平行或垂直，不得歪斜。且用力不能过大，以免卡脚变形或磨损，影响测量精度。

（4）读数时，视线要垂直于尺面，否则测量值不准确。

（5）测量内径尺寸时，应轻轻摆动，以便找出最大值。

（6）为了获得正确的测量结果，可以多测量几次。即在零件的同一截面上的不同方向进行测量。对于较长零件，则应当在全长的各个部位进行测量，务使获得一个比较正确的测量结果。

（7）游标卡尺用完后，仔细擦净，抹上防护油，平放在盒内，以防生锈或弯曲。

为了便于记忆，更好地掌握游标卡尺的使用方法，将上述几个主要问题，整理成顺口溜，供读者参考。

量爪贴合无间隙，主尺游标两对零。

尺框活动能自如，不松不紧不摇晃。

测力松紧细调整，不当卡规用力卡。

量轴防歪斜，量孔防偏歪。

测量内尺寸，爪厚勿忘加。

面对光亮处，读数垂直看。

二、高度游标卡尺

高度游标卡尺如图 7-10 所示，用于测量零件的高度和精密划线。它的结构特点是用质量较大的底座代替固定量爪，而活动的尺框则通过横臂装有测量高度和划线用的量爪，量爪的测量面上镶有硬质合金，来提高量爪使用寿命。应在平台上使用高度游标卡尺进行测量。当量爪的测量面与基座的底平面位于同一平面时，主尺与游标的零线相互对准。

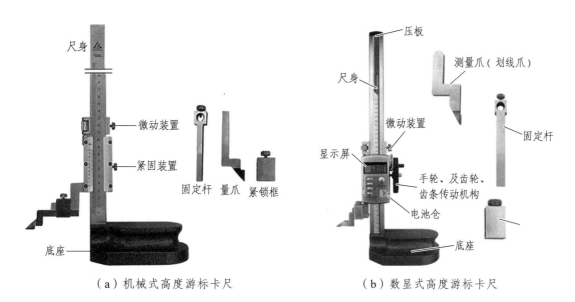

（a）机械式高度游标卡尺　　　　　　　（b）数显式高度游标卡尺

图 7-10　高度游标卡尺

在测量高度时，量爪测量面的高度，就是被测量零件的高度尺寸，它的具体数值，与游标卡尺一样可在主尺（整数部分）和游标（小数部分）上读出。用高度游标卡尺划线时，调好划线高度，用紧固螺钉把尺框锁紧后，再进行划线。

高度游标卡尺的使用注意事项：

（1）测量前应擦净工件测量表面和高度游标卡尺的主尺、游标、测量爪，检查测量爪是否磨损；

（2）使用前调整量爪的测量面与基座的底平面位于同一平面，检查主尺、游标零线是否对齐；

（3）测量工件高度时，应将量爪轻微摆动，在最大部位读取数值；

（4）读数时，应使视线正对刻线；

（5）用力要均匀，测力 3～5 N，以保证测量准确性；

（6）使用中注意清洁高度游标卡尺测量爪的测量面；

（7）不能用高度游标卡尺测量锻件、铸件与运动工件的表面，以免损坏卡尺；

（8）长期不使用的游标卡尺应擦净上油放入盒中保存。

任务 7-2　千分尺、塞尺、卡钳的使用

一、千分尺

应用螺旋测微原理制成的量具，称为螺旋测微量具（千分尺）。它的测量精度比游标卡尺高，并且测量比较灵活，因此，它多被使用在加工精度要求较高时。

千分尺的种类很多，机械加工车间、机车、车辆检修车间常用的有外径千分尺、内径千分尺、深度千分尺以及螺纹千分尺和公法线千分尺等，分别用于测量或检验零件的外径、内径、深度。本节主要介绍外径千分尺厚度以及螺纹的中径和齿轮的公法线长度等。

1. 外径千分尺的结构

如图 7-11 所示，外径千分尺由尺架、固定测砧、测微螺杆、锁紧装置、微分筒、棘轮锁紧等装置组成。图 7-11（a）是测量范围为 50～75 mm 的外径千分尺。尺架的一端装着固定测砧，另一端装着测微头。固定测砧和测微螺杆的测量面上都镶有硬质合金，以提高测量面的使用寿命。尺架的两侧面覆盖着绝热板，使用千分尺时，手拿在绝热板上，防止人体的热量影响千分尺的测量精度。

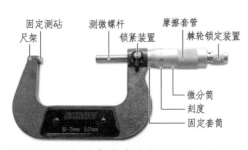

（a）机械式外径千分尺

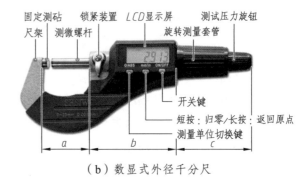

（b）数显式外径千分尺

图 7-11　千分尺

固定套筒的外面有一带刻度的活动微分筒，它用锥孔通过接头的外圆锥面与测微螺杆相连。测微螺杆的一端是测量杆，并与螺纹轴套上的内孔定心间隙配合；中间是精度很高的外螺纹，与螺纹轴套上的内螺纹精密配合，可使测微螺杆自如旋转而其间隙极小；测微螺杆另一端的外圆锥与内圆锥接头的内圆锥相配，并通过顶端的内螺纹与测力装置连接。当测力装置的外螺纹旋紧在测微螺杆的内螺纹上时，测力装置就通过垫片紧压接头，而接头上开有轴向槽，有一定的胀缩弹性，能沿着测微螺杆上的外圆锥胀大，从而使微分筒与测微螺杆和测力装置结合成一体。当我们用手旋转测力装置时，就带动测微螺杆和微分筒一起旋转，并沿着精密螺纹的螺旋线方向运动，使千分尺两个测量面之间的距离发生变化。

2. 千分尺的测量范围

千分尺测微螺杆的移动量为 25 mm，所以千分尺的测量范围一般为 25 mm。为了使千分尺能测量更大范围的长度尺寸，以满足工业生产的需要千分尺的尺架做成各种尺寸，将千分尺的测量范围分段形成不同测量范围的千分尺。目前，国产千分尺测量范围的尺寸分段为 0～25，25～50，50～75，75～100，100～125，125～150，150～175，175～200，200～225，225～250，250～275，275～300，300～325，325～350，350～375，375～400，400～425，425～450，450～475，475～500，500～600，600～700，700～800，800～900，900～1 000。

测量上限大于 300 mm 的千分尺，也可把固定测砧做成可调式的或可换测砧，从而使此类千分尺的测量范围扩大为 100 mm。

测量上限大于 1 000 mm 的千分尺，也可将测量范围扩大到 500 mm。目前国产测量范围最大的千分尺为 2 500～3 000 mm。

3. 千分尺的读数方法

常用千分尺测微螺杆的螺距为 0.5 mm。因此，当测微螺杆顺时针旋转一周时，两测砧面之间的距离就缩小 0.5 mm。当测微螺杆顺时针旋转不到一周时，缩小的距离就小于一个螺距，它的具体数值，可从与测微螺杆结成一体的微分筒的圆周刻度上读出。微分筒的圆周上刻有 50 个等分线，当微分筒转一周时，测微螺杆就推进或后退 0.5 mm，微分筒转过它本身圆周刻度的一小格时，两测砧面之间转动的距离为 $0.5 \div 50 = 0.01$ mm。由此可知，千分尺上的螺旋读数机构，可以准确地读出 0.01 mm，也就是千分尺的读数值为 0.01 mm。

在千分尺的固定套筒上刻有轴向中线，作为微分筒读数的基准线。另外，为了计算测微螺杆旋转的整数转，在固定套筒中线的两侧，刻有两排刻线，刻线间距均为 1 mm，上下两排相互错开 0.5 mm。

千分尺的具体读数方法可分为三步：

① 读出固定套筒上露出的刻线尺寸，一定要注意不能遗漏应读出的 0.5 mm 的刻线值。

② 读出微分筒上的尺寸，要看清微分筒圆周上哪一格与固定套筒的中线基准对齐，将格数乘 0.01 mm 即得微分筒上的尺寸。

③ 将上面两个数相加，即为千分尺上测得的尺寸。

读被测值的整数部分要在主刻度上读（以微分筒端面处在主刻度上刻线的位置来确定），小数部分在微分筒和固定套管（主刻度）的下刻线处读。（当下刻线出现时，小数值 = 0.5 + 微分筒上读数；当下刻线未出现时，小数值 = 微分筒上读数，如图 7-12 所示。

$$被测值 = 整数值 + 小数值$$

其中小数值等于：

① 0.5 + 微分筒数（下刻线出现）；

② 微分筒上读数（下刻线未出现）。

如图 7-12 所示，套筒上刻度为 3，下刻度在 3
之后，也就是说 3 + 0.5 = 3.5 mm，然后读套筒中线
与套管刻度线 25 对齐，就是 25 × 0.01 = 0.25 mm，
全部加起来就是 3.75 mm。

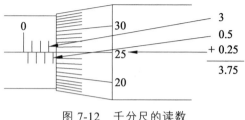

图 7-12　千分尺的读数

例 1　读出下列千分尺的数值。

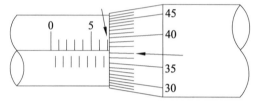

套筒读数　　7.0 mm

套管读数　+ 0.373

　　　　　7.373 mm

例 2　读出下列千分尺的数值。

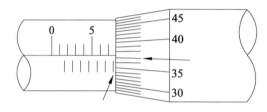

套筒读数　　7.5 mm

套管读数　+ 0.373

　　　　　7.873 mm

4. 使用千分尺的注意事项

① 根据要求选择适当量程的千分尺。

② 清洁千分尺的尺身和测砧。

③ 校对千分尺零线。

④ 将被测件放到两工作面之间，调微分筒，当工作面快接触到被测件时，调测力装置，
直到听见"咔、咔、咔"声时停止。

二、塞　尺

塞尺又称厚薄规或间隙片，主要用来检验机床特别紧固面和紧固面、活塞与气缸、活塞
环槽和活塞环、十字头滑板和导板、进排气阀顶端和摇臂、齿轮啮合间隙等两个结合面之间
的间隙大小。塞尺是由许多层厚薄不一的薄钢片组成（见图
7-13）按照塞尺的组别制成一把一把的塞尺，每把塞尺中的每
片具有两个平行的测量平面，且都有厚度标记，以供组合使用。

测量时，根据结合面间隙的大小，用一片或数片重叠在一
起塞进间隙内。例如，用 0.02 m 的一片能插入间隙，而 0.04 mm
的一片不能插入间隙，这说明间隙在 0.02 ~ 0.04 mm，所以塞
尺也是一种界限量规。塞尺的规格见表 7-1。

图 7-13　塞尺

使用塞尺时必须注意以下几点:

① 根据结合面的间隙情况选用塞尺片数,但片数愈少愈好;

② 测量时不能用力太大,以免塞尺被弯曲和折断;

③ 不能测量温度较高的工件。

表 7-1 塞尺的规格

A 型	B 型	塞尺片长度/mm	片数	塞尺的厚度及组装顺序/mm
组别标记				
75A13	75B13	75	13	0.02,0.02,0.03,0.03,0.04,0.04,0.05,0.05,0.06,0.07,0.08,0.09,0.10
100A13	100B13	100		
150A13	150B13	150		
200A13	200B13	200		
300A13	300B13	300		
75A14	75B14	75	14	1.00,0.05,0.06,0.07,0.08,0.09,0.19,0.15,0.20,0.25,0.30,0.40,0.50,0.75
100A14	100B14	100		
150A14	150B14	150		
200A14	200B14	200		
300A14	300B14	300		
75A17	75B17	75	17	0.50,0.02,0.03,0.04,0.05,0.06,0.07,0.08,0.09,0.10,0.15,0.20,0.25,0.30,0.35,0.40,0.45
100A17	100B17	100		
150A17	150B17	150		
200A17	200B17	200		
300A17	300B17	300		

三、内外卡钳

图 7-14 所示是常见的两种内外卡钳。内外卡钳是最简单的量具。外卡钳是用来测量外径和平面的,内卡钳是用来测量内径和凹槽的。它们本身都不能直接读出测量结果,而是把测量得的长度尺寸(直径也属于长度尺寸),在钢直尺上进行读数,或在钢直尺上先取下所需尺寸,再去检验零件的直径是否符合。

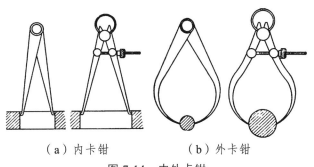

(a)内卡钳　　　　　　(b)外卡钳

图 7-14 内外卡钳

使用卡钳前，首先检查钳口的形状，钳口形状对测量精确性影响很大，应注意经常修整钳口的形状，图 7-15 所示为卡钳钳口形状好与坏的对比。

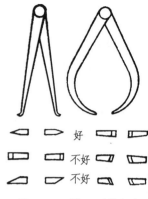

图 7-15　钳口形状好与坏的对比

1. 外卡钳的使用

外卡钳在钢直尺上取尺寸时，如图 7-16（a）所示，一个钳脚的测量面应靠在钢直尺的端面上，另一个钳脚的测量面对准所需尺寸刻线的中间，且两个测量面的连线应与钢直尺平行，人的视线要垂直于钢直尺。

用已在钢直尺上取好尺寸的外卡钳去测量外径时，要使两个测量面的连线垂直零件的轴线，靠外卡钳的自重滑过零件外圆时，我们手上的感觉应该是外卡钳与零件外圆正好是点接触，此时外卡钳两个测量面之间的距离，就是被测零件的外径。所以，用外卡钳测量外径，就是比较外卡钳与零件外圆接触的松紧程度，如图 7-16（b）所示以卡钳的自重能刚好滑下为合适。如当卡钳滑过外圆时，我们手中没有接触感觉，就说明外卡钳比零件外径尺寸大，如靠外卡钳的自重不能滑过零件外圆，就说明外卡钳比零件外径尺寸小。切不可将卡钳歪斜地放上工件测量，这样会产生误差，如图 7-16（c）所示。由于卡钳有弹性，把外卡钳用力压过外圆是错误的，更不能把卡钳横着卡上去，如图 7-16（d）所示。对于大尺寸的外卡钳，靠它自重滑过零件外圆的测量压力已经太大了，此时应托住卡钳进行测量，如图 7-16（e）所示。

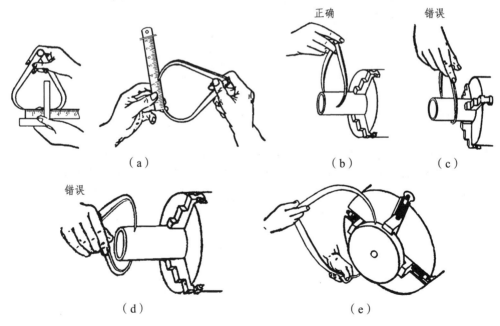

（a）　　　　　　　　　　（b）　　　　（c）

（d）　　　　　　　　　　　（e）

图 7-16　外卡钳在钢直尺上取尺寸和测量方法

2. 内卡钳的使用

用内卡钳测量内径时，应使两个钳脚的测量面的连线正好垂直相交于内孔的轴线，即钳脚的两个测量面应是内孔直径的两端点，如图 7-17（a）所示。因此，测量时应将下面的钳脚的测量面停在孔壁上作为支点，上面的钳脚由孔口略往里面一些逐渐向外试探，并沿孔壁圆周方向摆动，当沿孔壁圆周方向能摆动的距离为最小时，则表示内卡钳脚的两个测量面已处于内孔直径的两端点了。再将卡钳由外至里慢慢移动，可检验孔的圆度公差，如图 7-17（b）所示。

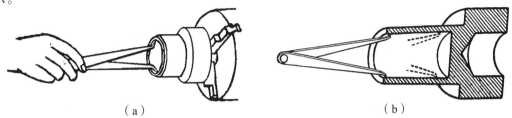

（a）　　　　　　　　　　　　　　　（b）

图 7-17　内卡钳测量方法

用已经在钢直尺或外卡钳上取好尺寸的内卡钳去测量内径，如图 7-18（a）所示。就是比较内卡钳在零件孔内的松紧程度。如内卡钳在孔内有较大的自由摆动时，就表示卡钳尺寸比孔内径小；如内卡钳放不进，或放进孔内后紧得不能自由摆动，就表示内卡钳尺寸比孔径大；如内卡钳放入孔内，按照上述的测量方法能有 1～2 mm 的自由摆动距离，这时孔径与内卡钳尺寸正好相等。测量时不要用手抓住卡钳测量，如图 7-18（b）所示，这样手感就没有了，难以比较内卡钳在零件孔内的松紧程度，并使卡钳变形而产生测量误差。

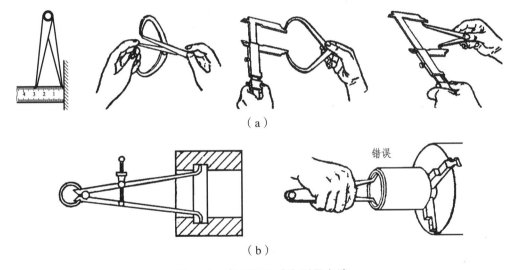

（a）

（b）

图 7-18　卡钳取尺寸和测量方法

任务 7-3　轮对检查器的使用

在轮对检查工作中，经常使用的有第四种检查器、车轮直径检查尺（轮径尺）、轮对内侧距离检查尺（轮背尺、轮距尺）、轮对轴颈中心尺、轮位差尺、轮径偏心尺、轮辋厚度检查器等。

一、轮对的基本结构

城轨车辆一般采用整体轮和实心车轴通过过盈配合组成轮对，并在车轴端部安装轴承、轴箱。

1. 车 轴

车轴有动车车轴和拖车车轴之分。拖车车轴没有齿轮座和齿轮箱轴承座。

如图 7-19 所示，动车车轴主要由以下各部分组成：

（1）轴颈：用以安装滚动轴承，负担着车辆重量，并传递各方向的静动载荷。

（2）轮座：是车轴与车轮配合的部位。轮座直径向外侧逐渐减少，成为锥体，锥度为 1：300，同时为了便于压装，减小应力集中，轮座最外侧还有一小段锥度较大的锥面。

（3）防尘挡板座：防尘挡板座是车轴与防尘挡板配合部位，其直径比轴颈直径大，比轮座直径小，位置介于两者之间，是轴颈与轮座的过渡部分，以减少应力集中。

（4）齿轮座、齿轮箱轴承座：动车车轴的一端有齿轮座、齿轮箱轴承座，车轴的齿轮座部位凹槽较多，超声波探伤时应注意避开其影响。

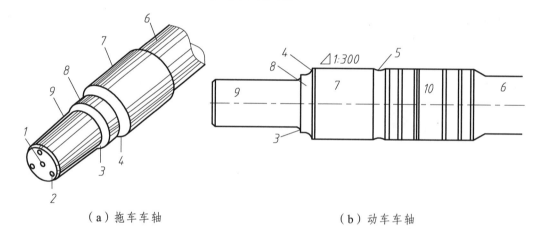

（a）拖车车轴   （b）动车车轴

1—中心孔；2—轴端螺栓孔；3—轴颈后肩；4—轮座前肩；5—轮座后肩；6—轴身；

7—轮座；8—防尘板座；9—轴颈；10—齿轮座、齿轮箱轴承座。

图 7-19　车轴

2. 车 轮

城轨车辆车轮按踏面形状可分为锥形踏面和磨耗型踏面两种。其各部分组成如图 7-20 所示：

（1）踏面：车轮与钢轨的接触面。

（2）轮缘：轮辋内侧直径最大、突出的圆弧部分，它起着引导车轮沿钢轨运行，防止脱轨的重要作用。

（3）轮辋：踏面沿径向的厚度部分。

（4）辐板：连接轮辋与轮毂部分。

（5）轮毂：是轮与轴相配合的部分。

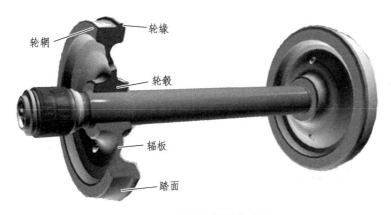

图 7-20　车轮各部分的名称

3. 轮对各部分的相关参数

锥形踏面形状及尺寸如图 7-21 所示。

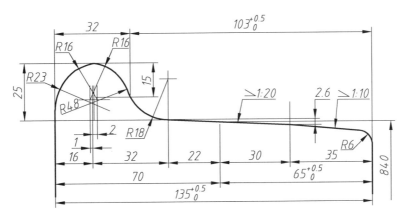

图 7-21　锥形踏面形状及尺寸

车轮各部分尺寸的确定：

（1）基点与基线：从车轮内侧面向外 70 mm 处踏面上一点称为基点，由基点组成的线叫基线。

（2）踏面的锥度：从踏面内侧向外 48 mm 至 100 mm 区段设有 1∶20 的斜度，踏面外侧 35 mm 区段设有 1∶10 的斜度。

（3）轮缘顶点：从车轮内侧面向外 16 mm 处轮缘上的一点，称为轮缘顶点。

（4）轮缘的厚度：轮缘的厚度是 32~26 mm（在轮缘顶点往下 15 mm 处测量）。

（5）轮缘的高度：轮缘的高度是 25 mm（在轮缘内侧面向外 48 mm 处的踏面上测量）。

（6）车轮直径测量的基准：基线圆称为滚动圆。滚动圆的直径作为车轮的名义直径。车轮直径为 840~770 mm。

（7）轮对内侧距：同一轮对两车轮内侧面的之间的距离，其尺寸要求为 1 353±2 mm。

磨耗型踏面的形状及尺寸如图 7-22 所示。

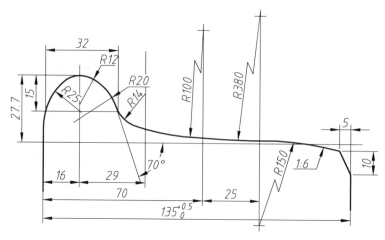

图 7-22　磨耗型踏面的形状及尺寸

轴承、轴箱装置：轴承安装在车轴的轴颈上，轴承外面是轴箱体，一系弹簧安装在轴箱和构架之间。城轨车辆的轴箱轴承一般采用双列圆柱或双列圆锥滚动轴承。轴箱端部一般会安装速度传感器或接地装置。

二、第四种检查器

1. 概　述

随着城市轨道交通车辆轮对检修工艺的改进，原有的第三种检查器已不能适应现在轮对检修测量的要求。因此，由铁路局计量测试中心监制的第四种检查器应运而生。第四种检查器，它是在铁路总公司规定的适用于车轮限度检测的第三种检查器基础上，改进研制而成。第四种检查器比第三种检查器扩大了车轮检测范围，由原来第三种检查器能够测量 6 个部位的尺寸限度，增加到能测 9 个部位的尺寸限度，并包含了第三种检查器的检测功能。同时在测量方法上，能够与国际接轨，改变了过去轮缘厚度以轮缘顶点为基准的测量方法，使轮缘厚度的测量更合理。在测量精度上，有些部位的尺寸，如轮缘厚度、踏面圆周磨耗可精确到 0.1 mm，提高了检测精度。第四种检查器成为我国铁路与城市轨道交通车辆轮对第三代检测工具。第四种检查器于 1999 年 1 月 1 日起正式使用，轮缘厚度尺寸运用限度改为不小于 23 mm，辅修限度改为不小于 24 mm。在现场检测中如果发生限度检测争议，铁路总公司规定要以第四种检查器测量为准。

2. 关于轮缘厚度测量基本点的选择

轮缘是保证轮对在钢轨上运行不致脱轨的最重要部位，从作用上来讲，它不仅控制着轮对在钢轨上保持安全运行，而且对轮对的横向摆动、车轮在钢轨上的安全搭载量都有直接关系，当轮缘在运用中出现磨耗以后，就会加大轮对的横向位移量，车轮在钢轨上的安全搭载量减少，增大了轮对脱轨的不安全因素，所以过去规定轮缘磨耗后的剩余厚度，在运用中规定最小不得小于 22 mm。对于这样一个尺寸限度，由于轮缘从顶部到根部不是等厚度形状，靠顶部薄、靠根部厚，但又不是成比例变化的由薄到厚的简单几何形状，特别是在运用过程中的磨耗，更不是按原形成比例的磨耗。因此，如何选择轮缘厚度测量基本点，是一个很重要的课题。

过去第二种车轮检查器和第三种车轮检查器的测量，都是以轮缘顶点向下 15 mm 处做为轮缘厚度的基本测量点。这种测量方法对原形轮缘和踏面进行测量时，不存在什么问题，因为原形轮缘厚度的测量基本点，从理论上讲，正处在距轮缘顶点向下 15 mm 处。也就是说轮缘根部 R14 圆弧切点，在轮对横向作用时，轮缘的作用点基本处在这一位置，所以以轮缘厚度测量基本点就确定在这一部位。但车轮在运用中出现磨耗以后，原形尺寸就会发生变化，轮缘顶部有时会出现棱角，以轮缘顶部为基础的测量方法会使轮缘厚度测量基本点上移，另外当踏面圆周出现磨耗以后，轮缘高度相对增加，而轮缘与钢轨受力的面和点相对向轮缘根部移动，此时，测量轮缘厚度仍以轮缘顶点向下 15 mm 处进行测量就不科学了。本来轮缘厚度不过限，用上述测量方法就可能过限。增加了车轮的旋削频次，减少了车轮使用寿命。因此，选择科学的测量方法，不仅能够保证车辆运行安全，也会减少轮对旋修的工作量。所以第四种检查器的问世，较好地解决了轮缘厚度测量基本点的选择问题。该种检查器是以踏面 70 mm 基准圆处，并向上 12 mm 作水平线交于轮缘处为测量轮缘厚度的基本点，这个基本点的确定随踏面磨耗变化而变化，在运用中即使车轮踏面产生磨耗，轮缘高度相对增加，但轮缘厚度测量点也随之下移，并始终保持在踏面基准圆向上 12 mm 处。因此轮缘厚度的测量，在概念上有质的变化，这也是和国际通用测量轮缘厚度的方法相一致，这样测轮缘厚度更合理。

3. 第四种检查器的构造

第四种检查器由底板、测尺、样板三部分组成，如图 7-23 所示。

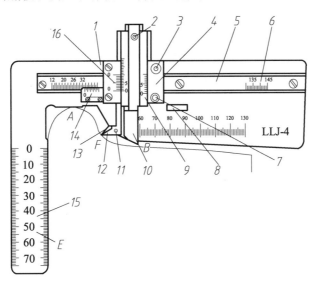

1—底板；2—螺钉；3—水平紧固钉；4—尺框；5—导板；6—轮辋宽度测尺；7—垂直紧固钉；8—定位块；
9—锥型踏面，70 mm 处磨耗刻度尺；10—踏面磨耗测尺；11—垂直磨耗样板紧固孔；
12—轮缘厚度测尺；13—卷边测量线；14—轮缘厚度游标；
15—轮辋厚度测尺；16—踏面磨耗游标。

图 7-23 第四种检查器

（1）底板部分。

底板是安装测尺、刻打测量线，构成第四种检查器主体形状的基础部分，在窄边内侧装有定位角铁，窄边上面刻有两段 0~75 mm 的刻线，分度值为 1.0 mm，用以测量踏面剥离长度和轮辋厚度；宽边底板上面刻有标准磨耗型踏面曲线即零位线（后来制造的检查器已取消）和 55~130 mm 刻线，分度值 1.0 mm；底板面距窄边内侧 70 mm 处，装有定位档，方便了踏面测尺在 70 mm 处的定位，并提高了定位的准确性；底板面上侧用螺钉将导板及测尺固定于底板上，构成了以底板为基础的测量机构。

（2）测尺部分。

① 测尺及相关刻度尺。

测尺有踏面测尺和轮缘测尺两种，这两种测尺均装在尺框内，可做上下移动，当推动踏面测尺上下移动时，能够带动轮缘测尺一起动作，但由于轮缘测尺背部开有一个长槽，使踏面测尺与轮缘测尺有一个相对移动量，而且当踏面测尺向下移到轮缘测尺背部长槽下端时，踏面测尺的 B 点距轮缘测尺的 F 点正好是 12 mm，这个 12 mm 的距离，就是确定轮缘测尺 F 点到踏面基准圆的高度的，使轮缘测尺有一个准确的定位。

安装测尺的尺框装在导板上，可沿导板作横向移动。导板左端刻有 12~35 mm 刻度，称为测轮缘厚度的主尺，在尺框左边配有游标尺，称为副尺，分度值可精确到 0.1 mm，主、副尺配合使用，用来测量轮缘厚度；导板右端刻有 130~145 mm 刻度，分度值为 1.0 mm。它与尺框左边游标尺配合使用，用以测量轮辐宽度；踏面测尺下部尖端称 B 点，测尺下部有 −3~9 mm 刻度，分度值为 0.5 mm，与零位线配合使用，用以测量磨耗型踏面圆周磨耗和踏面擦伤深度；测尺上部在尺框对应处右边有 0~10 mm 刻度，分度值为 0.5 mm 测量时与右侧尺框上的刻线相对应，用于测量锥型车轮踏面；测尺上部与尺框对应处左边有 0~20 mm 刻度，称为测量磨耗型踏面圆周磨耗的主尺，在左侧尺框上配有游标尺，称副尺，分度值可精确到 0.1 mm，这部分的主、副尺是专门用于测量磨耗型踏面 70 mm 处的圆周磨耗。

为了使踏面测尺方便、准确的定位于距第四种检查器 E 边 70 mm 处，在该处底板上设有定位档，在踏面测尺定位时，将测尺调整靠紧定位档左侧，即定位于测踏面 70 mm 基准圆的位置上。

② 游标尺的精度及读数计算。

第四种检查器上装有两个游标尺，此游标尺的精度，是在副尺上把实际长 9 mm 的线段分为 10 等份（格），这样副尺上每格与主尺每格（1 mm）相差为（10 − 9）/10 = 0.1 mm，这就是第四种检查器可以确认的最小精度尺寸。确认测量尺寸时，先确认副尺 0 刻线对准或超过主尺上的整数毫米尺寸数，如果 0 刻线与主尺上某一整数毫米刻线正好对齐，这个测量尺寸就是该处的主尺整数尺寸，没有小数存在。如果 0 刻线没有和主尺上某一整数刻线对齐，则应先确认 0 刻线刚好越过的主尺整数尺寸数，余下不足一格（1 mm）的数值，再从副尺（游标）上看第几刻线与主尺上哪条刻线对齐，即为余下的小数毫米。如果副尺上第一刻线（不含 0 刻线）与主尺上刻线对齐，小数尺寸为 0.1 mm，如果副尺上第二刻线与主尺上刻线对齐，小数尺寸为 0.2 mm，依次类推。计算时，把主尺整数毫米尺寸加上副尺小数毫米尺寸，即为所测尺寸。具体读数方法详见图 7-24 说明。

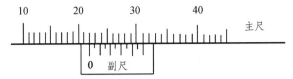

副尺 0 刻尺与主尺 22 mm 对齐，该游标尺测量尺寸为 22 mm，无小数

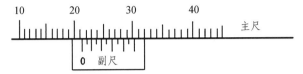

副尺 0 刻线越过 21 mm 刻度，这时副尺第二刻线与主尺上刻线对齐，
该游标尺测量尺寸为 21 + 0.2 = 21.2 mm

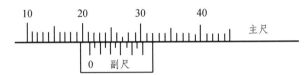

副尺 0 刻线越过 21 mm 刻度，这时副尺第三刻线与主尺上刻线对齐，
该游标尺测量尺寸为 21 + 0.3 = 21.3 mm

图 7-24　第四检查器读数

在第四种检查器中，轮缘厚度、踏面圆周磨耗、轮幅宽度部分尺寸，可以按上述方法计算尺寸，其他尺寸因构造原因无法确定准确的小数尺寸，只能从测尺上直接读取数值。

③ 样板部分。

样板部分主要是轮缘垂直磨耗检查样板，在样板上刻有 12 ~ 20 mm 刻度，使用时，将其安装在轮缘测尺下部的紧固孔上即可使用。

4. 第四种检查器的用途

第四种检查器是铁路与城市轨道交通车辆车轮的专用检测量具，它用于检测：轮缘剩余厚度；车轮踏面圆周磨耗；车轮踏面擦伤及局部凹下深度；车轮踏面剥离长度；车轮轮辋厚度；车轮轮幅宽度；车轮踏面外侧卷边（辗边）是否过限；轮缘垂直磨耗；车钩闭锁位钩舌与钩腕内侧面距离。

5. 第四种检查器的使用方法

（1）测量车轮踏面圆周磨耗。

结合图 7-23，首先推动尺框 4 避开定位块 8，向左移，再推螺钉 2 带动踏面磨耗测尺和轮缘厚度测尺移到最上端，然后推动尺框 4 沿导板向右移至定位块 8 挡住，定于 70 mm 基线处。将第四种检查器置于车轮上，使检查器 A 点落于轮缘顶点，E 边定位角铁靠紧车轮内侧，底板指向车轴中心线，再下推踏面磨耗测尺 10，使其尖端 B 点与踏面接触，此时，可在测尺 10 下部刻度与零位线对准处直接读数（分度值 0.5 mm），或在游标尺 16 上读数，精度可达 0.1 mm，即为踏面圆周磨耗值。

（2）测量轮缘厚度。

结合图 7-23，首先按测量踏面圆周磨耗的方法，测出踏面圆周磨耗（其数值可不记），使轮缘测尺 F 点定位于车轮踏面 70 mm 基准圆向上 12 mm 的高度处，（实际推动踏面测尺下移，消除与轮缘测尺内部上下移动空隙后 B 点到 F 点的垂直高度就是 12 mm，再上推踏面测尺 10 移动 2~3 mm，轮缘测尺 12 保持不动，紧固垂直紧固螺钉 7，然后向左推动尺框 4 带动轮缘测尺 12 左移，使 F 点接触轮缘外侧，此时可从游标尺 14 上读出轮缘厚度值，精确到 0.1 mm，即为轮缘厚度尺寸，见图 7-25。

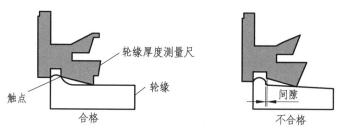

图 7-25　轮缘厚度测量

（3）测量轮辋厚度。

结合图 7-23，首先按测量踏面圆周磨耗的方法，测量出踏面圆周磨耗数值，记下该数并保持第四种检查器在车轮上的位置不动，再找出 E 边刻线与轮辋内棱角密贴处对应的尺寸，用对应处的读数尺寸减去车轮圆周磨耗尺寸，即为轮辋厚度尺寸。如辗钢轮，轮辋内有 $R8$ 圆弧时，轮辋厚度尺寸应加 4 mm 为轮辋实际尺寸。

（4）测量踏面擦伤及局部凹下深度。

结合图 7-23，将第四种检查器置于车轮上，A 点接触轮缘顶点，E 边紧靠车轮内侧，尺身底板指向车轴中心线。推动尺框 4 带动踏面测尺 10，沿导板移至擦伤最深处，紧固水平紧固螺钉 3，下移踏面测尺 10 使 B 点接触擦伤最深处，磨耗型踏面以零位线为基准，读出踏面测尺 10 与零位线所对准的尺寸（锥型踏面则读出尺框 4 右侧刻线对应处的尺寸）。然后将第四种检查器沿同一圆周方向移到末擦伤处，量出该处圆周磨耗值，用擦伤处的数值减去末擦伤处的圆周磨耗值即为车轮踏面擦伤深度。（局部凹下深度测量方法与擦伤深度测量方法相同）。值得指出的是新型的第四种检查器因取消了零位线，上述尺寸都从测踏面磨耗游标尺上来确认刻度尺寸。

（5）测量轮缘垂直磨耗。

结合图 7-23，将轮缘垂直磨耗样板，紧固在轮缘厚度测尺下端螺钉孔 11 处。然后将第四种检查器 A 点落于轮缘顶点，E 边紧靠轮辋内侧，尺身底板指向车轴中心线，再推动尺框 4 靠近轮缘，使磨耗样板靠紧轮缘与踏面过渡圆弧中部，样板圆弧部分与过渡圆弧相吻合，这时观察轮缘外侧与样板竖直部分贴紧处的尺寸，即为轮缘垂直磨耗值。

（6）测量踏面剥离长度。

结合图 7-23 所示，用第四种检查器窄边外侧 0~75 mm 刻度尺，沿车轮圆周方向（不是剥离长度方向）测量踏面剥离两边缘之间的长度，为踏面剥离长度。列检测量时先测出剥离长度两端不足 10 mm 的部分，划出测量线，然后用检查器窄边刻度尺沿车轮圆周方向测量两线之间的长度，即为踏面剥离长度，如图 7-26 所示。

图 7-26　车轮踏面剥离照片

（7）测量轮辐宽度。

结合图 7-23，将尺框 4 及测尺向右推至导板端部，检查器 A 点落于轮缘顶点，E 边紧靠轮辋内侧，尺身底板指向车轴中心线。推动测尺向下移动，使轮缘厚度测尺对准轮辋外侧平面，再向左移动尺框 4 及测尺，轮缘测尺 12F 点靠紧轮辋外侧平面，看导板右端刻度尺与游标尺 14 零刻线对准处的尺寸，即为轮辐宽度尺寸。

（8）测量车轮踏面卷边（辗边）。

结合图 7-23，将检查器尺框 4 及测尺沿导板推向右端，检查器 A 点落于轮缘顶点，E 边紧靠轮辋内侧，尺身底板指向车轴中心线，推动测尺向下移动，使轮缘厚度测尺 12 越过卷边，再向左移动尺框 4 及测尺，直至轮缘测尺 F 点靠紧轮辋外侧平面，这时观察卷边（辗边）宽度是否超出轮缘测尺的卷边测量线 13，超出者即判定过限。

（9）测量车钩闭锁位钩舌与钩腕内侧面距离。

在车钩处于闭锁位置时，用检查器窄边外侧底板（适用于运用、轴检、临修）水平插向钩舌与钩腕之间，上、中、下测三处，其中有一处能插入者即为过限。图 7-27、图 7-28 分别为两种第四种检查器，7-29 为检修人员正在使用第四种检查器对轮对进行检查

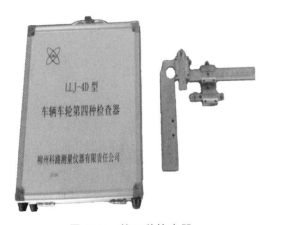

图 7-27　第四种检查器

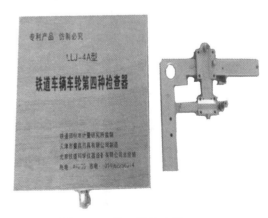

图 7-28　第四种检查器

图 7-29　第四种检查器的现场应用

三、车轮直径检查尺

车轮直径检查尺的构造如图 7-30 所示。使用时，根据轮径大小，先固定检查尺一端，再将检查尺从轮背内侧放到车轮上，与车轮内侧面靠紧，刻码尺就处于踏面基线位置，移动刻码尺测量直径。然后将检查尺中段距离加两端刻码尺数字即为车轮直径。同一车轮须检查垂直直径两处，两直径之差不能大于 0.5 mm。值得注意的是

图 7-30　车轮直径检查尺

现在普遍使用的轮径尺有两种，在使用如图 7-31 所示第一种轮径尺的时候应该注意拿尺的正确方法及怎样正确读出数据，读出的数据应保留到小数点后两位；在使用如图 7-32 所示第二种轮径尺的时候要注意先将尺放在标准圆上校正后再使用，其中读数表盘有机械式（图 7-33）和数显式（图 7-34）两种。图 7-35 为检修人员正在用轮径尺（二）测量轮对直径。

图 7-31　轮径尺（一）

图 7-32　轮径尺（二）

图 7-33　机械式读数表盘

图 7-34　数显式读数表盘

图 7-35 轮径尺的现场应用

四、轮背内侧距离检查尺

1. 刻线式

轮背内侧距离检查尺的构造如图 7-36 所示。使用时钩舌与钩腕内侧面将检查尺 C、D 两部分均放在轮缘顶点上，使 C 部先推向一侧车轮轮缘内侧面并靠紧 B 边，然后再推动 E 部，使 A 边靠紧另一侧轮缘内侧面，将 E 部螺丝拧紧，E 部上的中间刻线所对 D 部上的刻度即为轮对的轮背内侧距离的尺寸。测量时，须沿车轮圆周方向每 120°测量一处，共测量三处。图 7-37 为内距尺在检修作业中的实际应用。

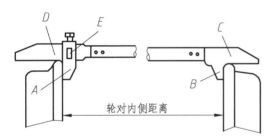

图 7-36 轮背内侧距离检查尺

图 7-37 内距尺

2. 数显式

数显式内距尺见图 7-38，其使用注意事项如下：

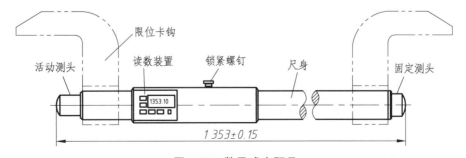

图 7-38 数显式内距尺

（1）校准零位：松开锁紧螺钉（这时活动测头在弹簧作用下伸至最长位置）打开电源开关 INC（即使之处于"ON"位置），使用预置数功能。将显示数字预置到"置 0 数"（"置 0 数"刻在尺身上）。

（2）测量操作：同刻线式轮对内距尺。

（3）如每天都要使用，可不关电源，这样可免去"校准零位"操作。

五、轮对检查器的管理

轮对检查器须保持清洁和干净，不得碰伤或生锈，刻度尺码必须明显准确。按规定检查器每 3 个月或 6 个月须检查一次，并填入轮对检查器定期检查校对登记本存档备查。如发现不合格者，应立即更换新品或加修。

任务 7-4　车辆车钩中心高度尺

车钩中心高度尺是车辆部门用来检测车钩中心高度的铁路专用量具。其主要型号有 ZGC-1H（测量板宽度为 288～308 mm，用于检测货车 13 号车钩）、ZGC-1K（测量板宽度为 268～288 mm，用于检测客车车钩和货车 17 号车钩）、ZGC-2J（激光非接触式测量，客货车钩通用）。

一、技术参数及特点

（1）测量范围：650～950 mm，精度 ±1 mm。

（2）测量方便，迅速可靠，尺身采用铝合金型材，强度高、质量小。

（3）对于钩舌外框中心线已脱落的车钩，可直接找出钩舌中心线，以便划线。

（4）激光式车钩高度尺可实现车钩不分离状态下的测量，便于检修。

（5）外形结构：见图 7-39（a）、（b）。

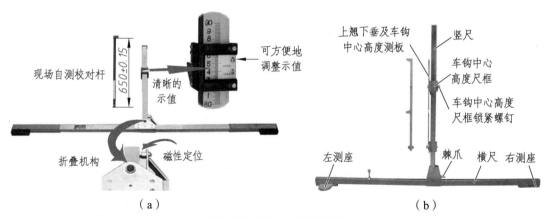

（a）　　　　　　　　　　　　　（b）

图 7-39　机车车辆钩高尺

二、使用方法

1. ZGC-1H、ZGC-1K 型钩高尺使用方法

（1）打开垂尺，直至限位块复位锁定垂尺。

（2）将钩高尺置于两钢轨上，移动钩舌测板至正好卡住钩舌的上下边缘，通过副尺直接可以读出车钩中心高度值。

（3）锁紧游框顶丝，推动划针，所指位置即为钩舌中心位置。

（4）测量完毕后，压下限位块，合上垂尺，使磁铁柱嵌入磁座中。

2. ZGC-2J 型钩高尺使用方法

（1）打开垂尺至限位块复位锁定垂尺;打开标定尺至侧面紧靠在标尺定位块的侧面。打开激光管的开关，通过移动游框使激光打在标定尺的刻线上，刻线副尺应与标定尺和的各指示值对应（应定期检定标定尺的示值）。

（2）合上标定尺，将钩高尺置于两钢轨上，移动游框使激光管的光线打到钩舌中心线上，通过游框上刻线副尺即可以读出车钩中心高度值。

（3）激光钩高尺可实现在车钩未分离状态下的测量，测量方法同上。如果钩舌中心线脱落，可分别测量钩舌的上下沿尺寸：H_1（上沿高度）、H_2（下沿高度）。则车钩中心高度为 $H = H_1 - (H_1 - H_2)/2$。

（4）测量完毕，压下限位块，合上垂尺，使磁铁柱嵌入磁座中。

三、注意事项

（1）钩高尺严禁摔掷，以免影响测量准确性。

（2）钩高尺使用后应妥善保管。

（3）坚持周期检定，建议检定周期为 6 个月。

任务 7-5　零件的测绘

目测实际零件，徒手画出其图形，测量并记录尺寸，提出技术要求完成零件草图，再根据草图画出零件图的过程，称为零件测绘。在仿造机器和修配损坏零件时，一般都要进行零件测绘。

零件草图是绘制零件图的依据，必要时还要直接根据它制造零件，因此，一张完整的零件草图必须具备零件图应有的全部内容。绘制零件草图的要求：图形正确、尺寸完整、线型分明、字体工整，注写出技术要求和标题栏的相关内容。零件草图和零件图的区别只是绘图手段不同，图中内容和要求完全相同。

一、零件测绘的方法和步骤

1. 了解和分析测绘对象

首先应了解零件的名称、材料以及它在机器（或部件）中的位置和作用；然后对该零件进行结构分析和制造方法的大致分析。

如图 7-40 所示零件为定位键，它的作用是紧固在箱体上，通过圆柱端的键与套筒的键槽形成间隙配合，使轴套在箱体孔中只能沿轴向移动而不能转动。

图 7-40 定位键

2. 确定表达方案

先根据显示零件形状特征的原则，按零件的加工位置或工作位置确定主视图；再按零件的内外结构特点选用必要的其他视图和剖视、剖面等表达方法。

根据定位键的加工方式，现有两种表达方案如图 7-41（a）、（b）所示。

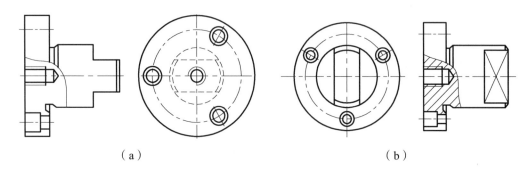

（a）　　　　　　　　　　　　　（b）

图 7-41 定位键

经过分析、比较可以看出，图 7-41（a）用主视图和左视图表达，主视图中的键平面为水平面；图 7-41（b）用主视图和右视图表达，主视图中的键平面为正平面。两图都采用了局部剖以表达螺孔、沉孔。经过进一步对比发现，图 7-41（a）中的细虚线过多，倒角表达不明确，且不便于尺寸标注。而图 7-41（b）中虚线较少，倒角结构表示得很明显。键的厚度虽然不如图 7-41（a）反映得清晰，但也可以在右视图中表示出来，故选定图 7-41（b）作为定位键的表达方案。为了反映越程槽的细节部分和标注尺寸，还需画一个局部放大图。整个表达方案如图 7-42 所示。

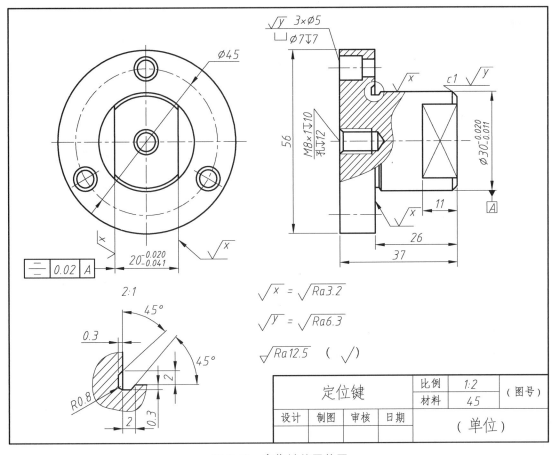

图 7-42 定位键的零件图

3. 绘制零件草图

（1）绘制图形。

根据选定的表达方案，绘制零件草图，其作图步骤如图 7-43 所示。

① 选定绘图比例，安排视图位置；画出各视图的作图基准线（中心线、轴线、对称中心线、端面线等），如图 7-43（a）所示。

② 画出各视图的主体部分，注意各部分投影的对应关系及整体的比例关系，如图 7-43（b）所示。

③ 画出其他结构和剖视部分，如图 7-43（c）所示。

④ 画出零件上的细小结构，如图 7-43（d）所示。

（2）标注尺寸。

先选定基准，再标注尺寸。长度方向尺寸以圆盘的右端面为主要基准，圆柱的右端面为长度方向的辅助基准（也是工艺基准）。以轴线为宽（高）方向尺寸的主要基准。确定后，先标注定位尺寸，再标注其他尺寸。

（3）标注技术要求。

定位键的所有表面均需加工，φ30 的圆柱面和键的两侧面的表面粗造度要求较高。圆柱的直径和键宽应给出公差，圆柱与箱体孔、键与键槽均应采用基孔制的间隙配合。键还应该给出对称度的公差要求等。

（4）填写标题栏。

一般可填写零件的名称、材料、绘图比例、绘图者姓名和完成时间等。完成的零件草图如图 7-43（e）所示。

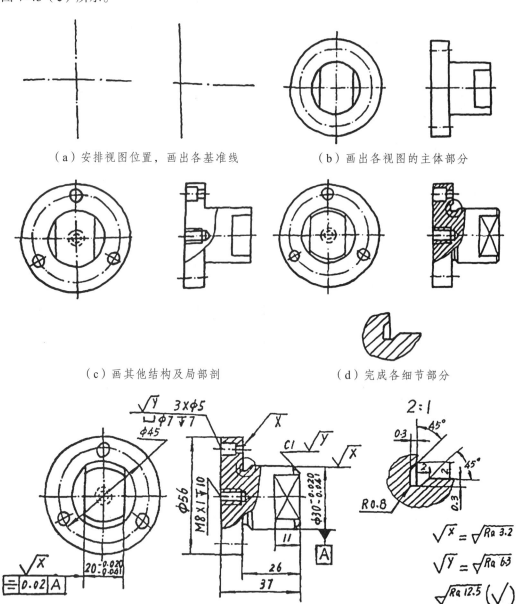

（a）安排视图位置，画出各基准线　　　（b）画出各视图的主体部分

（c）画其他结构及局部剖　　　（d）完成各细节部分

（e）检查、描深，画出尺寸线、表面粗糙度代号，标注技术要求等

图 7-43　草图的绘制步骤

4. 根据零件草图绘制零件工作图

草图完成后，根据它绘制零件工作图。完成的零件工作图，如图 7-42 所示。

二、零件尺寸的测量方法

测量尺寸是零件测绘过程中的一个重要环节，尺寸测量准确与否，直接影响机器的装配和工作性能，因此，测量尺寸要谨慎。

测量时，应根据对尺寸精度要求的不同选用不同的测量工具。常用的量具有金属直尺，内、外卡钳等；精密的量具有游标卡尺、千分尺等；此外，还有专用量具，如螺纹样板、圆角规等。

常见的几何尺寸的测量方法，见表 7-2 所示。

表 7-2　零件尺寸的测量方法

项目	图例与说明	项目	图例与说明
直线尺寸	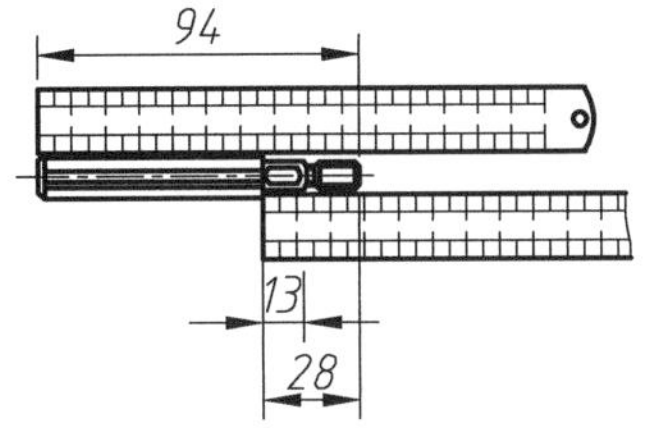 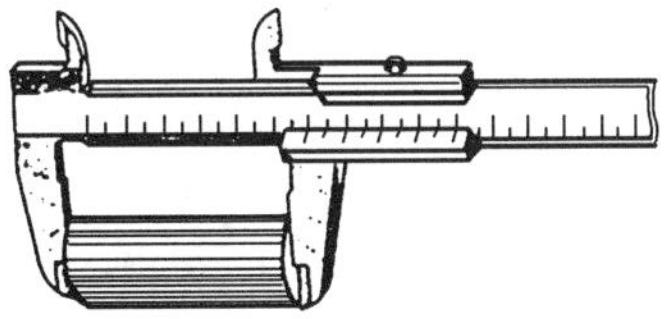 直线尺寸可用金属直齿尺或游标卡尺直接测量	孔间距	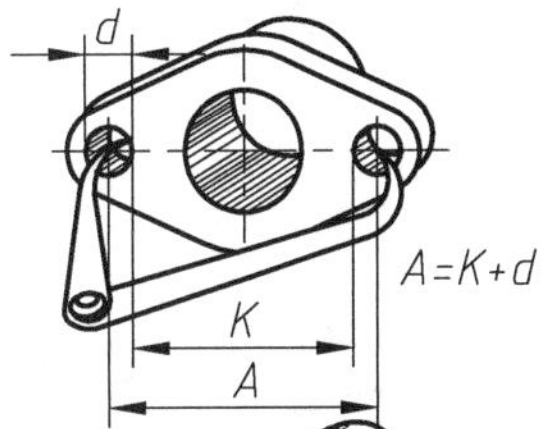 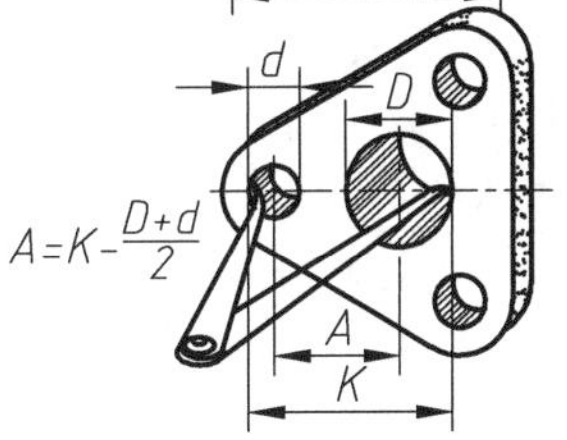 $A=K+d$　$A=K-\dfrac{D+d}{2}$　孔间距可用内、外卡钳和金属直尺结合测量
壁厚尺寸	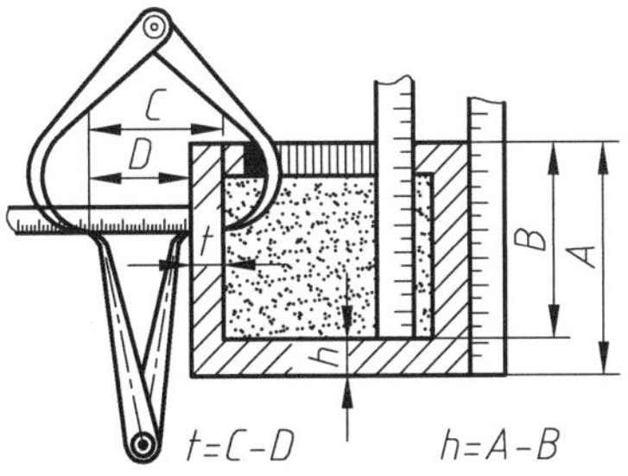 $t=C-D$　$h=A-B$　壁厚尺寸可用金属直尺测量，如底壁厚度 $h=A-B$；或用外卡钳和金属直尺配合测量，如左侧壁的厚度 $t=C-D$	中心高	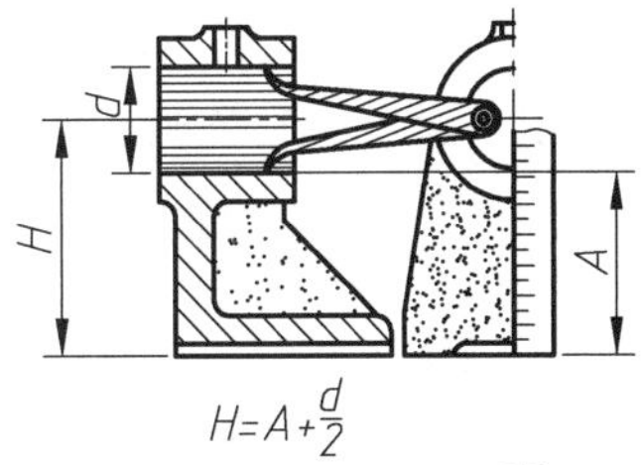 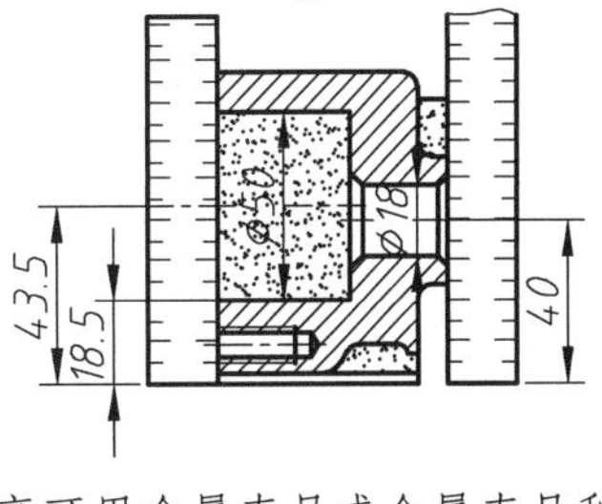 $H=A+\dfrac{d}{2}$　中心高可用金属直尺或金属直尺和内卡钳配合测量，即：$H=A+d/2$。下图左侧中心高：$43.5=18.5+50/2$

项目	图例与说明	项目	图例与说明
直径尺寸	 直径尺寸可用内、外卡钳间接测量或用游标卡尺直接测量	螺距	 螺纹的螺距用螺纹样板直接测得，也可用金属直尺测量
齿顶圆直径	 偶齿数，齿轮的齿顶圆直径可用游标卡尺直接测量，奇数齿可间接测量	曲面曲线的轮廓	 用半径样板测量圆弧半径
曲面曲线的轮廓	 对精确度要求不高的曲面轮廓，可以用拓印法在纸上拓印出它的轮廓形状，然后用几何作图的方法求出各连接圆弧的尺寸和圆心位置		 用坐标法测量非圆曲线

模块 8
装 配 图

任务 8-1 装配图概述

一、装配图的含义和作用

表示产品及其组成部分的连接、装配关系的图样称为装配图。装配图是指导设计、制造、安装、调试、操作和检修机器和部件时的必要技术文件。图 8-1 和图 8-2 分别是滑动轴承的分解轴测图和装配图。

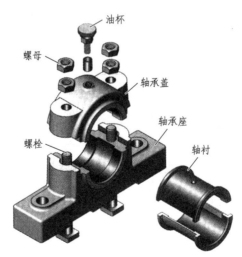

图 8-1 滑动轴承分解轴测图

二、装配图的内容

一张完整的装配图主要包括一组图形、一组尺寸、技术要求、标题栏和明细栏。

1. 一组图形

装配图的一组图形主要用来表达装配体（机器或部件）的构造、工作原理、零件间的装配、连接关系及主要零件的结构形状。

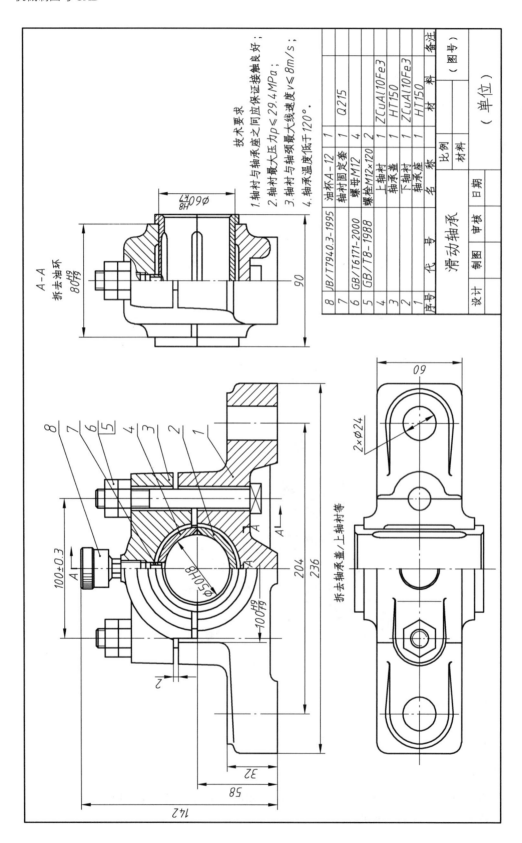

图 8-2　滑动轴承装配图

具体表达方法如下：

（1）装配图的规定画法。

① 零件图上所采用的图样画法（如视图、剖视、断面等），在表达装配体时也同样适用。

② 两个以上的零件相互邻接时，剖面线的倾斜方向应相反，或者方向一致但其疏密程度必须不同；同一零件在各视图上的剖面线必须一致。在图形中，当零件厚度在 2 mm 以下时，允许以涂黑代替剖面符号，如图 8-3 所示。

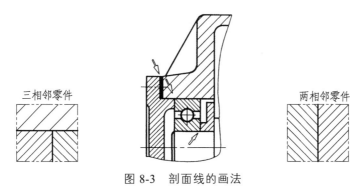

图 8-3　剖面线的画法

③ 对于相接触和配合两零件表面的接触处，不管间隙多大，只画一条线；对于非接触、非配合的两表面，不管间隙多小，都必须画两条线，如图 8-4 所示。

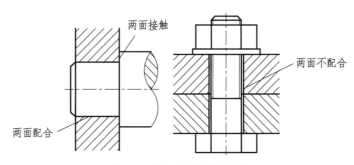

图 8-4　装配图的规定画法

（2）装配图的特殊画法。

① 沿零件集合面剖切和拆卸的画法。

在装配图中，可假想沿某些零件的结合面剖切，此时在零件的结合面上不画剖面线，但被切部分必须画出剖面线；当装配体上某些常见的较大零件，在某个视图上的位置和基本连接关系等已表达清楚时，为了避免遮盖某些零件的投影，在其他视图上可假想它拆去不画。上述两种画法，当需说明时可加标注"拆去××等"字样。如图 8-2 俯视图是拆去轴承盖和上轴衬后的视图。

② 假想画法。

对部件中某些零件的运动范围和极限位置，可用细双点划线画出其轮廓，如图 8-5 所示；对和本部件有关，但不属于本部件的相邻零件（部件）可用细双点划线表示其与本部的连接关系。

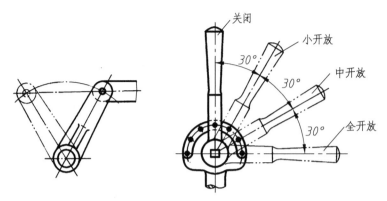

图 8-5　运动零件的极限位置

③ 夸大画法。

当遇到很薄、很细的零件，或带有很小斜度、锥度的零件或微小间隙时，如无法正常清晰画出，可将零件或间隙作适当夸大画出。夸大要注意适度，若适度夸大仍不能满足要求时需考虑用局部放大画法。

④ 展开画法。

在画传动机构的装配图时，为了表示传动关系及各轴的装配关系，可假想用剖切平面按传动顺序沿轴线剖开，将所得剖面顺序摊平在一个平面上（平行于某一个投影面）。在所得展开图上方标出"×—×展开"字样，如图 8-6 所示。

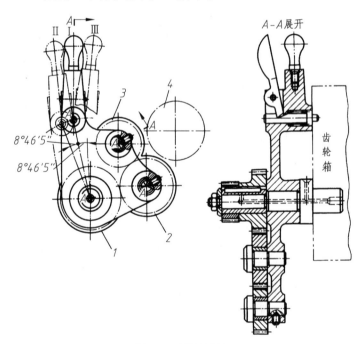

图 8-6　展开画法

⑤ 简化画法。

a. 在装配图中，零件的倒角、圆角、凹坑、凸台、沟槽、滚花、刻线及其他细节等可不画出，如图 8-7 所示。

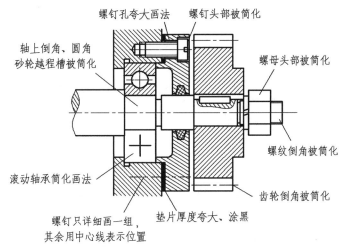

图 8-7　简化画法

b. 在装配图中，若干相同的零（组）件、部件，可以详细画出一处，其余则以点画线表示其中心位置即可。

c. 在装配图中，当剖切平面通过某些标准产品的组合件视图或其他视图已表达清楚时，可以只画出其外形图。

d. 被弹簧挡住的结构按不可见轮廓绘制。

e. 在能够清楚表达产品特征和装配关系的条件下，装配图可仅画出其简化后的轮廓。

f. 装配图中可省略螺栓、螺母、销等紧固件的投影，只用点画线和指引线指明它的位置。

g. 在装配图中，装配关系已表达清楚时，较大面积的剖面可只沿周边画出部分剖面符号或沿周边涂色。

h. 在不致引起误解时，对于装配图中对称的视图，可只画一半或 1/4，并在对称中心线的两端画出两条与其垂直的平行细实线作为标注。

i. 如图 8-8 所示，装配图中可用粗实线表示带传动中的带，用细点划线表示链传动中的链。必要时，可在粗实线或细点划线上绘制出表示带或链类型的符号。

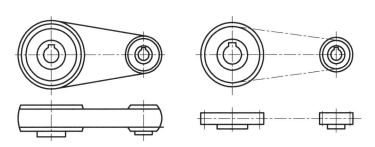

图 8-8　带传动和链传动的画法

⑥ 单独表达某零件。

在装配图上，可以单独画出某一零件的视图，在所画视图的上方标出该零件的视图名称，在相应视图的附近用箭头指明投射方向并注上同样的字母，如图 8-9 所示。

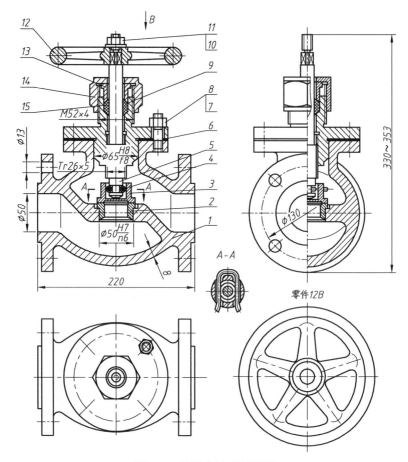

图 8-9　单独表达手轮零件

2. 一组尺寸

装配图不需要像零件图那样注出所有尺寸，只需注出表示装配体的规格或性能，以及装配、安装、检验、运输等方面所需的尺寸，如图 8-10 所示。

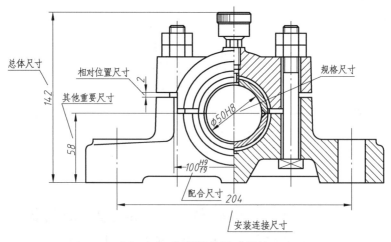

图 8-10　装配图的尺寸标注

（1）性能（规格）尺寸。

性能（规格）尺寸是表示部件或机器性能和规格的尺寸。这类尺寸是设计和选用部件或机器的主要依据。

（2）装配尺寸。

① 零件间的配合尺寸。

配合尺寸是表达俩零件间的配合性质和相对运动情况的尺寸。

② 重要的相对位置尺寸。

重要的相对位置尺寸是零件间或部件间或它们与机座之间必须保证的相对位置尺寸。这类尺寸可以依靠制造某零件时保证，也可以在装配时靠调整得到。

（3）安装尺寸。

安装尺寸是表示将机器或部件安装到其他设备上或地基上所需要的尺寸。

（4）总体尺寸。

总体尺寸是表示装配体的总长、总宽、总高三个方向的尺寸。这类尺寸表明了机器或部件所占空间的大小。

（5）其他重要尺寸。

在部件设计时，经过计算或根据某种需要而确定，但又不属于上述四类尺寸。

这五类尺寸根据具体装配图构造情况进行标注，并不是所有装配体都具有这五类尺寸，有时一个尺寸还同时具备多种不同的意义。

3. 技术要求

在图纸下方空白处，用文字注写出部件或机器装配时所必须遵守的技术要求。技术要求主要包含以下几个方面：

（1）装配要求：包括机器或部件在装配过程中需注意的事项及装配后应达到的要求，如装配间隙、润滑要求等。

（2）检验要求：包括对机器或部件基本性能的检验、实验及操作时的要求。

（3）使用要求：包括机器或部件的规格、参数及维护、保养、使用时的注意事项及要求。

4. 零件序号和明细栏

（1）零部件序号。

① 为方便阅读，装配图中所有的零、部件都必须编写序号，并与明细栏中的序号一致。

② 在所指零、部件的可见轮廓内画一圆点，然后从圆点开始画指引线（细实线），在指引线的另一端画一水平线或圆（细实线），在水平线上或圆内注写序号，序号的字高比该装配图中所注尺寸数字高度大一号或两号，如图 8-11（a）、（b）所示。

③ 在指引线的另一端附近直接注写序号，序号字高比该装配图中所注尺寸数字高度大两号，如图 8-11（c）所示。

④ 若所指部分（很薄的零件或涂黑的剖面）内不便画圆点时，可在指引线的末端画出箭头，并指向该部分的轮廓，如图 8-11（d）所示。在同一装配图中，编写序号的形式应一致。

⑤ 指引线相互不能交叉当通过有剖面线的区域时，指引线不应与剖面线平行，必要时指引线可以画成折线，但只可曲折一次，如图 8-11（e）所示。

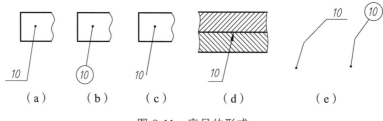

图 8-11　序号的形式

⑥　一组紧固件或装配关系清楚的零件组，可以采用公共指引线，如图 8-12 所示。

⑦　序号应按顺时针（或逆时针）方向整齐地顺次排列。

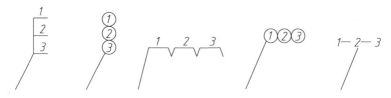

图 8-12　紧固件的编号

（2）明细栏。

由序号、代号、名称、数量、材料、重量、备注等内容组成的栏目称为明细栏。明细栏一般配置在标题栏的上方，按由下而上的顺序填写，如图 8-13 所示。

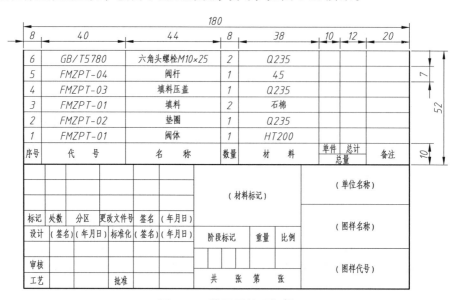

图 8-13　装配图的明细栏

任务 8-2　看装配图

在机械的设计、装配、使用与维修以及技术交流中，都涉及看装配图。需要通过看装配图，了解设计者的设计意图以及该装配体的构造。具体地说，也就是要了解：

（1）装配体的名称、用途、性能及其工作原理；

（2）装配体中各零件的相对位置、装配关系、连接方式及装拆顺序；

（3）主要零件的结构形状。

一、看装配图的方法和步骤

1. 概括了解（初步认识）

（1）从标题栏了解部件名称。名称常常包含装配体的信息，如××阀、××支承、××杆等。从名称可以初步判断装配体大概的结构和功能。

（2）从标题栏读绘制比例。与图形对照，查外形尺寸明确真实大小。

（3）从明细栏了解部件由多少零件组成，有多少自制，多少标准件。

（4）了解视图数目，明确主视图，确定其他视图的投射方式。判断结构的复杂程度，其中线多的地方结构复杂，线少的地方结构简单。

2. 细致分析图中各装配线和装配点的结构（读图关键）

（1）该装配体含哪些零件。

（2）各零件主要结构、形状。

（3）各零件如何定位、固定。

（4）各零件间的配合情况。

（5）各零件的运动情况。

（6）各零件的作用。

（7）该装配体装、拆的顺序和方法。

以上各项经常互相结合、穿插解读。

注意事项：

① 区分零件是读懂装配图的关键一步。

区分零件的方法有：利用装配图规定画法来区分；利用序号和指引线区分；利用标准件的规定画法来区分；利用功能、形状关系来区分。

② 尽可能地将部件功能和零件功能相结合地进行形状分析，根据已经分析出的零件功能和结构分析出相邻零件的功能和结构。

③ 注意通过几个视图对照来识读。

3. 综合想象部件整体结构

这一步是分析各装配线、点的相互位置关系以及接触、连接及传动关系，综合起来想象部件的整体结构。

4. 分析部件的整体运动情况，分析工作过程及原理，确认部件功能

例 1　识读图 8-14 所示齿轮油泵装配图。

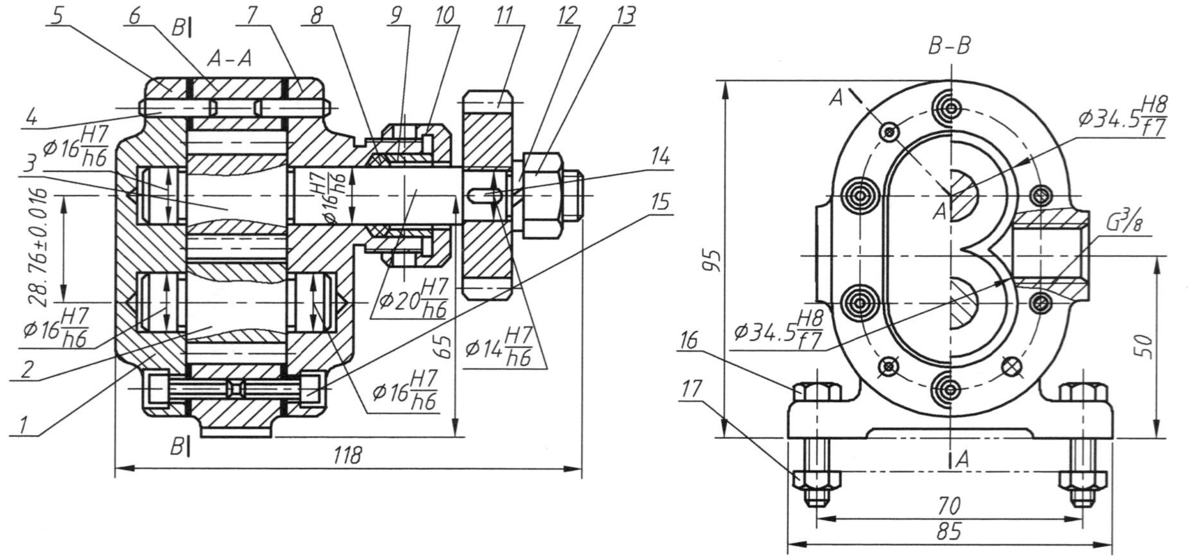

技术要求
1. 齿轮安装后，用手转动传动齿轮轴，应灵活旋转；
2. 两齿轮轮齿的啮合面占齿长的3/4以上。

17	螺母M6	2	Q235	GB/T 6170—2000				
16	螺栓M6×30	2	Q235	GB/T 5781—2000	6	泵体	1	HT200	
15	螺钉M6×16	12	35	GB/T 70—2000	5	垫片	2	纸	
14	键5×5×10	1	45	GB/T 1096—2000	4	销A5×18	4	45	GB/T 119—1979
13	螺母M12×1.5	1	35	GB/T 6171—2000	3	传动齿轮轴	1	45	m=3、z=9
12	垫圈12	1	65Mn	GB/T 859—1987	2	齿轮轴	1	45	m=3、z=9
11	传动齿轮	1	45	m=2.5、z=20	1	左端盖	1	HT200	
10	压紧螺母	1	35		设计	名称	数量	材料	备注
9	轴套	1	ZCuSn5PbZn5			齿轮油泵			（图号）
8	密封圈	1	橡胶		设计		比例		
7	右端盖	1	HT200		制图		材料		（单位）
					审核	日期			

图 8-14 齿轮油泵装配图

- 202 -

（1）读标题栏、明细栏概括了解。

由标题栏知道了部件名称为齿轮油泵，是机器润滑、供油系统中的一个部件，其体积小，传动平稳。由明细栏了解到此齿轮油泵，共含零件 15 种，其中 4、12、13、14、15、16、17 是标准件。总体来说，齿轮油泵是一个相对较简单的部件。

（2）分析视图。

此装配图由两个基本视图组成。主视图采用全剖，左视图采用半剖。它是沿左端盖 1 和泵体 6 的结合面剖切的，清楚地反映出油泵的外部形状、齿轮啮合情况、泵体与左右端盖的连接方式，以及油泵与机体的装配方式。局部剖表达的是进油孔的情况。

（3）分析工作原理和装配关系。

左视图反映了部件的工作原理。如图 8-15 所示，当主动轮逆时针转动时，带动从动轮顺时针方向转动，两轮啮合区内右边的油被齿轮带走，压力降低形成负压，油池内的油在大气压力作用下进入油泵低压区内的吸油口，随着齿轮的转动，齿槽中的油不断沿箭头方向被带至左边的出油口，把油压出，送至机器中需要润滑的部分。

泵体的内腔各一对齿轮。将齿轮轴 2、传动齿轮轴 3 装入泵体后，由左端盖 1 与右端盖 7 支承这一对齿轮轴的旋转运动。用圆柱销 4 将左、右端盖与泵体定位后，再用螺钉 15 连接。为防止泵体与端盖结合面及齿轮轴伸出端漏油，分别用垫片 5、密封圈 8、轴套 9 及压紧螺母 10 进行密封。

图 8-15　油泵工作原理示意图

（4）分析主要零件。

为了深入了解部件，应进一步分析零件的结构形状和用途。分析零件的关键是将零件从装配图中分离出来，根据同一零件的剖面线在各个视图中方向相同、间隔一致的规定，将零件在各个视图上的投影范围及轮廓弄清楚，进而结合起来想象零件的结构形状。如图 8-16 所示，这是从装配图主视图及左视图中分离出来的左端盖的投影轮廓，将不完整的主视图中的缺线补齐，再根据零件的基本对称性，（销孔根据装配图左视判断共有两个，且呈中心对称分布），想象出它的形状为：左侧有一个长圆形凸台的长圆形板，右侧中部有 2 个大孔，四周有 6 个沉孔及 2 个销孔。

当某些零件的结构形状在装配图上表达不够完整时，可先分析相邻零件的结构形状，根据它和周围零件的关系及作用，再来确定该零件的结构形状就比较容易了。如齿轮油泵中的右端盖，根据剖面线方向特征，可从装配图主视图中将其投影轮廓分离出来，如图 8-17 所示，由于装配图左视图中无对应投影（全部被遮挡），故只能根据它与相连的零件及其在装配图中的作用来推断它的形状：外轮廓与左端盖基本相同（从装配图主视图中可以看出），只是在右侧多了一段空心圆柱，以及外圆柱表面上有螺纹结构。

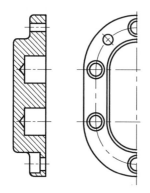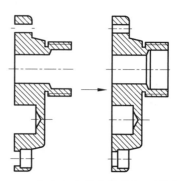

图 8-16　分离出来的左端盖投影轮廓　　　　图 8-17　分离出来的右端盖投影轮廓

（5）分析尺寸和技术要求。

啮合齿轮的齿顶圆与泵体内壁的 $\phi34.5$ H8/f7，齿轮轴和传动齿轮轴与左、右端盖的 $\phi16$ H7/h6，传动齿轮与传动齿轮轴的 $\phi14$ H7/k6，均属配合尺寸。啮合齿轮的中心距 28.76 ± 0.02，油孔中心高 50，传动齿轮轴中心高 65，属相对位置尺寸。进、出油口的管螺纹尺寸为 G3/8 属规格性能尺寸。

（6）总结。

读齿轮油泵装配图时，根据明细栏与零件序号，在装配图中逐一对照各零件的投影轮廓进行分析，其中标准件和常用件都有规定画法。垫片、密封圈、压盖和压紧螺母等零件形状比较简单，不难看懂，应重点分析左、右端盖和泵体。齿轮油泵轴测装配图如图 8-18 所示。

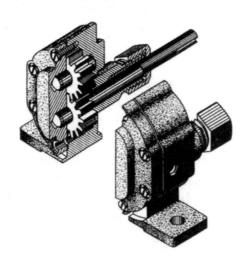

图 8-18　齿轮油泵轴测装配图

例 2　由齿轮油泵装配图拆画零件图——泵体。

（1）分离零件。

根据方向、间隔相同的剖面线将泵体从装配图中分离出来，如图 8-19（a）所示，由于在装配图中泵体的可见轮廓线可能被其他零件遮挡，所以分离出来的图形可能是不完整的，必须补全，将主、左视图对照分析，想象出泵体的整体形状，如图 8-19（b）所示。

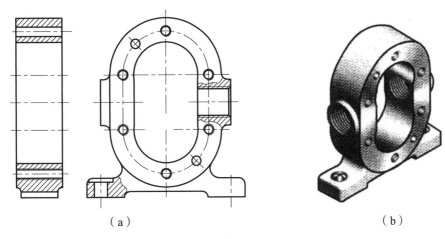

（a）　　　　　　　　　　　　　　　（b）

图 8-19　拆画零件

（2）确定零件的表达方式。

零件的视图表达应根据零件的结构形状确定，而不是从装配图中照抄。

① 主视图的选择。

零件主视图的选择一般应符合以下两个原则。

a. 零件的安放状态一般应符合零件的加工位置或工作位置。

轴、套、轮、盘等回转类零件，加工时大部分工序是在车床或磨床上进行的，因此，这类零件的主视图应将其轴线水平放置，也就是符合零件的加工位置，以便于加工时看图。

箱体、叉架等非回转体零件一般形状比较复杂，需要在不同的机床上加工，加工的位置又不固定，主视图安放状态应尽可能符合工作位置。

b. 零件的主视方向应是最能反映零件特征的方向。

根据以上两条原则，由于泵体的左视图反映了容纳一对齿轮的长圆形空腔及与空腔相通的进、出油孔，同时也反映了销孔与螺纹孔的分布以及底座上沉孔的形状，因此，画零件图时将其作为主视图比较合适。

② 其他视图的选择。

主视图确定之后，主视图未能表达清楚的零件部分要通过其他视图来表达。在确定零件的表达方案时，应尽量减少视图的数量，并且力求绘图、读图方便。

泵体零件主视图确定以后，还应配以左视图。为表达泵体的厚度、四周销孔、螺孔的深度，及底板的厚度，左视图应采用旋转剖的表达方法。最后，由于底板还未表达清楚，再增加一幅表达底板的局部视图。

（3）补全工艺结构。

为了在零件制造过程中，便于加工、退刀、减小加工面、防止产生裂纹等目的而特意设计出来的零件上的一些较小结构，称工艺结构。

在画装配图时，为了画图方便，零件上的工艺结构允许省略。因此，在由装配图拆画零件图时，凡在装配图中省略了的工艺结构应按标准结构要素补全。

泵体是铸件，其上有铸造圆角，主视图和俯视图中的铸造圆角可从装配图中直接抄画，B 向局部视图中底板的圆角需要补画。

零件上的锐边一般都需要倒钝，由于倒角较小，在零件上不用画出，可在技术要求中统一说明。

（4）标注尺寸。

零件图中的尺寸标注，除了要满足"正确""齐全""清晰"之外，还要考虑尺寸标注的合理性，包括符合工艺要求，便于零件的加工和校验等。

① 合理的选择尺寸基准。

任何一个零件都有长、宽、高三个方向的尺寸，每个方向至少要有一个基准。一般常选择零件的对称面、回转轴线、主要加工面、重要支承面或结合面为尺寸基准。

基准可以分为两大类，即设计基准和工艺基准。根据设计要求，用以确定零件结构位置的基准称为设计基准。如选择底面为高度方向的设计基准，由底面出发标注出进、出油孔的中心高 50、容纳件 3（传动齿轮轴）的孔的高度定位尺寸 64、底板厚度 10。为使泵体左右对称，应选择泵体左右对称面为长度方向的设计基准，注出长度方向的对称尺寸 85、70、45、33、70。由于泵体的厚度尺寸精度要求较高，且前后两个面都是结合面，故可选其中之一，如后侧平面为宽度方向的设计基准，标注出进、出油孔定位尺寸 12.5，以及泵体厚度 $25^{+0.05}_{+0.01}$。为便于零件加工和测量所选定的基准称为工艺基准。在标注尺寸时，最好使设计基准与工艺基准重合，以减少尺寸误差的积累，既满足设计要求，又保证工艺要求。如泵体对于进、出油孔及容纳件 3（传动齿轮轴）的孔，加工时是以底面为基准的，故底面既是设计基准，又是工艺基准。而对于容纳件 2（齿轮轴）的孔，为保证两齿轮装配后能正确啮合，加工时应以容纳件 3 的孔的轴线为基准，才能满足两孔中心距尺寸 28.76 ± 0.02 的要求。这样，在高度方向上就存在不止一个基准，根据基准作用的重要性，可分为主要基准和辅助基准。对泵体来说，两孔中心距尺寸 28.76 ± 0.02 为重要尺寸，因此，高处容纳件 3 的孔的轴线为主要基准。

② 主要尺寸应直接注出。

为避免由于加工过程中造成的误差积累，凡零件上的主要尺寸应直接从基准注出。如泵体中高度方向上两孔中心距尺寸 28.76 ± 0.02。

③ 避免出现封闭尺寸链。

封闭尺寸链是指尺寸线首尾相接，绕成一整圈的一组尺寸。如泵体零件图中的高度尺寸 64 和 50 注出后，它们之间的差值尺寸 14 则不宜注出。

④ 要符合加工顺序和便于测量。

按零件的加工顺序标注尺寸，便于看图和测量，有利于保证加工精度。如泵体零件图中高度尺寸 64 和 28.76 ± 0.02 的注法，反映了先加工上面的孔再加工下面的孔的顺序。

此外还需说明：装配图中已经注出的尺寸，应在相关零件图上直接注出。如啮合齿轮的齿顶面与泵体空腔内壁的配合尺寸 $\phi 34.5$ H8/f7，啮合齿轮的中心距 28.76 ± 0.02，进、出油口的管螺纹尺寸 G3/8，油孔中心高 50 等应直接抄注在零件图上。其中的配合尺寸，应标注公差代号或查表标注出上、下偏差数值。装配图中未注的尺寸，可按比例从装配图中量取并加以圆整。某些标准结构，如键槽、倒角、退刀槽等，应查阅有关标准标注出。

⑤ 注写表面结构代号、几何公差等技术要求。

零件的表面结构代号、几何公差等技术要求，应根据该零件在装配体中的功能以及与其他零件的关系来确定。零件的其他技术要求可用文字注写在标题栏附近。

绘制好的泵体零件图如图 8-20 所示。

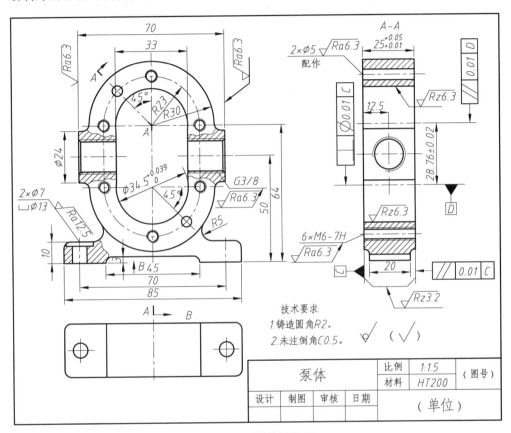

图 8-20　泵体零件图

由装配图拆画零件图，应在读懂装配图的基础上进行。装配图重点表达的是装配体的工作原理、各零件间的装配关系，而零件图应重点表达零件的结构形状、尺寸要求等信息。因此，零件图的表达方案应根据自身的结构特点重新选择，切不可从装配图中照搬。

例 3　识读图 8-21 所示的拆卸器装配图。

（1）读标题栏、明细栏概括了解。

由标题栏知道了部件名称为拆卸器，是检修时拆卸零件的工具。由明细栏了解到此拆卸器，含有 8 种零件，其中 3、6 是标准件。拆卸器总体来说是一个相对较简单的部件。

（2）分析视图。

此装配图由两个基本视图组成。

主视图主要表达了整个拆卸器的结构外形，并在上面作了全剖视，但压紧螺杆 1、把手 2、爪子 7 等紧固件或实心零件按规定均未剖，为了表达它们与其相邻零件的装配关系、又做了三个局部剖。而轴和套本不是该装配体上的零件，故用细双点划线画出其轮廓（假象画法），以体现其拆卸功能。为了节省图纸幅面，较长的把手采用了折断画法。

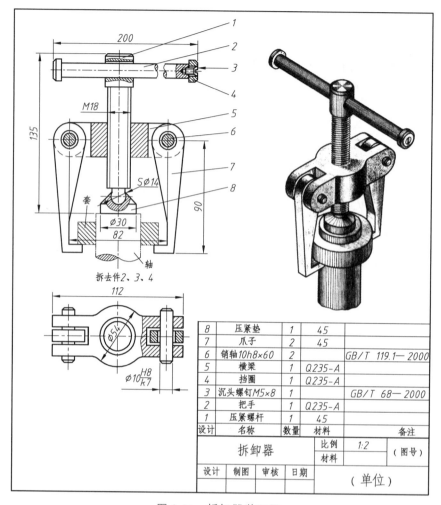

8	压紧垫	1	45	
7	爪子	2	45	
6	销轴10h8×60	2		GB/T 119.1— 2000
5	横梁	1	Q235-A	
4	挡圈	1	Q235-A	
3	沉头螺钉M5×8	1		GB/T 68— 2000
2	把手	1	Q235-A	
1	压紧螺杆	1	45	
设计	名称	数量	材料	备注

拆卸器	比例	1:2	（图号）
	材料		
设计	制图	审核	日期
			（单位）

图 8-21　拆卸器装配图

俯视图采用了拆卸画法（拆去了把手 2、沉头螺钉 3 和挡圈 4），并取了一个局部剖视，以表示销轴 6 和横梁 5 的配合情况，以及爪子与销轴和横梁的配合情况。

（3）分析工作原理和传动路线。

分析时，应从机器或部件的传动入手。该拆卸器的运动应由把手开始分析，当顺时针转动把手时，则使压紧螺杆转动。由于螺纹的作用，横梁即同时沿螺杆上升，通过横梁两端的销轴，带着两个爪子上升，被爪子勾住的零件也一起上升，直到从轴上拆下。

（4）分析尺寸和技术要求。

尺寸 82 是规格尺寸，表示此拆卸器能拆卸零件的最大外径不大于 82 mm。尺寸 112、200、135、$\phi54$ 是外形尺寸。尺寸 $\phi10$ H8/k7 是销轴与横梁孔的配合尺寸，是基孔制，过渡配合。

（5）分析装拆顺序。

装配顺序是：先把压紧螺杆 1 拧过横梁 5，把压紧垫 8 固定在压紧螺杆的球头上，在横梁 5 的两旁用销轴 6 各穿上一个爪子 7，最后穿上把手 2、再将把手的穿入端用螺钉 3 将挡圈 4 拧紧，以防止把手从压紧螺杆上脱落。

例 4 识读图 8-22～8-24 高频插座成套图样。

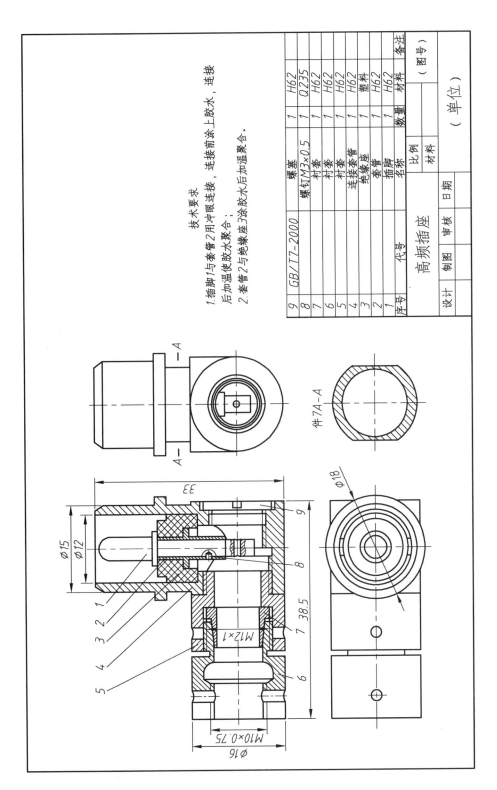

图 8-22 高频插座装配图

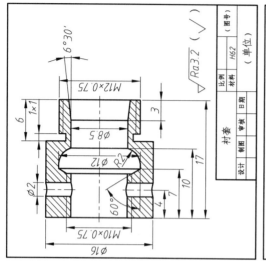

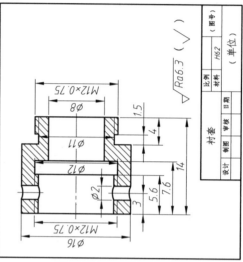

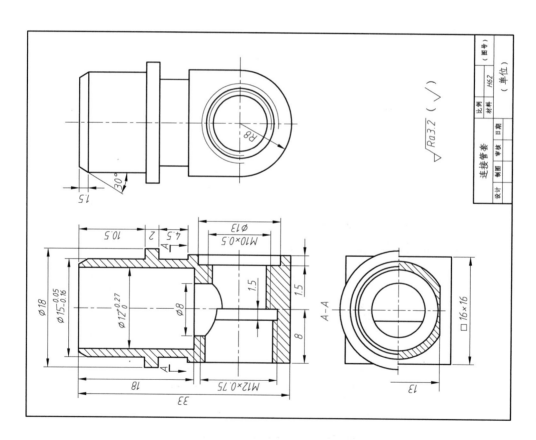

图 8-23　高频插座零件图（一）

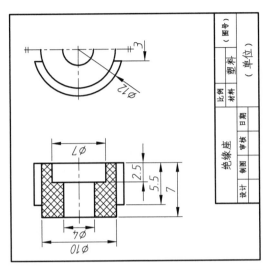

绝缘座

设计			比例		图号	（ ）
制图	审核		材料	塑料	单位	（ ）
设计	日期					

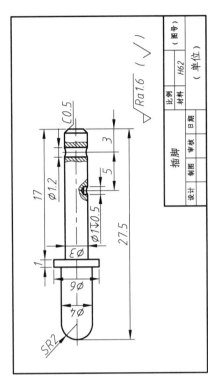

插脚

设计			比例		图号	（ ）
制图	审核		材料	H62	单位	（ ）
设计	日期					

$\sqrt{Ra1.6}$ （ $\sqrt{}$ ）

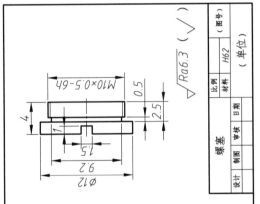

螺塞

设计			比例		图号	（ ）
制图	审核		材料	H62	单位	（ ）
设计	日期					

$\sqrt{Ra6.3}$ （ $\sqrt{}$ ）

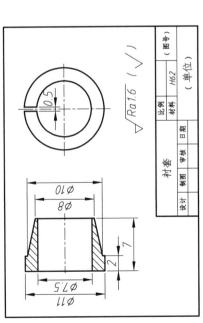

衬套

设计			比例		图号	（ ）
制图	审核		材料	H62	单位	（ ）
设计	日期					

$\sqrt{Ra1.6}$ （ $\sqrt{}$ ）

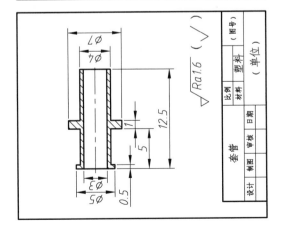

套管

设计			比例		图号	（ ）
制图	审核		材料	塑料	单位	（ ）
设计	日期					

$\sqrt{Ra1.6}$ （ $\sqrt{}$ ）

图 8-24 高频插座零件图（二）

- 211 -

（1）读标题栏、明细栏概括了解。

此装配图名称是高频插座。高频插座是用来传输电磁能的接插件，其转角是 90°。高频插座由 9 种零件组成。其材料除件 3 绝缘座为塑料和件 8 螺钉为钢外，其余均为黄铜（H62）。

（2）分析视图。

高频插座的装配图用了三个基本视图和一个表达单个零件的断面图。主视图采用了全剖视，反映了高频插座零件间的装配关系和工作原理。俯视图和左视图主要表达高频插座的外形，其中左视图也补充表达了高频插座的工作原理。A—A 断面图反映了连接管套 A—A 断面的内、外结构形状。

（3）看懂工作原理和装配关系。

主视图和左视图反映了高频插座的工作原理：导线从左端由三个衬套件（件 5、6、7）连接成的套管中穿过，连接在插脚 1 下部的小孔中，导线与插脚 1 成 90°转接，插脚上部的半圆球面与另外的插头相连接，实现电磁能的传输。

主视图表达了高频插座的装配关系：连接管套 4 与衬套 5，以及衬套 5 与 7、6 之间均用螺纹连接，衬套 7 则起束紧导线和增加衬套 6 的连接强度的作用，右下部的螺塞堵头 9，横向封闭了管路。插脚 1 与套管 2 用冲眼连接黏合，安装在绝缘座 3 上后，由上向下装入连接套管内腔。绝缘座 3 外壁与连接管套 4 内壁涂胶水后高温聚合。高频插座轴测装配图如图 8-25 所示。

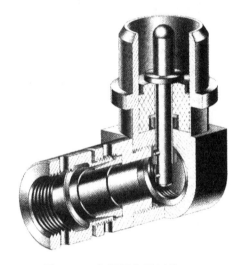

图 8-25　高频插座轴测装配图

（4）分析零件。

连接套管、衬套、插脚是高频插座的主要零件，它们的各部分结构和尺寸都有着非常密切的联系，要读懂装配图，必须仔细分析有关零件图，弄清各零件的构形设计及尺寸、公差与装配体的功能关系。

衬套 5、6、7 均为回转体类零件，装配后形成导线通路。由于高频插座属于体积较小的电工接插器件，所以内外表面均有一定的表面粗糙度要求，Ra 的上限值分别为 3.2 μm、1.6 μm、6.3 μm。

连接套管 4 是高频插座的主要零件，它的上部是回转体，下部是长方体与半圆柱的结合体，内腔主要是由多个正交的阶梯圆柱构成，在 $\phi 8$、M12、M10 正交处形成相贯线。由于连接套管上部要与外部插座配合，因此注出尺寸公差 $\phi 15_{-0.16}^{-0.05}$、$\phi 12_{0}^{+0.27}$，同时也有较高的表面粗糙度要求，Ra 的上限值为 1.6 μm。

综上所述，可以看出，零件和部件的关系是局部和整体的关系。所以在对部件进行零件分析时，一定要结合零件在部件中的作用和零件间的装配关系，并借助装配图和零件图上所标注的尺寸、技术要求等进行全面的归纳总结，形成一个完整的认识，才能达到全面读懂装配图的目的。

任务 8-3　画装配图

画装配图与画零件图的方法和步骤类似，画装配图时，先要了解装配图的工作原理，各种零件的数量及其在装配体中的功能，以及零件间的装配关系。然后由部件的特点，确定出最能清晰表达部件的表达方案，再根据零件之间的相互位置关系完成拼画。

现以铣刀头为例，说明画装配图的方法和步骤。

一、了解和分析装配体

铣刀头是安装在铣床上的一个专用部件，其作用是安装铣刀，铣削零件。图 6-6 为铣刀头装配轴测图。

为了清楚地表达铣刀头装配图的工作原理和装配关系，常用简单的线条和符号形象地画出装配示意图，供画装配图时参考，如图 8-26 所示。由图可知该部件由 16 种零件组成（其中标准件 10 件），铣刀头中主要的零件有铣刀轴、V 带轮和座体。

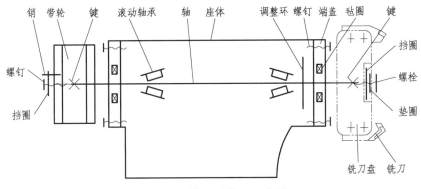

图 8-26　铣刀头装配示意图

二、确定表达方案

1. 主视图的选择

主视图应能反映部件的主要装配关系和工作原理，如图 8-27 所示，铣刀头水平放置，符合工作位置，主视图采用全剖，并在轴两端作局部剖视，清楚地表示出铣刀头的装配干线。

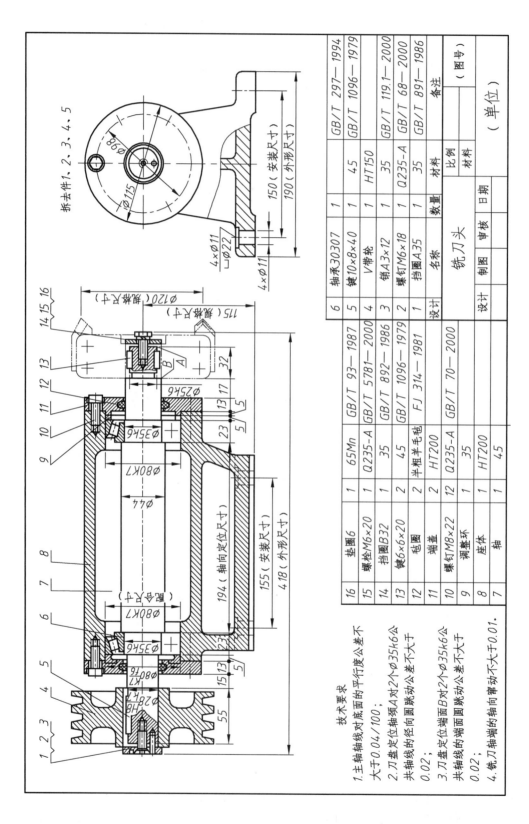

拆去件1、2、3、4、5

技术要求

1.主轴轴线对底面的平行度公差不
大于0.04/100;

2.刀盘定位轴颈A对2个∅35k6公
共轴线的径向圆跳动公差不大于
0.02;

3.刀盘定位端面B对2个∅35k6公
共轴线的端面圆跳动公差不大于
0.02;

4.铣刀轴端的轴向窜动不大于0.01。

6	轴承30307		1			GB/T 297—1994
5	键10×8×40		1	45		GB/T 1096—1979
4	V带轮		1	HT150		
3	销A3×12		1	35		GB/T 119.1—2000
2	螺钉M6×18		1	Q235-A		GB/T 68—2000
1	挡圈A35		1	35		GB/T 891—1986
设计	名称		数量	材料		备注
	铣刀头			比例		（图号）
设计				材料		
		制图	审核		日期	（单位）

16	垫圈6		1			
15	螺栓M6×20		1	65Mn		GB/T 93—1987
14	挡圈B32		1	35		GB/T 5781—2000
13	键6×6×20		2	45		GB/T 892—1986
12	毡圈		2	半粗羊毛毡		GB/T 1096—1979
11	端盖		2	HT200		FJ 314—1981
10	螺钉M8×22		12	Q235-A		GB/T 70—2000
9	调整体		1	35		
8	座体		1	HT200		
7	轴		1	45		

图 8-27 铣刀头装配图

2. 其他视图的选择

其他视图用于补充主视图尚未表达清楚的部分，同时应突出重点，尽量采用较少的视图，避免内容重复。

图 8-27 中主视图确定之后，为了表达出座体形状，增加左视图，并在左视图中采用"拆卸画法"拆去零件 1 ~ 5，同时增加局部剖视反映出安装孔和其他内容形状。

三、画装配图的一般步骤

1. 确定图幅

根据部件大小和复杂程度决定画图比例。估算各视图大小，确定各视图相对位置，确定图幅。注意要将标注尺寸、零（组）件序号编注及标题栏和明细栏所用位置考虑在内。

2. 固定图纸、布图

将图纸固定，画图框、标题栏和明细栏边界线，并画各视图的主要基准，例如主要的中心线、对称线或主要端面的轮廓线等。

3. 画底稿

从主要零件、主要视图开始，轻而细地打底稿，逐步绘制出所有零件的视图。在画图时要考虑和解决有关零件的定位和互相遮挡的问题，一般应先画可见零件，被遮挡的零件可省略不画。

例 1　绘制铣刀头装配图，并简述绘图过程。

（1）画出作图基准线（座体底面线），量取尺寸 115 画出传动轴中心线（装配干线），在左视图上画出轴的对称中心线，如图 8-28 所示。

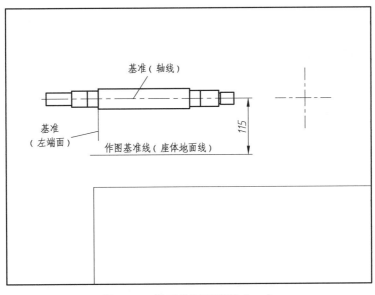

图 8-28　铣刀头画图步骤（一）

（2）画出各视图的主要轮廓，首先画出传动轴的主视图，再画出滚动轴承和座体的视图。轴承靠轴肩左端面定位，画座体时应以此端面为控制基准，根据装配时左端盖压紧轴承这个要求，就可以确定座体的位置，如图 8-29 所示。

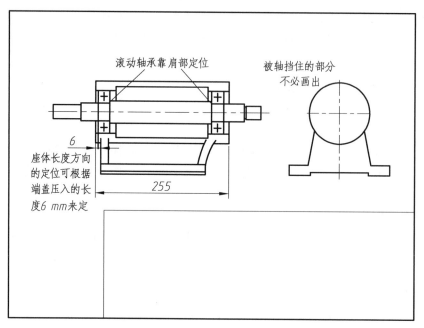

图 8-29　铣刀头画图步骤（二）

（3）画出端盖、皮带轮，再画出部件的次要结构和其他零件，如调整环、键连接、挡圈、螺钉连接等，完成细部结构，如图 8-30 所示。

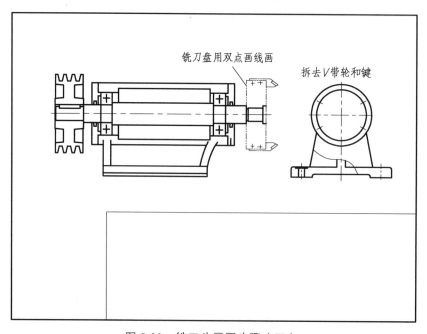

图 8-30　铣刀头画图步骤（三）

（4）进过检查后描黑、画剖面线、标注尺寸及公差配合等。

（5）编注零件序号，填写明细栏、技术要求，经过校核后，签署姓名和日期。

例 2　绘制千斤顶的装配图。

螺旋千斤顶利用螺旋传动来顶举重物，是汽车修理或机械安装等行业常用的一种起重和顶压工具，其立体图如图 8-31 所示。工作时，重物压于顶垫之上，将绞杆穿入螺旋杆上部的孔中，转动绞杆，因底座及螺套不动，则螺旋杆在做圆周运动的同时，靠螺纹配合做上、下移动，从而顶起和放下重物。螺旋套镶在底座里，并用螺钉紧定。顶垫套在螺旋杆顶部，与其球面形成传递承重的配合面，螺旋杆顶部加工出一环形槽，螺钉穿过顶垫侧面的螺孔，前端伸进环形槽里，将顶垫与螺旋杆锁住，两者不能脱开，但能作相对转动。根据千斤顶的工作原理绘制装配示意图如图 8-32 所示。

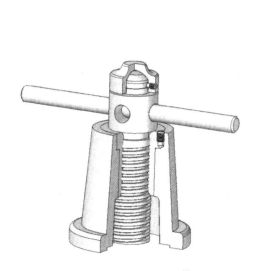

图 8-31　千斤顶立体图

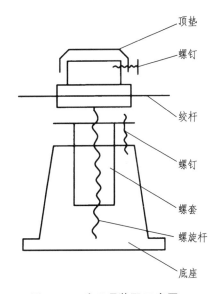

图 8-32　千斤顶装配示意图

拟定表达方案。

（1）主视图的选择。

按工作位置放置，千斤顶的工作位置也是其自然的安放位置。主视图选择全剖视图，反映千斤顶的整体形象、工作原理、装配干线、零件间的装配关系及零件的主要结构。

（2）其他视图的选择。

由于千斤顶总体结构不是很复杂，主视图已能较清楚地表达装配体的总体情况，因此不必再选择其他视图，只是为了显示绞杆穿过螺旋杆的情况，在全剖视图的主视图中，再采用一个局部剖视表达。

绘制千斤顶的步骤见表 8-1。

表 8-1　千斤顶装配图绘图步骤

绘图步骤	待装配零件
第一步	
说明　1. 选定图幅 A3，绘图比例 1∶1。视图数目为 1 个全剖的主视图，在图纸上进行布局。布局时，应留出标注尺寸、编注零件序号、书写技术要求、画标题栏和明细栏的位置。 2. 画出主视图的中心线、装配干线、基准线等。 3. 画出千斤顶的主要零件底座 7 的主要轮廓线	
第二步	
说明　4. 围绕装配干线，绘制螺套 5，注意： （1）螺套 5 的台阶面与底座 7 的沉孔面接触（定位面）、与外圆面也接触，只能画一条线。 （2）半螺纹孔轴线对齐	
第三步	
说明　5. 围绕装配干线，绘制螺旋杆 6，注意： （1）螺旋杆 6 轴端面与螺套 5 上端面为接触面（定位面），画一条线。 （2）螺旋杆 6 与螺套 5 螺纹旋合部分的画法	

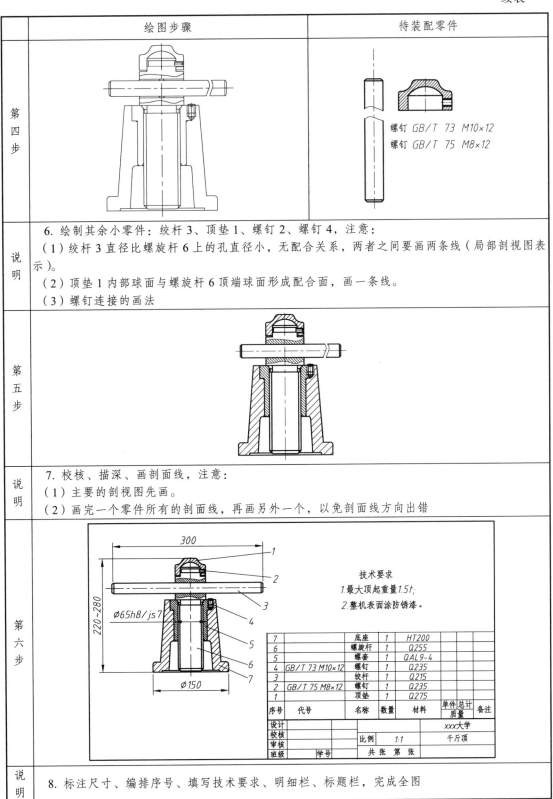

	绘图步骤	待装配零件
第四步		螺钉 *GB/T 73 M10×12* 螺钉 *GB/T 75 M8×12*
说明	6. 绘制其余小零件：绞杆 3、顶垫 1、螺钉 2、螺钉 4，注意： （1）绞杆 3 直径比螺旋杆 6 上的孔直径小，无配合关系，两者之间要画两条线（局部剖视图表示）。 （2）顶垫 1 内部球面与螺旋杆 6 顶端球面形成配合面，画一条线。 （3）螺钉连接的画法	
第五步		
说明	7. 校核、描深、画剖面线，注意： （1）主要的剖视图先画。 （2）画完一个零件所有的剖面线，再画另外一个，以免剖面线方向出错	
第六步		
说明	8. 标注尺寸、编排序号、填写技术要求、明细栏、标题栏，完成全图	

技术要求
1. 最大顶起重量1.5t；
2. 整机表面涂防锈漆。

序号	代号	名称	数量	材料	单件	总计	备注
					质量		
7		底座	1	HT200			
6		螺旋杆	1	Q255			
5		螺套	1	QAL9-4			
4	GB/T 73 M10×12	螺钉	1	Q235			
3		绞杆	1	Q215			
2	GB/T 75 M8×12	螺钉	1	Q235			
1		顶垫	1	Q275			

设计				xxx大学	
校核		比例	1:1	千斤顶	
审核					
班级		学号	共 张 第 张		

模块 9
计算机绘图

Auto CAD 是由美国 Autodesk 公司研发的计算机辅助绘图与设计软件（Computer Aided Design，CAD），是 20 世纪 80 年代以来最引人注目的开放型人机对话交互式软件包，也是目前世界上应用最广的 CAD 软件之一。Auto CAD 具有绘图效率高、精度高、图面美观清晰、便于修改、便于管理等优点。目前，Auto CAD 已广泛应用于机械、建筑、电子、航天、造船、石油化工、土木工程、冶金、地质、气象、纺织、轻工、商业等领域。

本模块将简要介绍 Auto CAD 2018 版本的绘图、编辑、图层管理、尺寸标注等基本功能。

任务 9-1　AutoCAD 2018 的基本操作

一、启动 AutoCAD 2018

双击桌面上的 Auto CAD 2018 中文版快捷图标，会弹出如图 9-1 所示的 Auto CAD 2018 绘图界面。该绘图界面主要由标题栏、菜单栏、工具栏、命令窗口、绘图窗口和状态栏等几部分组成。

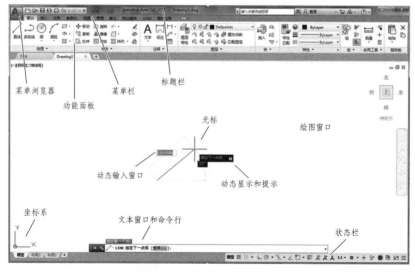

图 9-1　AutoCAD 2018 绘图界面

二、AutoCAD 2018 绘图界面

1. 标题栏

标题栏位于界面顶部的中间位置，主要是显示当前正在运行的程序名及文件名等信息，如果当前新建的图形文件尚未保存，则名称为 DrawingN.dwg（N 是数字，表示第 N 个默认图形文件）。用户可通过标题栏最右边的 3 个按钮选择最小化、最大化和关闭 Auto CAD。

2. 菜单浏览器

单击绘图界面左上角的"菜单浏览器 Ａ"按钮，则会弹出应用程序菜单，如图 9-2 所示。主要用于新建、打开、保存、打印文件。

3．快速访问工具栏

快速访问工具栏中有多个常用的命令：新建、打开、保存、另存、放弃、重做、打印等。

4．菜单栏

Auto CAD 2018 中文版的菜单栏由【文件】、【编辑】、【视图】等菜单组成，下拉菜单包括核心命令和功能。可以利用快速访问工具栏展开按钮 来显示或设置"快速访问"工具栏。如图 9-3 所示，可以"显示菜单栏"或"隐藏菜单栏"，默认情况菜单栏不显示。

图 9-2　菜单浏览器

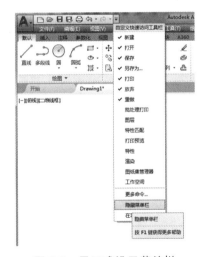

图 9-3　显示或设置菜单栏

5. 功能面板

功能面板由绘图、修改、图层等多个选项卡组成，每个选项卡的面板上包含许多控件（按钮）。不同的工作空间，功能面板的内容也是不一样的。

6. 工具栏

AutoCAD 2018 可通过选择菜单命令"工具/工作空间/工作空间设置"来选择工作空间，如选择"三维建模"工作空间，则显示出三维操作功能区按钮及工具选项板。

7. 信息中心

在绘图界面的右上方，可通过输入关键字来搜索信息。

8. 绘图窗口

绘图窗口是用户绘图的工作区域，窗口中有十字光标，左下角是坐标系图标，所有的绘图结果都显示在这个窗口中。如果图纸幅面比较大，需要查看未显示部分时，可以使用平移（pan）命令或按住鼠标中键，拖动鼠标。

9. 文本窗口和命令行

文本窗口和命令行位于绘图窗口的下方，用于接受和记录用户输入的命令，并显示 AutoCAD 操作提示的信息。该窗口是用户与 AutoCAD 进行命令交互的窗口。默认情况下，命令提示窗口只显示两行。

10. 状态栏

状态栏位于绘图界面的最底部，如图 9-4 所示，是用来显示 AutoCAD 当前的状态，如当前的坐标、命令和功能按钮的帮助说明等，单击右下角的自定义按钮，可以有更多选择。

图 9-4　状态栏

三、AutoCAD 2018 命令

1. 执行 AutoCAD 命令的方式

（1）通过在动态输入窗口或命令行直接键入命令；

（2）通过键盘输入命令快捷键；

（3）通过菜单栏点击命令按钮执行命令；

（4）通过工具栏点击命令按钮执行命令。

2. 重复执行命令的方法

按键盘上的"Enter"键或"Space"键。

3. 终止命令执行的方式

在命令的执行过程中，用户可以通过按"Esc"键或单击鼠标右键选择快捷菜单中的"取消"命令来终止 AutoCAD 命令的执行。

四、AutoCAD 2018 文件管理

在 AutoCAD 2018 中，图形文件管理包括创建新的图形文件、打开已有的图形文件、关闭图形文件，以及保存图形文件等操作。

1. 创建新图形文件

单击快速访问工具栏中的【新建】按钮，或者单击菜单浏览器按钮，在弹出的下拉菜单中单击【新建】/【图形】按钮命令，弹出如图 9-5 所示"选择样板"对话框，即可新建一个空白图形文件，设置文件名为 DrawingN.dwg（N 为 1，2，3，…，N，是系统根据文件创建的顺序给出的编号）。

图 9-5　"选择样板"对话框

也可以以选中的样板文件为样本，创建新文件，其中常用的是公制样板文件 acadiso.dwt 和英制样板文件 acad.dwt。

2. 打开图形文件

在快速访问工具栏中，单击【打开】按钮，或者选择菜单栏中的【文件】/【打开】命令，在对话框的列表中选择要打开的文件，然后单击【打开】按钮，即可打开选中的图形文件。

3. 保存图形文件

在快速访问工具栏中，单击【保存】按钮，或者选择菜单栏中的【文件】/【保存】命令，保存当前正在编辑的图形文件，如果当前图形尚未命名，可输入该文件的名称，并选择保存路径以及文件类型。

五、Auto CAD 2018 坐标系

Auto CAD 图形中各点的位置都是由坐标系来确定的。在 Auto CAD 2018 中，有两种坐标系：一个称为世界坐标系（WCS）的固定坐标系，另一个称为用户坐标系（UCS）的可移动坐标系。

1. 世界坐标系（WCS）

在 WCS 中，X 轴是水平的，Y 轴是垂直的，Z 轴垂直于 XY 平面，该坐标系存在于任何一个图形中且不可更改。世界坐标系是 Auto CAD 的默认坐标系，显示在绘图窗口的左下角位置，其原点位置有一个方块标记。

2. 用户坐标系

有时为了方便绘图，Auto CAD 允许用户根据需要改变坐标系的原点和方向，这时坐标系就变成用户坐标系（UCS）。在菜单栏【工具】/【新建 UCS】中设置，设置完成后，坐标轴原点位置的方块消失，表示用户当前的坐标系为 UCS。

六、Auto CAD 2018 绘图设置

1. 设置参数选项

（1）功能。

为了正确使用打印机、扫描仪、特殊的定点设备，或提高绘图效率，用户需要在绘制图形前先对系统参数进行必要的设置。

（2）命令执行方式。

单击菜单栏中的【选项】命令。执行命令后，可打开"选项"对话框，如图 9-6 所示。在该对话框中包含"文件""显示""打开和保存"等 10 个选项卡，用户可根据绘图需要对某些选项中相应的系统参数进行修改和调整。

（3）选项说明。

AutoCAD 2018 绘图窗口的默认背景色为暗灰色，用户可以根据自己的喜好更改绘图窗

口的背景色。在【显示】选项卡中单击【颜色】按钮，弹出"图形窗口颜色"对话框，如图9-7 所示。在"颜色"下拉列表框中可以选择合适的背景颜色。还可以根据需要调整其他属性的颜色，或恢复默认颜色（黑色）。

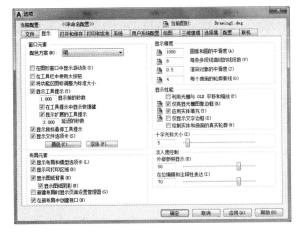

图 9-6　"选项"对话框图

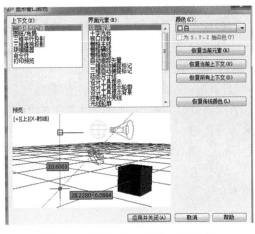

图 9-7　"图形窗口颜色"对话框

2. 设置图形单位

（1）功能。

图形单位主要是设置长度和角度的类型、精度，以及角度的起始方向。

（2）命令执行方式。

① 单击菜单栏中的【格式】/【单位】命令。

② 命令行输入：units

执行 units 命令后，弹出"图形单位"对话框，如图 9-8 所示。该对话框中包含长度、角度、插入时的缩放单位及输出样例和光源 5 个区域。

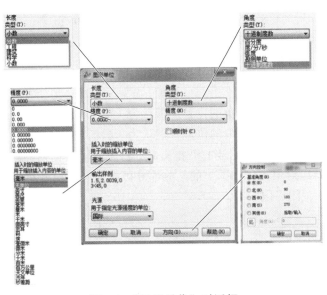

图 9-8　"图形单位"对话框

（3）选项说明。

① "长度"区域：指定测量的当前单位及当前单位的精度，有类型和精度两个参数。

类型：设置测量单位的当前格式。其中"工程"和"建筑"格式提供英尺和英寸显示并假定每个图形单位表示一尺寸。其他格式可表示任何真实单位。

精度：设置线型测量值显示的小数位数或分数大小，在 0 ~ 0.000 000 00 之间任意设置。

② "角度"区域：指定当前角度格式和当前角度显示的精度。

类型：设置当前角度格式。

精度：设置当前角度显示的精度。

顺时针：以顺时针方向计算正的角度值。默认的正角度方向是逆时针方向。当提示用户输入角度时，可以点击所需方向或输入角度，而不必考虑"顺时针"设置。

③ "插入时的缩放单位"区域：控制插入到当前图形中的块和图形的测量单位。

④ "方向"：打开方向控制对话框，可以选择基准角度的起点方向，系统默认 0°为正东的方向。

3. 设置图形界限

（1）功能。

图形界限是一个矩形绘图区域，它标明用户的工作区域和图纸边界，设置绘图界限可以避免绘制的图形超出图纸边界。

（2）命令执行方式。

① 单击菜单栏中的【格式】/【图形界限】命令。

② 命令行输入：limits。

执行"图形界限"命令后，命令提示行显示：

命令：_limits
重新设置模型空间界限：
指定左下角点或[开（ON）/关（OFF）]<0.0000，0.0000>：
指定右上角点<420.0000，297.0000>：

指定左下角点和右上角点后，系统以此为绘图的边界来进行设置。

（3）选项说明。

① 左下角点：提示输入左下角的位置，默认为（0，0）。

② 右上角点：提示输入右上角的位置，默认为（420，297）。

③ 开（ON）：打开界限检查，当打开检查时，将无法输入栅格界限外的点，因为界限检查只测试输入点，所以对象（例如圆）的某些部分可能会延伸出栅格界限。

④ 关（OFF）：关闭界限检查。

七、图　层

AutoCAD 图层是透明的电子图纸，用户把各种类型的图形元素绘制在这些电子图纸上，

AutoCAD 再自动叠加在一起显示出来。如图 9-9 所示，在图层 A 上绘制了建筑物的墙壁，在图层 B 上绘制了室内家具，在图层 C 上绘制了建筑物的电器设施，最终显示的结果是所有图层叠加的效果。

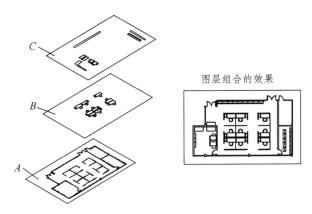

图 9-9　图层

　　图层是 AutoCAD 提供的强大功能之一，利用图层可以方便地对图形进行管理。图层就像透明的覆盖层，可以在上面对图形中的对象进行编辑。使用图层不仅可以通过改变图层的线型和颜色等属性，统一调整该图层上所有对象的线型与颜色，还可以统一对该图层上所有的对象进行隐藏、冻结图层等操作，从而为图形的绘制提供方便。

　　在工程制图中，图形中主要包括中心线、轮廓线、虚线、剖面线、标注及文字说明等元素。通过创建图层，可以将类型相似的对象指定给同一图层以使其相关联。在同一图层上作图时，所生成的图形元素的颜色、线型、线宽会与当前层的属性设置完全相同（默认情况下）。用图层来管理，不仅能使图形的各种信息清晰、便于观察，而且也会给图形的编辑、修改和输出带来很大的方便。

　　在"图层特性管理器"对话框中可以进行图层的创建与管理，如创建新图层、设置图层颜色、设置图层线型以及设置图层线宽等，如图 9-10 所示。

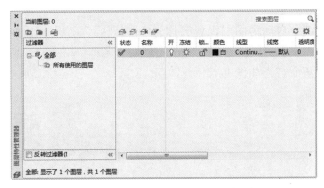

图 9-10　"图层特性管理器"对话框

　　在图层列表框中，"√"表示将某一图层置为当前图层。

　　"小灯泡"图标表示对应图层是"开"的状态。通过单击"小灯泡"图标可以实现打开和关闭图层的切换。"小灯泡"颜色为黄色，表示对应的图层是打开的；如果"小灯泡"颜色为灰色，表示对应的图层是关闭的。当图层打开时，它可见并且可以打印；当图层关闭时，它不可见并且不能打印。注意：当前图层如果是关闭的，新绘制的图形对象也是看不见的。

"太阳"图标表示对应图层解冻，"雪花"图标表示对应图层冻结，通过单击"太阳"和"雪花"图标可以实现冻结和解冻图层的切换。注意：当前图层不能冻结。如果图层被冻结，该图层上的对象不会显示或打印出来，不能在该图层绘制新的图形对象，不能编辑和修改。被解冻的图层正好相反。从可见性来看，冻结图层与关闭图层相同，但冻结图层上的对象不参与新的命令运算，而关闭图层上的对象则相反。所以，在绘制复杂图形时，冻结不需要的图层可以提高其他命令的运行速度。

"打开的锁"图标表示对应的图层解锁，"关闭的锁"图标表示对应的图层锁定，通过单击"关闭或打开的锁"可以实现锁定和解锁图层的切换。注意：当前图层可以被锁定，如果图层被锁定，则不能修改该图层上的任何对象（可以在该图层上绘图，但不能修改）。

1. 创建新图层

在默认情况下，AutoCAD 会自动创建一个 0 图层。在"图层特性管理器"对话框中，单击"新建"按钮，可在图层列表中创建一个名称为"图层 1"的新图层，如图 9-11 所示。

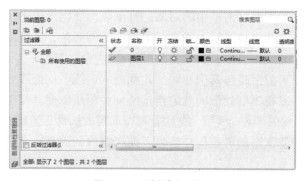

图 9-11　"新建"图层

2. 设置图层名称

创建图层后，系统会自动为图层设置名称为"图层 1""图层 2"，如果创建的图层较多，这样就不能很快地将图层区分开。这时，双击图层的"名称"单元格，切换到文字输入状态，然后以一定的规则重新命名，如图 9-12 所示。

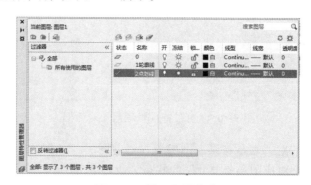

图 9-12　设置图层名称

注意：

（1）每一图层有一个名称，不能重名。

（2）"0"图层不能删除或重命名。

（3）AutoCAD 允许用户建立多个图层，但只能在当前图层绘图。

3. 设置图层颜色

为了能清楚地显示不同的图形对象，可以通过图层颜色来区分开。颜色可以单独设置，也可在图层特性中设置。

先选中需设置颜色的图层，然后单击 ■ 图标，在"选择颜色"对话框中，根据需要选择不同的颜色。

4. 设置图层线型

单击线型，在"选择线型"对话框中添加线型进行设置，如需更多线型，点击"加载"按钮添加，如图 9-13 所示。

5. 设置图层线宽

单击"图层特性管理器"中上的"线宽"下拉列表框，弹出线宽列表，从中选择所需线宽，如图 9-14 所示。

图 9-13　"加载或重载线型"对话框　　　图 9-14　"线宽设置"对话框

所有新图层中的线宽都使用默认设置（初始值为 0.01 in 或 0.25 mm）。值为 0 的线宽以指定打印设备上可打印的最细线进行打印。

注意：状态栏中的"显示/隐藏线宽"需要打开，才能在图中看到线宽的变化，默认是关闭状态。

图层设置举例如表 9-1 所示。

表 9-1　图层设置表

图层名	颜色	线型	线宽
尺寸	蓝	Continuous	默认
粗实线	白	Continuous	0.35 mm
点画线	红	CENTER2	默认
辅助线	绿	Continuous	默认
双点画线	洋红	Continuous	默认
文字	青	Continuous	默认
细实线	116	Continuous	默认
虚线	黄	DASHED	默认

八、设置线型比例

画点画线或虚线时，有时点与线段的间隙，长短不合适，需要重新设置线型比例，在菜单栏选择【格式】/【线型】命令，或直接在命令行输入 LINETYPE 命令；在弹出的对话框中对"全局比例因子"和"当前对象缩放比例"的参数进行修改。

九、AutoCAD 2018 辅助绘图工具

在用 AutoCAD 绘制图形时，除了可以使用坐标系统来精确设置点的位置，还可以直接使用鼠标在视图中单击确定点的位置。使用鼠标定位虽然方便，但是精度不高，因此 AutoCAD 提供了捕捉、对象捕捉、对象追踪、栅格等辅助功能，在不输入坐标的情况下快速、精确地绘制图形。如图 9-15 所示，这些工具主要集中在状态栏上。

图 9-15　状态栏

1. 正交模式

（1）功能：约束光标在水平方向或垂直方向移动。

（2）在状态栏中单击【正交】L 按钮，或按"F8"键，可以代开或关闭正交方式；对应的【正交】按钮的颜色也会有蓝色/灰色变化，从而控制是否以正交方式绘图。

2. 栅格显示和捕捉模式

（1）功能：【栅格显示】是在当前视口中显示栅格图案。是由水平和垂直直线构成的网格，起坐标纸的作用，可以提供直观距离和位置参照。

【捕捉模式】用于约束鼠标只能落在栅格的某个节点上，使用户能够高精确度地捕捉和选择这个栅格的点。

（2）在状态栏单击【栅格显示】▦按钮，或按"F7"键来打开和关闭栅格显示。

状态栏单击【捕捉模式】▦按钮，或按"F9"键来打开和关闭捕捉模式。

将鼠标指向状态栏中的【栅格显示】、【捕捉模式】按钮，单击鼠标右键，在弹出菜单中选择"网格设置…"，将打开"草图设置"对话框，如图 9-16 所示。编辑"捕捉和栅格"面板中的参数，可以设置捕捉间距等数据。

图 9-16　"捕捉和栅格"面板

3. 极轴追踪

单击"极轴追踪"打开其面板，如图 9-17 所示。当鼠标移动到已设定的参数附近时，将捕捉到"增量角""附加角"和"增量角"的倍数角。注意：极轴追踪和正交模式不能同时打开。

图 9-17　"极轴追踪"面板

4. 对象捕捉

在绘图过程中，用户经常要用到一些特殊的点，例如圆心、切点、线段或圆弧的端点、中点等等，为了更加迅速地捕捉到这些特殊点，可以利用【对象捕捉】功能精确定位绘制图形。

利用状态栏实现对象捕捉。用鼠标右键点击状态栏"对象捕捉"按钮进行选择，也可以先选择"对象捕捉设置"，在弹出对象捕捉设置窗口中统一设置，如图 9-18 所示。

图 9-18 "对象捕捉"面板

任务 9-2 AutoCAD 2018 的基本图形绘制

一、绘制直线

1. 功　能

直线命令可以绘制一条或多条连续的线段，但每一条线段都是一个独立的图像对象，可以对任何一条线段单独进行编辑操作。

2. 命令执行方式

（1）单击菜单栏中的【绘图】/【直线】命令。

（2）单击"绘图"功能区的"直线"按钮 ∕。

（3）命令行输入：line/l。

3. 选项说明

执行"直线"命令后，命令提示行将显示：

命令：_line

指定第一个点：　　　/*指定点或按"Enter"键从上一条绘制的直线或圆弧继续绘制*/

指定下一点或［关闭（C）/放弃（U）］：

（1）用鼠标左键在屏幕中点击直线一端点，拖动鼠标，确定直线方向，在命令行输入长度，按"Enter"键即可。

（2）根据直角坐标格式、极坐标格式绘制线段（一定要在英文输入法状态下输入）。直线命令只要给出两端点的坐标位置，即可完成一条线段的绘制。几种输入格式如下：

① 绝对直角坐标格式："X, Y"（实际输入时不加双引号）。

例：10, 20　表示该点相对于原点 X 坐标为 10，Y 坐标为 20。

② 相对直角坐标格式："@X, Y"，"@"符号表示该坐标值为相对坐标（实际输入时不加双引号）。

例：@10, −20　表示该点与前一点的距离在 X 轴方向为 10，在 Y 轴方向为 −20。

③ 绝对极坐标格式："$L<\alpha$"，L 表示该点距原点的连线长度，α 表示两点连线与当前坐标系 X 轴所成的角度。系统规定以 X 轴正向为基线，逆时针方向的角度为正值，顺时针方向的角度为负值。

例：10<30　表示该点相对于原点的距离为 10，与 X 轴正方向的夹角为 30°。

④ 相对极坐标格式："@$L<\alpha$"，L 表示该点距前一点的连线长度，α 表示该点与前一点连线与当前坐标系 X 轴所成的角度。

例：@10<45　表示该点相对于前一点距离为 10，两点连线相对于 X 轴的夹角为 45°。

【应用 1】绘制如图 9-19 所示图形。

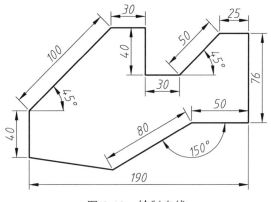

图 9-19　绘制直线

绘图步骤如下：

在功能区单击【常用】选项卡/【绘图】面板/【直线】按钮，命令提示行显示：

命令：_line

指定第一点：#95, 185↙　/*输入绝对坐标，以确定图形的起点。也可以随机指定一点作为图形的起点*/

指定下一点或［放弃（U）］：@0, 40↙

指定下一点或［放弃（U）］：@100<45↙

指定下一点或［闭合（C）/放弃（U）］：@30，0↙

指定下一点或［闭合（C）/放弃（U）］：@0，-40↙

指定下一点或［闭合（C）/放弃（U）］：@30，0↙

指定下一点或［闭合（C）/放弃（U）］：@50<45↙

指定下一点或［闭合（C）/放弃（U）］：@25，0↙

指定下一点或［闭合（C）/放弃（U）］：@0，-76↙

指定下一点或［闭合（C）/放弃（U）］：@-50，0↙

指定下一点或［闭合（C）/放弃（U）］：@80<-150↙

指定下一点或［闭合（C）/放弃（U）］：c

结果如图 9-19 所示。

提示：在绘图时会有一些需要修改和删除的图形对象，除了使用"放弃（U）"命令外，还可以使用"删除"（erase）、"修剪"（trim）等命令。

二、绘制圆

1. 功　能

创建圆。在 AutoCAD 2018 中，可以使用 6 种方式绘制圆，如图 9-20 所示。

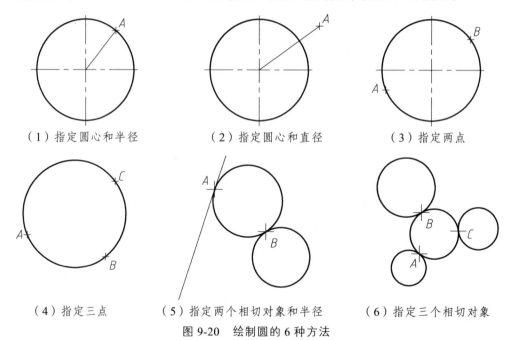

（1）指定圆心和半径　　（2）指定圆心和直径　　（3）指定两点

（4）指定三点　　（5）指定两个相切对象和半径　　（6）指定三个相切对象

图 9-20　绘制圆的 6 种方法

2. 命令执行方式

（1）单击菜单栏中的【绘图】/【圆】命令。

（2）单击"绘图"功能区的"圆"按钮 。

（3）命令行输入：circle/c。

3. 选项说明

执行"圆"命令后，命令提示行显示：

命令：_circle

指定圆的圆心或［三点（3P）/两点（2P）/相切、相切、半径（T）］：指定点或输入选项

用户可以在命令行中，选择所需选项，也可以使用按钮命令或菜单命令绘制相应的圆。

【应用 2】绘制如图 9-21 所示图形（图中的坐标均为绝对坐标）。

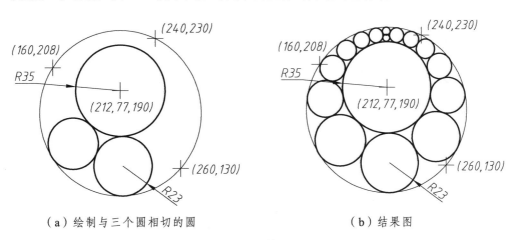

（a）绘制与三个圆相切的圆　　　　　　　　　　（b）结果图

图 9-21　绘制圆

操作步骤如下：

（1）绘制通过已知 3 点的圆。

功能区单击【常用】/【绘图】/【圆】/【三点】按钮，命令提示行显示：

命令：_circle

指定圆的圆心或［三点（3P）/两点（2P）/切点、切点、半径（T）］：_3p

指定圆上的第一个点：#160，208↙

指定圆上的第二个点：#240，230↙

指定圆上的第三个点：#260，130↙

（2）绘制已知圆心和半径的圆 R35。

功能区单击【常用】/【绘图】/【圆】/【圆心、半径】按钮，命令提示行显示：

命令：_circle

指定圆的圆心或［三点（3P）/两点（2P）/切点、切点、半径（T）］：#212.77，190↙

指定圆上的半径或［直径（D）］：35↙

（3）绘制与 2 个圆相切的圆 R23。

功能区单击【常用】/【绘图】/【圆】/【相切、相切、半径】按钮，命令提示行显示：

命令：_circle

指定圆的圆心或［三点（3P）/两点（2P）/切点、切点、半径（T）］：_ttr

指定对象与圆的第一个切点：/*在三点圆上拾取第一个切点*/

指定对象与圆的第二个切点：/*在圆 R35 上拾取第二个切点*/

指定圆的半径或<35.00>：23↙

（4）绘制与 3 个圆相切的圆。

功能区单击【常用】/【绘图】/【圆】/【相切、相切、相切】按钮，分别捕捉圆 *R*23、*R*35 和外圆，绘制 3 点相切的圆，如图 9-21（a）所示。继续用【相切、相切、相切】的方法绘制其他的圆，最终绘制结果如图 9-21（b）所示。

三、绘制圆弧

1. 功　能

绘制圆弧。

2. 命令执行方式

（1）单击菜单栏中的【绘图】/【圆弧】命令。

（2）单击"绘图"功能区的"圆弧"按钮 ⌒ 。

（3）命令行输入：arc/a。

3. 选项说明

执行"圆弧"命令后，命令提示行显示：

命令：_arc

指定圆弧的起点或［圆心（C）］：

结合 AutoCAD 给出的不同提示，根据不同的条件，可以指定三点或者以圆心、端点、起点、半径、角度、弦长、方向的相应组合形式来绘制圆弧，共有 11 种方法。以下对常用的几种方法进行说明。

（1）起点、圆心、端点：首先指定圆弧的起点，然后指定圆心，最后指定圆弧的终点来绘制圆弧。

（2）起点、圆心、角度：首先指定圆弧的起点，然后指定圆心，最后指定圆弧所对应的圆心角来绘制圆弧。

在"指定包含角:"提示下输入角度值。默认情况下，如果输入角度为正，则是从起点绕圆心逆时针方向绘制圆弧；如果输入角度为负，则沿顺时针绘制圆弧。

（3）起点、端点、半径：首先指定圆弧的起点，然后指定圆弧的终点，最后指定圆弧的半径来绘制圆弧。

【应用 3】绘制如图 9-22 所示圆垫片。

操作步骤如下：

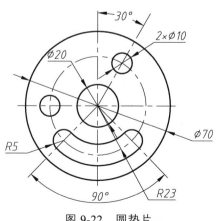

图 9-22　圆垫片

（1）绘制直线。

绘制倾斜的细点划线时，要打开状态栏的【极轴追踪】按钮，并将"增量角"设为 30°和 45°，或采用输入相对极坐标方法绘制斜线。

功能区单击【常用】/【绘图】/【直线】按钮，命令提示行显示：

命令：_line
指定第一个点：/*鼠标拾取点划线的位置*/

（2）绘制圆。

分别绘制 $\phi20$、$\phi10$ 和 $\phi70$ 的粗实线圆，$R23$ 的细点划线圆。圆心利用状态栏的【对象捕捉】拾取。

功能区单击【常用】/【绘图】/【圆】按钮，命令提示行显示：

命令：_circle
指定圆的圆心或［三点（3P）/两点（2P）/切点、切点、半径（T）］：/*鼠标拾取圆心位置*/
指定圆上的半径或［直径（D）］：10✓

（3）绘制圆弧。

分别绘制 2 个 $R5$ 的粗实线圆弧以及中间圆弧。圆心利用状态栏的【对象捕捉】拾取。
功能区单击【常用】/【绘图】/【圆弧】/【圆心、起点、端点】按钮，命令提示行显示：

命令：_arc
指定圆弧的圆心：/*鼠标拾取左下角 R5 圆心位置*/
指定圆弧的起点：@5<45✓
指定圆弧的端点（按住 Ctrl 键以切换方向）或[角度（A）弦长（L）]：@5<-135✓
指定圆弧的圆心：/*鼠标拾取右下角 R5 圆心位置*/
指定圆弧的起点：@5<-45✓
指定圆弧的端点（按住 Ctrl 键以切换方向）或[角度（A）弦长（L）]：@5<135✓

功能区单击【常用】/【绘图】/【圆弧】/【起点、圆心、端点】按钮，绘制连接 $R5$ 的两段中间圆弧（注意：从起点到端点逆时针绘制圆弧），命令提示行显示：

指定圆弧的起点或[圆心（C）]：/*鼠标拾取左下角 R5 圆弧的端点为中间圆弧的起点位置*/
指定圆弧的圆心：/*鼠标拾取 $\phi20$ 圆的圆心位置*/
指定圆弧的端点（按住 Ctrl 键以切换方向）或[角度（A）弦长（L）]：/*鼠标拾取右下角 R5 圆弧的端点为中间圆弧的端点位置*/

（4）检查、保存。

最终绘制结果如图 9-22 所示。

四、绘制矩形

矩形是比直线要复杂的图形，虽然矩形是由多条线段构成，但在 Auto CAD 2012 中，它是单独的图形对象。

1. 功　能

绘制矩形多段线。

2. 命令执行方式

（1）单击菜单栏中的【绘图】/【矩形】命令。
（2）单击"绘图"功能区的"矩形"按钮▭。
（3）命令行输入：rectang/rec。

3. 选项说明

执行"矩形"命令后，命令提示行显示：

命令：_rectang
指定第一个角点或［倒角（C）/标高（E）/圆角（F）/厚度（T）/宽度（W）］：

指定矩形的第一个角点位置后（默认选项），命令提示行继续显示：

指定另一个角点或［面积（A）/尺寸（D）/旋转（R）］：

"面积"选项　根据面积绘制矩形。
"尺寸"选项　根据矩形的长和宽绘制矩形。
"旋转"选项表示绘制按指定角度放置的矩形。

五、绘制正多边形

1. 功　能

绘制正多边形，可创建具有 3～1 024 条边的正多边形。

2. 命令执行方式

（1）单击菜单栏中的【绘图】/【多边形】命令。
（2）单击"绘图"功能区的"多边形"按钮⬠。
（3）命令行输入：polygon。

3. 选项说明

执行"多边形"命令后，命令提示行显示：

命令：_polygon
输入侧边数<4>：/*确定多边形的边数*/
指定正多边形的中心点或［边（E）］：

（1）指定正多边形的中心点。
默认是按"指定的正多边形的中心点"绘制正多边形，确认该选项后，命令提示行显示：

输入选项［内接于圆（I）/外切于圆（C）］<I>：

选择"内接于圆（I）"或"外切于圆（C）"选项后，再输入半径，即可绘制出正多边形。

（2）指定正多边形的边（E）。

根据多边形某一条边的两个端点来绘制正多边形。执行该选项后，命令提示行显示：

指定正多边形的中心点或［边（E）］：_e
指定边的第一个端点：
指定边的第二个端点：/*两点确定边长*/

即可绘制出正多边形。注意：多边形的第一个端点到第二个端点，是按逆时针方向绘制。

【应用4】绘制如图 9-23 所示的六角螺母。

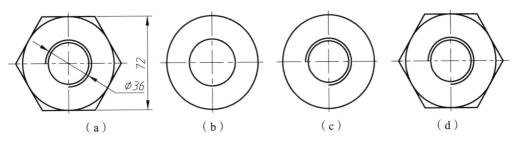

（a）　　　　　　（b）　　　　　　（c）　　　　　　（d）

图 9-23　六角螺母

操作步骤如下：

（1）绘制圆。

分别绘制 $\phi32$ 和 $\phi72$ 的圆。

功能区单击【常用】/【绘图】/【圆心，半径】按钮，命令提示行显示：

命令：_circle
指定圆的圆心或［三点（3P）/两点（2P）/切点、切点、半径（T）］：＃150，150↙
指定圆的半径或［直径（D）］：36↙

单击【常用】/【绘图】/【圆心，半径】按钮，命令提示行显示：

命令：_circle
指定圆的圆心或［三点（3P）/两点（2P）/切点、切点、半径（T）］：/*捕捉 $\phi72$ 的圆心*/
指定圆的半径或［直径（D）］：16↙

结果如图 9-23（b）所示。

（2）绘制圆弧。

可以根据实际需要选用适当的方式，例如此时用"圆心、起点、角度"画圆弧。

单击【常用】/【绘图】/【圆弧】/【圆心、起点、角度】按钮，命令提示行显示：

命令：_arc
指定圆弧的起点或［圆心（C）］：_c　　　　/*指定圆弧的圆心：捕捉圆心点*/
指定圆弧的起点：@0，－18

指定圆弧的端点或［角度（A）/弦长（L）］：_a

指定包含角：270↙

结果如图 9-23（c）所示。

（3）绘制正六边形。

单击【常用】/【绘图】/【多边形】按钮，命令提示行显示：

命令：_polygon

输入侧边数<4>：6↙

指定正多边形的中心点或［边（E）］：/*捕捉圆心点*/

输入选项［内接于圆（I）/外切于圆（C）］<I>：_c

指定圆的半径：36↙

结果如图 9-23（d）所示。

（4）检查、保存。

检查图形，并以文件名"六角螺母.dwg"保存。

任务 9-3　AutoCAD 2018 的基本编辑命令

在 AutoCAD 中，单纯地使用绘图命令和绘图工具是不能绘制出复杂的图形，这时就必须借助于图形编辑命令。编辑命令可以帮助用户合理地构造出完美的图形，保证绘图的准确性，简化绘图操作。

一、选择对象

在 AutoCAD 执行编辑命令时，命令行会提示"选择对象"，一般可以选择对象再执行编辑命令，也可先执行编辑命令再选择对象。AutoCAD 2018 提供了多重选择编辑对象的方法，下面介绍常用的几种方法。

1. 点选方式

在编辑命令提示"选择对象"时，十字光标变成矩形，称为拾取框。移动拾取框光标至被选对象上单击，对象变成虚线形式显示，表示该对象已选中。再次单击其他对象时，两者均被选中，取消选择方法是按"shift"的同时单击被选中的对象，这种方法适合选择少量或分散的对象。

2. 自动（默认矩形窗口选择）

用户单击鼠标确定一个角点后，再从左往右拖动鼠标创建矩形区域，单击后，仅选择完全位于矩形窗口内的对象。窗口显示的矩形区域为实线、蓝色方框。

用户单击鼠标确定一个角点后，再从右往左拖动鼠标创建矩形区域，单击后，可选择矩形窗口完全包围的或与矩形窗口相交的对象。窗口显示的矩形区域为虚线、绿色方框。

3. 栏选方式

在复杂图形中，可以通过栏选方式选择对象。在命令行输入"select"命令，提示"选择对象"时，输入"F↙"，即可进行栏选当时选择对象。栏选方式，就是在视图中绘制直线，直线经过的对象都被选中。

二、删除对象

1. 功　能

删除选中的对象。

2. 命令执行方式

（1）单击菜单栏中的【修改】/【删除】命令。
（2）单击"修改"功能区的"删除"按钮 。
（3）命令行输入：erase/e。
（4）快捷菜单：选择要删除的对象，在绘图区域单击鼠标右键，选择"删除"。

3. 选项说明

通常，当发出"删除"命令后，需要选择要删除的对象，然后按"Enter"键或"Space"键结束对象选择，同时删除已选择的对象，完成命令。

对象的删除也可在命令状态下，先选择对象，再直接按键盘上的"Delete"键，来删除选择的对象。

三、移动对象

1. 功　能

在指定方向上按指定距离移动对象。

2. 命令执行方式

（1）单击菜单栏中的【修改】/【移动】命令。
（2）单击"修改"功能区的"移动"按钮 。
（3）命令行输入：move/m。
（4）快捷菜单：选择要移动的对象，在绘图区域单击鼠标右键，选择"移动"。

3. 选项说明

执行"移动"命令后，命令提示行显示：

命令：_move

选择对象：

选择对象：/*也可以继续选择对象*/

指定基点或［位移（D）］<位移>：/*指定基点或输入选项*/

指定基点。该选项为默认选项，执行该选项后，指定基点（指移动操作时的基准点。一般是指进行某种操作的基准点，常选择一些关键点作为基点，如圆心、对称点等）后，命令提示行显示：

指定第二个点或<使用第一个点作为位移>：/*此时可以输入第二点坐标，或者通过鼠标给定方向再输入移动距离*/

四、旋转对象

1. 功　能

将选中的对象绕基点旋转指定的角度。

2. 命令执行方式

（1）单击菜单栏中的【修改】/【旋转】命令。

（2）单击"修改"功能区的"旋转"按钮○。

（3）命令行输入：rotate/ro。

（4）快捷菜单：选择要旋转的对象，在绘图区域单击鼠标右键，选择"旋转"。

3. 选项说明

执行"旋转"命令后，命令提示行显示：

命令：_rotate

UCS 当前的正角方向：ANGDIR = 逆时针　ANGBASE = 0

选择对象：

选择对象：/*也可以继续选择对象*/

指定基点：/*指定基点*/

指定旋转角度，或［复制（C）/参照（R）］<0>：

（1）指定旋转角度。

该选项为默认选项，执行该选项，输入旋转角度后，则被选择的对象旋转指定的角度。

（2）复制（C）。

执行该选项，则会在旋转后保留原对象。

（3）参照（R）。

执行该选项，将以参照方式旋转对象，需要依次指定参照方向的角度和相对于参照方向的角度。

五、修剪对象

1. 功　能

修剪命令可以使选择的对象精确地终止于其他对象的边界。

2. 命令执行方式

（1）单击菜单栏中的【修改】/【修剪】命令。

（2）单击"修改"功能区的"修剪"按钮 ⊬ 。

（3）命令行输入：trim/tr。

3. 选项说明

执行"修剪"命令后，命令提示行显示：

命令：_trim

当前设置：投影 = UCS，边 = 无

选择剪切边…

选择对象或<全部选择>：/*选择一个或多个对象并按"Enter"或"Space"键，或者直接按"Enter"或"Space"键选择多有显示的对象*/

选择要修剪的对象，或按住 shift 键选择要延伸的对象，或［栏选（F）/窗交（C）/投影（P）/边（E）/删除（R）/放弃（U）］：/*选择要修剪的对象、按住"Shift"键选择要延伸的对象，或输入选项*/

要修剪对象，首先选择修剪边界，然后按"Enter"键，并选择要修剪的对象。如果要将所有对象作为修剪边界，则在首次出现"选择对象"提示时按"Enter"键（即全部选择）。

修剪边界可同时作为被修剪边。默认情况下，选择要修剪的对象（即选择被修剪边），系统将以修剪边为界，将被修剪对象上位于拾取点一侧的部分剪切掉。如果按下"Shift"键，同时选择与修剪边不相交的对象，修剪边将变为延伸边界，将选择的对象延伸至与修剪边界相交。

【应用 5】使用修剪命令来编辑 9-24（a）的原图，完成如 9-24（c）的绘制。

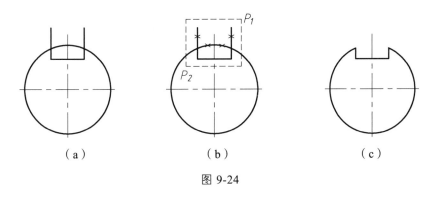

（a）　　　　　　　　（b）　　　　　　　　（c）

图 9-24

操作步骤如下：

功能区单击【常用】/【修改】/【修剪】按钮，命令提示行显示：

命令：_trim

当前设置：投影＝UCS，边＝无

选择剪切边…

选择对象 或 <全部选择>：指定对角点：找到 6 个↙/*通过分别单击 P1、P2 点的窗交方式选择修剪边界*/

选择要修剪的对象，或按住"Shift"键选择要延伸的对象，或[栏选（F）/窗交（C）/投影（P）/边（E）/删除（R）/放弃（U）]：/*依次单击画"✕"的部分*/

修剪后的效果如图 9-24（c）所示。

六、缩放对象

1. 功　能

放大或缩小选中的对象，如图 9-25 所示。

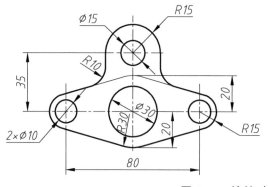
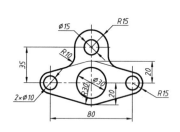

图 9-25　缩放对象

2. 命令执行方式

（1）单击菜单栏中的【修改】/【缩放】命令。

（2）单击"修改"功能区的"缩放"按钮 。

（3）命令行输入：scale/sc。

3. 选项说明

执行"缩放"命令后，命令提示行显示：

命令：_scale

选择对象：/*选择要缩放的对象*/

选择对象：/*也可以继续选择对象*/↙

指定基点：/*确定基点位置，基点表示选定对象的大小发生改变时位置保持不变的点*/

指定比例因子或[复制（C）/参照（R）]：

（1）指定比例因子：确定缩放比例因子，为默认项。

输入比例因子后按"Enter"键或"Space"键，AutoCAD 将所选择的对象按照比例因子进行缩放，且 0<比例因子<1 时缩小对象，比例因子>1 时放大对象。

（2）复制（C）：创建出缩小或放大的对象后仍保留对象。

七、复制对象

1. 功　能

将选定的对象复制到指定位置。复制命令是对选中对象的精确复制。

2. 命令执行方式

（1）单击菜单栏中的【修改】/【复制】命令。
（2）单击"修改"功能区的"复制"按钮 。
（3）命令行输入：copy/co。
（4）快捷菜单：选择要复制的对象，在绘图区域单击鼠标右键，选择"复制选择"命令。

3. 选项说明

执行"复制"命令后，命令提示行显示：

命令：_copy
选择对象：
当前设置：复制模式 = 多个
指定基点或[位移（D）/模式（O）]<位移>：/*指定基点或输入选项*/
指定第二个点或[阵列（A）]<使用第一个点作为位移>：/*指定第二个点或输入选项*/

（1）位移：使用坐标指定相对距离和方向。
（2）模式：控制命令是否自动复制，包括单个复制、多个复制（默认选项）。

使用"copy"命令只能在同一个图形文件进行复制，如果要在不同的文件之间进行复制，应采用复制命令"copyclip"（在绘图区域中单击鼠标右键，选择"剪贴板"/"复制（C）"），它将复制对象到 Windows 的剪贴板中，然后在另一个图形文件中用粘贴命令"pasteclip"（在绘图区域中单击鼠标右键，单击"剪贴板"/"粘贴（P）"），将剪贴板中的内容粘贴到图形文件中。

八、镜像对象

1. 功　能

将选中的对象相对于指定的镜像线进行对称复制。镜像对象常用于对称图形的绘制，如图 9-26 所示。

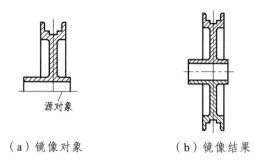

（a）镜像对象　　　　　　　　（b）镜像结果

图 9-26　图形镜像

2. 命令执行方式

（1）单击菜单栏中的【修改】/【镜像】命令。

（2）单击"修改"功能区的"镜像"按钮◢◣。

（3）命令行输入：mirror。

3. 选项说明

执行"镜像"命令后，命令提示行显示：

命令：_mirror
选择对象：
选择对象：
指定镜像线的第一点：/*确定镜像线的第一点*/
指定镜像线的第二点：/*确定镜像线的第二点*/
要删除源对象吗？[是（Y）/否（N)]<N>：

当命令行提示"是否删除源对象"时，如果直接按"Enter"键或"Space"键，即执行默认选项"否（N）"，则镜像复制对象，并保留原来的对象；如果输入"Y"，则在镜像复制对象的同时删除原对象。

九、偏移对象

1. 功　能

可创建同心圆、平行线或等距曲线。偏移对象又称为偏移复制，是对单一对象的精确复制或相似复制，常利用"偏移"命令的特性创建平行线或等距分布图形，如图 9-27 所示。

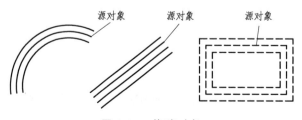

图 9-27　偏移对象

2. 命令执行方式

（1）单击菜单栏中的【修改】/【偏移】命令。

（2）单击"修改"功能区的"偏移"按钮 。

（3）命令行输入：offset/o。

3. 选项说明

执行"偏移"命令后，命令提示行显示：

命令：_offset
当前设置：删除源 = 否　图层 = 源　OFFSETGAPTYPE = 0
指定偏移距离或 [通过（T）/删除（E）/图层（L）] <通过>：/*指定距离、输入选项或按[Enter]*/

（1）指定偏移距离：在距现有对象指定的距离创建对象。

指定偏移距离后，AutoCAD 提示：

选择要偏移的对象，或 [退出（E）/放弃（U）] <退出>：/*选择要偏移的对象*/
指定要偏移的那一侧上的点，或 [退出（E）/多个（M）/放弃（U）] <退出>：

① 退出（E）退出"offset"命令。

② 多个（M）输入"多个"偏移模式，这将使用当前偏移距离重复进行偏移操作。

③ 放弃（U）恢复前一个偏移。

（2）删除（E）：偏移源对象后将其删除。

十、阵列对象

1. 功　能

将对象选中后进行矩形、环形或沿路径多重复制。阵列对象可对一个或多个对象精准复制。

2. 命令执行方式

（1）单击菜单栏中的【修改】/【阵列】/【矩形阵列】、【路径阵列】、【环形阵列】命令。

（2）单击"修改"功能区的"阵列"按钮 。

（3）命令行输入：array/ar。

3. 选项说明

（1）矩形阵列：按任意行、列分布对象副本。

执行"矩形阵列"命令后，命令提示行显示：

命令：_arrayrect

选择对象：/*选中对象*/

选择对象：/*选择完成*/

类型＝矩形　关联＝是

为项目数指定对角点或[基点（B）/角度（A）/计数（C）]<计数>：输入选项或↙

① 为项目数指定对角点：该选项为默认选项。

执行该选项，AutoCAD 提示：

指定对角点以间隔项目或[间距（S）]<间距>：/*确定对角点*/

鼠标指定或调整矩形阵列的区域：行数和行间距、列数和列间距、阵列角度等，然后 AutoCAD 提示：

按 Enter 键接受或[关联（AS）/基点（B）/行（R）/列（C）/层/退出（X）] <退出>：

a. 关联（AS）是指是否把阵列后的图形作为组合对象，或作为一个个独立的对象。

b. 基点（B）是指定阵列的基准点。

c. 行（R）是设置阵列中的行数和行间距；列（C）是设置阵列中的列数和列间距。

d. 退出（X）是退出阵列命令。

② 计数（C）。

执行该选项，AutoCAD 提示：

输入行数或[表达式（E）]<4>：/*输入行数*/

输入列数或[表达式（E）]<4>：/*输入列数*/

需要分别设置阵列中的行数和行间距、列数和列间距。

③ 基点（B）。

执行该选项时，AutoCAD 提示：

指定基点或[关键点（K）] <质心>：/*确定基点或用某关键点作为基点*/

a. 指定基点 是指定阵列的基点。

b. 关键点（K）是指对于关联阵列，在原图上指定有效的特征点。

④ 角度（A）。

执行该选项，AutoCAD 提示：

指定行轴角度<0d> ：/*确定行轴角度*/

需要指定行轴（阵列后最下方一行倾斜角度）的旋转角度。行和列保持相互正交。对于关联阵列，可以稍后编辑各个行和列的角度。

矩形阵列执行前后对比如图 9-28 所示。

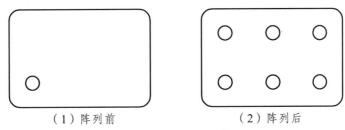

（1）阵列前　　　　　　　　（2）阵列后

图 9-28　矩形阵列

（2）环形阵列：围绕指定的中心点复制选定对象来创建阵列。

执行"环形阵列"命令后，命令提示行显示：

命令：_arraypolar
选择对象：
选择对象：
类型 = 极轴　关联 = 是
指定阵列的中心点或 [基点（B）/旋转轴（A）]：/*鼠标指定阵列的中心或输入选项*/↙

① 指定阵列的中心点。

该选项为默认选项，指定阵列的中心点后，AutoCAD 提示：

输入项目数或 [项目间角度（A）/表达式（E）] <4>：/*指定项目数或输入选项*/

a. 输入项目数　是指定阵列中的对象个数。

b. 项目间角度（A）是指定项目之间的角度。

指定项目数或输入选项后，AutoCAD 提示：

指定填充角度（ + = 逆时针、 − = 顺时针）或 [表达式（EX）] <360>：

指定填充角度是指定阵列中第一个和最后一个对象之间的角度。

指定填充角度或输入选项后，AutoCAD 提示：

按 Enter 键接受或 [关联（AS）/基点（B）/项目（I）/项目间角度（A）/填充角度（F）/行（ROW）/层（L）/旋转项目（ROT）/退出（X）]

a. 项目间角度（A）是指定对象之间的角度。

b. 填充角度（F）是指定阵列中第一个和最后一个对象之间的角度。

c. 旋转项目（ROT）是选择在阵列对象时是否旋转对象。

② 基点（B）是指定阵列对象的基点。

环形阵列执行前后对比如图 9-29 所示。

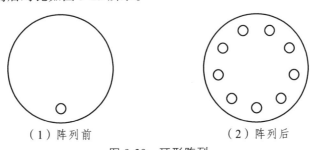

（1）阵列前　　　　　　　　（2）阵列后

图 9-29　环形阵列

（3）阵列的编辑。

若创建了关联阵列对象后，选中关联的阵列对象时，会显示阵列编辑器功能区上下文选项卡。图 9-30 是环形阵列上下文选项卡。在环形阵列上下文选项卡中所显示的选项，可方便地对关联阵列对象进行编辑操作。编辑完成后，按"Esc"键即可关闭阵列选项卡。

图 9-30　关联阵列上下文选项卡

任务 9-4　AutoCAD 2018 的注释图形与尺寸标注

一、图案填充

1. 功　能

机械制图中的剖视图和断面图绘制，需要在不同的剖切面区域填充图案，以便区分不同的零部件或材料。可通过填充图案和渐变填充来填充封闭的区域。

2. 命令执行方式

（1）单击菜单栏中的【绘图】/【图案填充】命令。

（2）单击"绘图"功能区的"图案填充"按钮 。

（3）命令行输入：hatch/h。

3. 选项说明

执行"图案填充"命令后，命令提示行显示：

命令：_hatch

拾取内部点或[选择对象（S）/设置（T）]：/*在填充区域边界内选择拾取点后自动填充*/

此时功能面板会出现如图 9-31 所示的"图案填充创建"上下文选项卡。

图 9-31　"图案填充创建"上下文选项卡

选择填充图案后，按"Enter"键或"Esc"键可退出"图案填充"命令。

4."图案填充创建"上下文选项卡

（1）"边界"面板。

①"拾取点"按钮：在绘图窗口内，选择需要填充的封闭区域内的某一点，系统会自动计算出包围该点的封闭填充边界，同时图案自动填充。如果在拾取某一点后不能形成封闭的填充边界，则会显示填充错误的提示。

②"选择"按钮：在绘图窗口内，选择构成封闭区域的边界，点击后图案自动填充。

（2）"图案"面板：显示出所有的预定义和自定义的填充图案预览。

（3）"特性"面板。

①"图案填充类型"▓下拉列表可选择图案填充、渐变色、边界三个选项。当图案填充的类型为渐变色时，该选项下方的两个颜色选项可更换颜色，左边"图案"面板变成渐变填充的 9 种固定图案（线性扫掠状、球状和抛物面状等图案），如图 9-32 所示。

图 9-32　"图案填充创建"上下文选项卡

②"透明度值" ▓：设置新图案填充或填充的透明度。

③"图案填充角度"角度：设置图案填充或填充的角度，有效值为 0°～359°。

④"填充图案比例" ▓：设置某一比例放大或缩小填充的图案。当"图案填充类型"为"图案"时可使用此选项。

二、文字注释

在绘图时，不仅需要图形，还有文字对图形的说明。AutoCAD 2018 提供了强大的文字处理功能，通过设置文字样式、创建单行或多行文字，编辑文字等。

1. 文字样式

（1）功能。

在标注文字之前，需要对文字的样式进行设置，可以设置多种文字样式以适应不用位置的标注需要。这些设置包括字体、字号、倾斜角度、字体高度等特征。

（2）命令执行方式。

① 单击菜单栏中的【格式】/【文字样式】命令。

② 单击"注释"功能区内的"文字样式"按钮 A。

③ 命令行输入：style/st。

（3）选项说明。

打开文字样式对话框，如图 9-33 所示。利用该对话框可修改或创建文字样式。

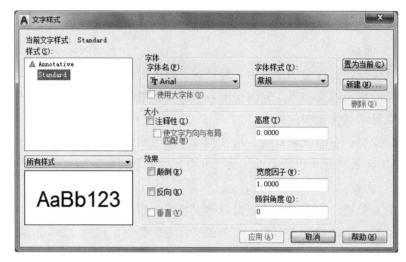

图 9-33 "文字样式"对话框

①"当前文字样式":显示当前文字样式的名称。

②"样式":显示当前可使用的文字样式名称。AutoCAD 会自动创建两个名称为"Annotative"和"Standard"的文字样式,默认的文字样式为"Standard"。

③"字体":设置文字样式使用的字体、字高等属性。

在"字体名"下拉列表中选择 Fonts 文件夹中所有注册的 TureType 字体和多有编译的形(shx)字体的字体簇名。其中,gbenor.shx 和 gbeitc.shx 文件分别用于标注直体和斜体字母与数字;gbcbig.shx 则用于标注中文。

字体样式:用来指定字体格式,比如斜体、粗体或常规字体。选择"使用大字体"后,该选项变为"大字体",用于选择大字体文件。

使用大字体:主要用于指定亚洲语言的大字体文件,只有在"文字名"中指定 shx 文件才能使用大字体。

④"效果":可以设置文字的显示效果,如颠倒、反向、垂直显示等,如图 9-34 所示。

图 9-34 "文字样式"对话框

a. 宽度因子:设置字符间距。输入小于 1.0 的值将压缩文字,输入大于 1.0 的值扩大文字。

b. 倾斜角度:设置文字的倾斜角度。输入 – 85° ~ 85° 的角度值使文字倾斜。

2. 多行文字

(1)功能。

多行文字:是多行文字对象包含一个或多个段落。

（2）命令执行方式。

① 单击菜单栏中的【绘图】/【文字】/【多行文字】命令。

② 单击"注释"功能区的"文字 A"/"多行文字"按钮 A 多行文字。

③ 命令行输入：mtext/t/mt。

（3）选项说明。

执行"多行文字"命令后，命令提示行显示：

命令：_mtext

当前文字样式："Standard"　文字高度：2.5　注释性：否

指定第一角点：

指定对角点或 [高度（H）/对正（J）/行距（L）/旋转（R）/样式（S）/宽度（W）/栏（C）]：

通过鼠标指定多行文字的输入区域，AutoCAD 打开"文字编辑器"功能区上下文选项卡，如图 9-35 所示。利用文字编辑器可以方便、快捷的编辑多行文字对象。

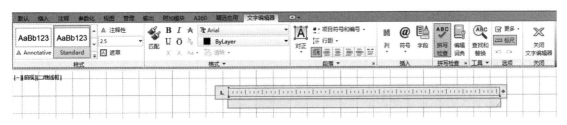

图 9-35　"文字编辑器"上下文选项卡

① "样式"面板。

"样式"：设置多行文字对象应用的文字样式。

"注释性"：打开或关闭当前多行文字对象的"注释性"。

"文字高度"下拉列表：使用图形单位设定新的文字高度。多行文字中的对象高度可以不同。

② "格式"面板。

"堆叠"：堆叠文字应用于多行文字对象和多重引线中的字符的分数和公差格式的表示。当创建堆叠文字时，先选中要堆叠的文字，然后单击"堆叠"按钮 堆叠。 使用特殊字符"/"、"#"或"^"可以堆叠选中的文字。

"/"字符用于以垂直方式堆叠文字，由水平线分隔。如：输入 3/5 的堆叠结果为 $\frac{3}{5}$。

"#"字符用于以对角线形式堆叠文字，由斜线分隔。如：输入 1#2 的堆叠结果为 1/2。

"^"字符用于创建公差堆叠（垂直堆叠，且不用直线分隔）。如：输入 +0.01^-0.02 的堆叠结果为 $^{+0.01}_{-0.02}$。

③ 文字控制符。

在绘图中，经常需要标注一些特殊的符号。例如下划线、度（°）、± 等符号。AutoCAD 提供了一些控制符，为了方便输入这些标注。

AutoCAD 的控制符是由 2 个百分号（%）和 1 个字符组成，如：

%%o：添加或取消上划线　　　　　　%%p：正/负公差符号（ ± ）

%%u：添加或取消下划线　　　　　　%%c：圆的直径标注符号（ ϕ ）

%%d：度符号（°）

在"输入文字:"提示下，输入控制符时，控制符临时显示在屏幕上，当结束文本创建命令时，这些控制符自动转换成相应的特殊符号。

三、尺寸标注

绘制的图形直接反映出物体的形状，只有通过对图像标注尺寸才能得到物体真实的大小和相互位置关系，因此尺寸标注是制图中不可缺少的部分。

1. 标注样式

（1）功能。

在标注尺寸之前，需要对尺寸的标注样式进行创建和修改，使用标注样式可以设定尺寸标注的格式和外观，以便准确、规范地标注尺寸。

（2）命令执行方式。

① 单击菜单栏中的【格式】/【标注样式】命令。

② 单击"注释"功能区内的"标注样式"按钮 。

③ 命令行输入：dimstyle/dimsty。

（3）选项说明。

执行"标注样式"命令后,：AutoCAD 打开"标注样式管理器"对话框，如图 9-36 所示。利用该对话框设置尺寸当前的标注样式。

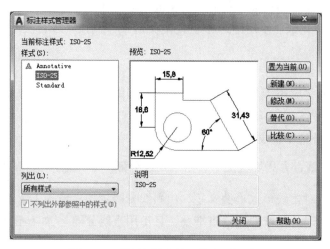

图 9-36　"标注样式管理器"对话框

① "当前标注样式"：显示当前标注样式名称。

② "样式"：显示已有的标注样式，其中 ISO-25 是默认标注样式，不能删除当前样式或当前图形使用的样式。

③"置为当前"：将"样式"中选中的标注样式设定为当前样式。当前样式则作为后面标注尺寸的样式。

④"新建"：AutoCAD 弹出"创建新标注样式"对话框，在对话框内可以设置新样式名和基础样式，如图 9-37 所示。

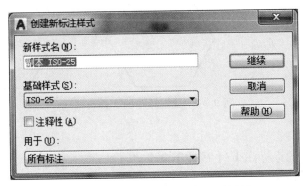

图 9-37　"创建新标注样式"对话框

点击对话框中的"继续"，会弹出"创建新标注样式：（新样式名）"对话框，如图 9-38 所示。

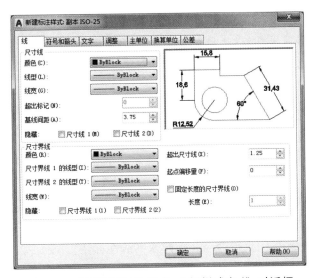

图 9-38　"创建新标注样式：（新样式名）"对话框

⑤"修改"：AutoCAD 弹出"修改标注样式"对话框，可修改已有的标注样式。

⑥"替换"：AutoCAD 弹出"替代当前样式"对话框，可设定标注样式的临时替代值。

⑦"比较"：AutoCAD 弹出"比较标注样式"对话框，可比较两个标注样式或者列出一个标注样式的所有特征。

2. 线性标注

（1）功能。

创建水平、垂直或倾斜的尺寸线的线性标注。水平样式是测量平行于水平方向两点之间的距离；垂直样式是测量平行于垂直方向两个点之间的距离；倾斜方式是测量倾斜方向上两个点之间的距离，此时需要输入倾斜角度。三种样式如图 9-39 所示。

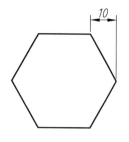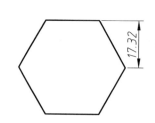

图 9-39　线性标注的 3 种样式

（2）命令执行方式。

① 单击菜单栏中的【标注】/【线性】命令。

② 单击"注释"功能区内的"线性"按钮。

③ 命令行输入：dimlinear/dimlin。

（3）选项说明。

执行"线性标注"命令后，命令提示行显示：

命令：_ dimlinear

指定第一个尺寸界限原点或<选择对象>：/*鼠标指定尺寸界限的两个原点或按"Enter"键选择需要标注的对象*/

指定完成后，命令提示行显示：

指定尺寸线位置或［多行文字（M）/文字（T）/角度（A）/水平（H）/垂直（V）/旋转（R）］：

① "指定尺寸线位置"：拖动鼠标，单击确定尺寸线位置。

② "多行文字（M）"：输入 M 执行命令，显示文字编辑器，可编辑标注的文字，也可采用自动测量值。

③ "文字（T）"：输入 T 执行命令，自定义标注文字。

④ "角度（A）"：输入 A 执行命令，修改标注文字的角度。

⑤ "水平（H）"：输入 H 执行命令，创建水平线性标注。

⑥ "垂直（V）"：输入 V 执行命令，创建垂直线性标注。

⑦ "旋转（R）"：输入 R 执行命令，设置尺寸线角度，创建旋转线性标注。

3. 半径标注

（1）功能。

创建圆或圆弧的半径标注。

（2）命令执行方式。

① 单击菜单栏中的【标注】/【半径】命令。

② 单击"注释"功能区内的"半径"按钮。

③ 命令行输入：dimradius。

（3）选项说明。

执行"半径标注"命令后，命令提示行显示：

命令：_dimradius

选择圆弧或圆：/*选择需要标注半径的圆弧或圆*/

指定尺寸线位置或［多行文字（M）/文字（T）/角度（A）］：

当指定了尺寸线位置后，AutoCAD将按实际测量值标注出圆弧或圆的半径。

4. 直径标注

（1）功能。

创建圆或圆弧的直径标注。

（2）命令执行方式。

① 单击菜单栏中的【标注】/【直径】命令。

② 单击"注释"功能区内的"直径"按钮。

③ 命令行输入：dimdiameter/dimdia。

（3）选项说明。

执行"直径标注"命令后，命令提示行显示：

命令：_dimdiameter

选择圆弧或圆：/*选择需要标注直径的圆弧或圆*/

指定尺寸线位置或［多行文字（M）/文字（T）/角度（A）］：

当指定了尺寸线位置后，AutoCAD将按实际测量值标注出圆弧或圆的直径。

5. 角度标注

（1）功能。

创建角度标注，如图9-40所示。

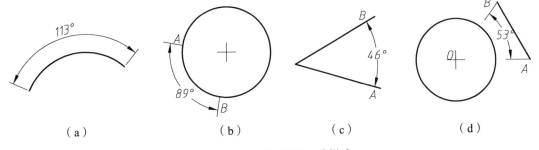

| （a） | （b） | （c） | （d） |

图9-40　线性标注的3种样式

（2）命令执行方式。

① 单击菜单栏中的【标注】/【角度】命令。

② 单击"注释"功能区内的"角度"按钮。

③ 命令行输入：dimangular/dimang。

（3）选项说明。

执行"角度标注"命令后，命令提示行显示：

命令：_ dimangular

选择圆弧、圆、直线或<指定顶点>：

此时鼠标指定标注位置，标注情况如图9-40所示。

6. 弧长标注

（1）功能。

创建圆弧长度标注，如图9-41所示。

（2）命令执行方式

① 单击菜单栏中的【标注】/【圆弧】命令。

② 单击"注释"功能区内的"圆弧"按钮。

③ 命令行输入：dimarc。

（3）选项说明

执行"圆弧标注"命令后，命令提示行显示：

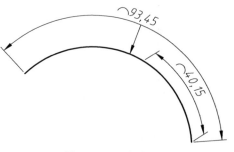

图9-41　弧长标注

命令：_ dimarc

选择弧线段或多短线圆弧段：/*鼠标选择弧线段或多段线圆弧段*/

指定弧长标注位置或［多行文字（M）/文字（T）/角度（A）/部分（P）/引线（L）］：

① "部分（P）"：输入P执行命令，为部分圆弧标注长度。

② "引线（L）"：输入L执行命令，添加引线对象，只有圆弧或圆弧段大于90°时才会有此选项。引线是按径向方向指向圆弧的圆心。

四、创建与编辑块

为了建立图形库、处理重复的图形、节省储存空间和方便修改图形，AutoCAD 2018提供了图块功能。图块是一个整体对象，可通过分解命令把它分解为单一图形。

1. 创建图块

（1）功能。

将选中的对象定义为块。块分为内部块和外部块：内部块是将已绘制的对象定义成一个块，该块只能被当前图形所调用；外部块是指已经绘制的对象或以前定义过的内部块，可以被所有图形调用，外部块以独立的图形文件形式保存。

（2）命令执行方式。

① 单击菜单栏中的【绘图】/【块】/【创建】命令。

② 单击"块"功能区内的"创建"按钮 。

③ 命令行输入：block。

（3）选项说明。

执行"创建块"命令后，打开图 9-42 所示的"块定义"对话框。

图 9-42 "块定义"对话框

①"名称"栏：输入块的名称。

②"对象"选项组：确定新块中要包含的对象以及创建块之后如何处理这些对象（删除或是将它们转换成块）。点击"选择对象"，在绘图区选中图形，按"Enter"或"Space"键可返回到该对话框。

③"基点"选项组：确定块的插入基点位置。为了将来插入块方便，则在图形中拾取一点为基点，一般以图形中的特征点为块基点。点击"拾取点"，在图形中拾取后将返回到"定义块"对话框。

④"方式"选项组：确定块的构成属性。根据需要选择是否需要统一比例缩放或者分解。

以上创建的图块，只能本图形文件中引用，若需应用到其他图形文件，必须将块存盘。在命令栏输入"WBLOCK"，回车后将打开图 9-43 所示对话框。在"源"选项组中选择"块"按钮，在其后的列表中选择之前已命名的块名称。在"目标"选项组中的"文件名和路径"选择要存放的位置，点击"确定"按钮即可。

图 9-43 "写块"对话框

2. 插入图块

（1）功能。

将块或图形插入当前图形中。

（2）命令执行方式。

① 单击菜单栏中的【插入】/【块】命令。

② 单击"块"功能区内的"插入"按钮 。

③ 命令行输入：insert。

（3）选项说明。

执行"插入块"命令后，打开图 9-44 所示的"插入块"对话框。

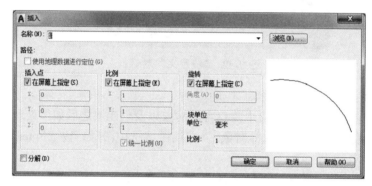

图 9-44 "插入块"对话框

利用该对话框，设置要插入的块或图形文件及其插入点、比例和旋转角度等参数，单击"确定"按钮，即可在图形中插入块或其他图形。

如需修改图块，可点击"修改"面板的"分解"按钮 ，再使用"删除""修剪"等命令，去掉多余的图线。

【应用 6】创建带属性的粗糙度图块。

（1）绘制表面粗糙度符号。

按国家标准规定的表面粗糙度符号尺寸绘制出粗糙度的图形符号，如图 9-45（a）所示，字高为 2.5，则 H_1 为 3.5，H_2 为 7.5。用"直线""偏移""修剪"等命令绘制粗糙度符号图形，斜线可以采用极坐标方法，或"极轴追踪"功能绘制，如图 9-45 所示。

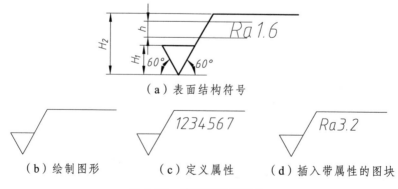

（a）表面结构符号

（b）绘制图形　　　（c）定义属性　　　（d）插入带属性的图块

图 9-45 绘制粗糙度图块

（2）定义表面粗糙度符号的图块属性。

所谓图块的属性，就是图块中的一些字符，如粗糙度的参数值、位置公差的基准名称等，这些参数在插入图块时会提示用户输入参数的值。操作步骤如下：

在菜单栏中选择【绘图】/【块】/【定义属性】，弹出如图 9-46 所示的"属性定义"对话框，在"属性""插入点""文字设置"选项中按图示内容输入选项，然后点击"确定"按钮，到绘图区在粗糙度符号的适当位置拾取插入点，即可完成表面粗糙度符号图块属性的定义，如图 9-45（c）所示。

图 9-46 "属性定义"对话框

（3）创建带属性的块。

按"四、创建与编辑块""1. 创建图块"的方法创建粗糙度图块，并存盘共享图块。

（4）插入带属性的块。

按"四、创建与编辑块""2. 插入图块"的方法插入图块，在命令行提示"请输入 Ra 的值"时，输入要标注的值，如 Ra3.2，即可完成图块的插入，如图 9-45（d）所示。

任务 9-5 AutoCAD 应用实例

【实例 1】 A3 图纸绘制

第一种：不留装订线，制图作业图纸。

1. 建立图层

点击【常用】/【图层】/【图层特性】，建立所需图层。

2. 绘制 A3 图框和标题栏

（1）绘制图框。

选择"粗实线"为当前图层，A3 图纸尺寸为 420×297，单击【常用】/【绘图】/【矩形】，任选一点作为起点，绘制 A3 纸边界线；单击【常用】/【绘图】/【矩形】，以 400×277 为尺寸绘制图框线，其中纸边界线与图框线距离为 10。绘制好的图框如图 9-47 所示。

（2）绘制标题栏。

根据需要选择"细实线"为当前图层，设定制图作业的标题栏尺寸为 130×28，以图框线右下角顶点为起点，绘制标题栏，标题栏尺寸见图 9-48。

图 9-47　A3 图纸图框

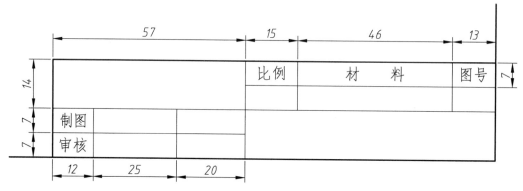

图 9-48　制图作业标题栏尺寸

（3）完成不留装订线，用于制图作业的 A3 图纸（见图 9-49）。

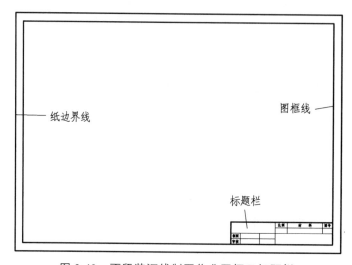

图 9-49　不留装订线制图作业图框及标题栏

3. 保　存

确认图形无误后，点击【保存】，将图形保存到计算机中。

第二种：留装订线，国标 GB/T 10609.1—2008 的图纸。

1. 建立图层

点击【常用】/【图层】/【图层特性】，建立所需图层。

2. 绘制 A3 图框和标题栏

（1）绘制图框。

选择"粗实线"为当前图层，A3 图纸尺寸为 420×297，单击【常用】/【绘图】/【矩形】，任选一点作为起点，绘制 A3 纸边界线；单击【常用】/【绘图】/【矩形】，以 390×287 为尺寸绘制图框线，其中纸边界线与图框线距离如图 9-50 所示。

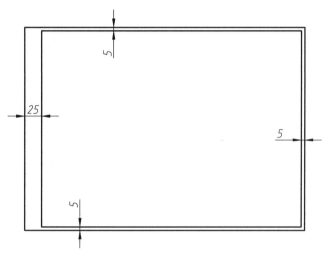

图 9-50　国标下留装订线 A3 图框

（2）绘制标题栏。

选择"细实线"为当前图层，国标下 A3 标题栏尺寸为 180×56，以图框线右下角顶点为起点，绘制标题栏，标题栏尺寸见图 9-51。

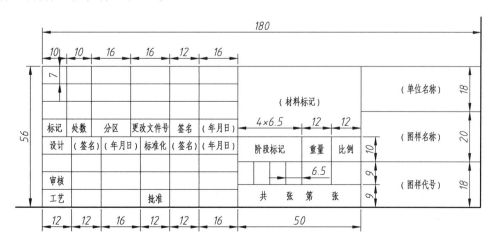

图 9-51　国标下留装订线 A3 图纸标题栏尺寸

（3）完成留装订线，以国标 GB/T 10609.1—2008 为准的 A3 图纸，如图 9-52 所示。

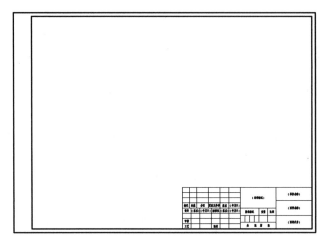

图 9-52　国标下留装订线 A3 图纸

3. 保　存

确认图形无误后，点击【保存】，将图形保存到计算机中。

【实例 2】　传动轴的绘制步骤

1. 建立图层

点击【常用】/【图层】/【图层特性】。

单击【新建图层】，将"图层 1"改成"点画线"。单击该层中对应"颜色"列的位置，在"选择颜色"对话框中选择白色作为点画线的颜色；单击"点画线"层对应的"线型"列，选择"CERTER2"线型，并确认。

依照"点画线"图层建立的方法，依次建立所需的 8 个图层。在绘图过程中，根据需求进行选取。

2. 绘制基准线

选择"点画线"层作为当前图层，绘制基准线。AutoCAD 提示：

命令：LINE　　/*创建直线*/
指定第一点：−5，0
指定下一点或 [放弃（U）]：@295，0

3. 绘制轮廓线

（1）选择"粗实线"层作为当前图层，绘制传动轴轮廓线。AutoCAD 提示：

命令：LINE
指定第一点：0，0

指定下一点或 [放弃（U）]：@0，30

指定下一点或 [放弃（U）]：@60，0

命令：LINE

指定第一点：60，0

指定下一点或 [放弃（U）]：@0，45

指定下一点或 [放弃（U）]：@50，0

命令：LINE

指定第一点：110，0

指定下一点或 [放弃（U）]：@0，55

指定下一点或 [放弃（U）]：@25，0

指定下一点或 [闭合（C）/放弃（U）]：@0，－55

命令：LINE

指定第一点：135，32.5

指定下一点或 [放弃（U）]：@40，0

指定下一点或 [放弃（U）]：@0，－32.5

命令：LINE

指定第一点：175，27.5

指定下一点或 [放弃（U）]：@45，0

指定下一点或 [放弃（U）]：@0，－27.5

命令：LINE

指定第一点：220，17.5

指定下一点或 [放弃（U）]：@70，0

指定下一点或 [放弃（U）]：@0，－17.5

从左至右依次生成传动轴的单侧轮廓线。

绘制键槽轮廓线，AutoCAD 提示：

命令：ARC　　　　　　/*创建圆弧*/

指定圆弧的起点或 [圆心（C）]：235，5

指定圆弧的第二个点或 [圆心（C）/端点（E）]：C

指定圆弧的圆心：@0，－5

指定圆弧的端点或 [角度（A）/弦长（L）]：@－5，0

命令：LINE　　　　　/*创建直线*/

指定第一点：235，5

指定下一点或 [放弃（U）]：@35，0

命令：ARC

指定圆弧的起点或 [圆心（C）]：275，0

指定圆弧的第二个点或 [圆心（C）/端点（E）]：C

指定圆弧的圆心：@－5，0

指定圆弧的端点或 [角度（A）/弦长（L）]：@0，5

生成键槽，如图 9-53 所示。

（2）绘制倒角。单击【倒角】，在命令对话框中，输入如下图所示的命令，选择需要进行倒角的相邻线段，即可生成 C5 倒角。AutoCAD 提示：

命令：CHAMFER　　/*倒角命令*/

（"修剪"模式）当前倒角距离 1＝0.0000，距离 2＝0.0000 选择第一条直线或 [放弃（U）/多段线（P）/距离（D）/角度（A）/修剪（T）/方式（E）/多个（M）]: D

指定 第一个 倒角距离 <0.0000>: 5

指定 第二个 倒角距离 <5.0000>: D

需要数值距离或两点。

指定 第二个 倒角距离 <5.0000>: 5

选择第一条直线或 [放弃（U）/多段线（P）/距离（D）/角度（A）/修剪（T）/方式（E）/多个（M）]: /*选择需要倒角部分的其中一条边*/

选择第二条直线，或按住 Shift 键选择直线以应用角点或 [距离(D)/角度(A)/方法(M)]: /*选择需要倒角部分的剩下一条相邻边*/

命令：CHAMFER

（"修剪"模式）当前倒角距离 1＝5.0000，距离 2＝5.0000

选择第一条直线或 [放弃（U）/多段线（P）/距离（D）/角度（A）/修剪（T）/方式（E）/多个（M）]: /*选择需要倒角部分的其中一条边*/

选择第二条直线，或按住 Shift 键选择直线以应用角点或 [距离（D）/角度（A）/方法（M）]: /*选择需要倒角部分的剩下一条相邻边*/

命令：LINE

指定第一点：5，30

指定下一点或 [放弃（U）]: @0，－30

命令：LINE

指定第一点：285，17.5

指定下一点或 [放弃（U）]: @0，－17.5

分别生成左右两边的倒角，如图 9-53 所示。

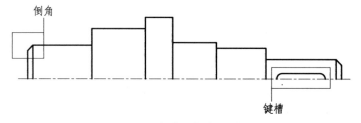

图 9-53　生成的倒角和键槽

（3）镜像。

选中需要镜像的轮廓线，AutoCAD 提示：

命令：MIRROR

选择对象：指定对角点：找到 22 个　　　　　/*框选需要镜像的轮廓线*/

框选轮廓线后如图 9-54 所示。

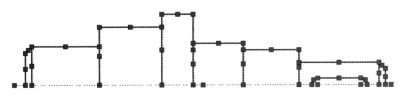

图 9-54　框选需要镜像的轮廓线

选择对象：指定镜像线的第一点：指定镜像线的第二点：/*选择对称轴上任意非重复的两点*/

要删除源对象吗？[是（Y）/否（N）] <N>：N

生成传动轴完整轮廓线。

（4）绘制断面图。

将"点画线"图层设置为当前图层，在传动轴键槽上方选取适当位置，作为其断面图的定位线。以定位点为圆心做圆，AutoCAD 提示：

命令：LINE
指定第一点：230，60
指定下一点或 [放弃（U）]：@40，0　　　　　　/*生成水平点画线*/
命令：LINE
指定第一点：250，80
指定下一点或 [放弃（U）]：@0，−40　　　　　/*生成竖直点画线*/
命令：CIRCLE
指定圆的圆心或 [三点（3P）/两点（2P）/切点、切点、半径（T）]：250，60/*鼠标点选两点画线交点为圆心*/
指定圆的半径或 [直径（D）] <17.5000>：17.5/*鼠标点选两点画线交点为圆心*/
命令：LINE
指定第一点：280，55
指定下一点或 [放弃（U）]：@−20，0
指定下一点或 [放弃（U）]：@0，10
指定下一点或 [闭合（C）/放弃（U）]：@20，0

生成如图 9-55 所示图形。

选择【常用】/【修改】/【修剪】，对特征进行修正。选择"细实

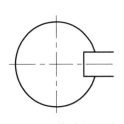

图 9-55　传动轴键槽
部分断面图

线"层作为当前图层，单击【常用】/【绘图】/【图案填充】，选择所需剖面线类型，生成剖面线。

4. 标　注

将"尺寸"图层置为当前图层，单击【常用】/【注释】/【线性】/【直径】等，针对需要标注的位置进行尺寸标注。标注好的图形如图 9-56 所示。

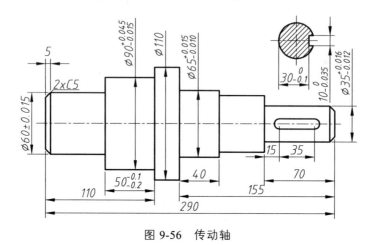

图 9-56　传动轴

5. 保　存

确认图形无误后，点击【保存】，将图形保存到计算机中。

【实例 3】　阀杆的绘制步骤

1. 建立图层

点击【常用】/【图层】/【图层特性】。

单击【新建图层】，将"图层 1"改成"点画线"。单击该层中对应"颜色"列的位置，在"选择颜色"对话框中选择白色作为点画线的颜色；单击"点画线"层对应的"线型"列，选择"CERTER2"线型，并确认。

依照"点画线"图层建立的方法，依次建立所需图层。在绘图过程中，根据需求进行选取。

2. 绘制定位线

选择"点画线"层作为当前图层，绘制定位线。AutoCAD 提示：

命令：LINE　　　/*创建直线*/
指定第一点：-1，0
指定下一点或 [放弃（U）]：@51，0
命令：LINE

指定第一点：－1，－30
指定下一点或 [放弃（U）]：@16，0
命令：LINE
指定第一点：7，－38
指定下一点或 [放弃（U）]：@0，16

3. 绘制阀杆零件图

（1）选择"粗实线"层作为当前图层，绘制阀杆断面图轮廓线。AutoCAD 提示：

命令：CIRCLE　　　　　　/*创建圆*/
指定圆的圆心或 [三点（3P）/两点（2P）/切点、切点、半径（T）]：7，-30
指定圆的半径或 [直径（D）] <7.0000>：7
命令：LINE
指定第一点：7，－30
指定下一点或 [放弃（U）]：@5.5<45
指定下一点或 [放弃（U）]：@5.5<315
指定下一点或 [闭合（C）/放弃（U）]：@11<225
指定下一点或 [闭合（C）/放弃（U）]：@11<135
指定下一点或 [闭合（C）/放弃（U）]：@11<45
指定下一点或 [闭合（C）/放弃（U）]：@5.5<315

选择【常用】/【修改】/【修剪】，对特征进行修正。

（2）选择"细实线"层作为当前图层，单击【常用】/【绘图】/【图案填充】，选择所需剖面线类型，生成阀杆断面图剖面线如图 9-57 所示。

（3）选择"粗实线"层作为当前图层，AutoCAD 提示：

命令：LINE
指定第一点：0，7
指定下一点或 [放弃（U）]：@38，0
命令：LINE
指定第一点：0，0
指定下一点或 [放弃（U）]：@0，7
指定下一点或 [放弃（U）]：@38，0
命令：LINE
指定第一点：38，0
指定下一点或 [放弃（U）]：@0，9
指定下一点或 [放弃（U）]：@5，0
指定下一点或 [闭合（C）/放弃（U）]：@0，-4.75
指定下一点或 [闭合（C）/放弃（U）]：@7，0
命令：LINE
指定第一点：46，0
指定下一点或 [放弃（U）]：@0，4.25

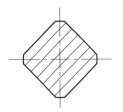

图 9-57　阀杆断面图

量取图 9-58 阀杆断面图中选中线段的长度，在阀杆主视图中取此长度的一半作线段，线段所在位置见图 9-59。其中 AutoCAD 提示如下：

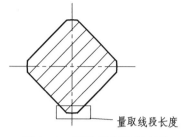

图 9-58　量取所需线段长度

图 9-59　框选需要镜像的图线

命令：LINE
指定第一点：0，0.825
指定下一点或 [放弃（U）]：@14，0
指定下一点或 [放弃（U）]：14，7
命令：ARC
指定圆弧的起点或 [圆心（C）]：C
指定圆弧的圆心：20，0
指定圆弧的起点：50，0
指定圆弧的端点或 [角度（A）/弦长（L）]：A
指定包含角：25

选择"点画线"层作为当前图层，AutoCAD 提示：

命令：LINE
指定第一点：－1，3.9125
指定下一点或 [放弃（U）]：@16，0
选择"粗实线"层作为当前图层，AutoCAD 提示：
命令：LINE
指定第一点：0，5.5
指定下一点或 [放弃（U）]：@5<60

选择【常用】/【修改】/【镜像】，对需要镜像的图线进行镜像处理
选择【常用】/【修改】/【修减】，对需要修剪的图线进行修剪。
（4）利用镜像，生成全部轮廓图，AutoCAD 提示：

命令：MIRROR　　　　/*镜像*/
选择对象：指定对角点：找到 20 个
选择对象：
指定镜像线的第一点：
指定镜像线的第二点：
要删除源对象吗？[是（Y）/否（N）]<N>：N

生成阀杆主视图。

4. 标　注

将"尺寸"图层置为当前图层，单击【常用】/【注释】/【线性】/【直径】等，针对需要标注的位置进行尺寸标注。标注好的图形如图 9-60 所示。

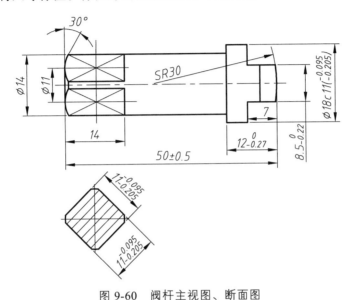

图 9-60　阀杆主视图、断面图

5. 保　存

确认图形无误后，点击【保存】，将图形保存到计算机中。

【实例 4】　阀盖的绘制步骤

1. 建立图层

点击【常用】/【图层】/【图层特性】。

单击【新建图层】，将"图层 1"改成"点画线"。单击该层中对应"颜色"列的位置，在"选择颜色"对话框中选择红色作为点画线的颜色；单击"点画线"层对应的"线型"列，选择"CERTER2"线型，并确认。

依照"点画线"图层建立的方法，依次建立所需图层。在绘图过程中，根据需求进行选取。

2. 绘制基准线

选择"点画线"层作为当前图层，绘制基准线。AutoCAD 提示：

命令：LINE　　　/*创建直线*/
指定第一点：－2，0

指定下一点或 [放弃（U）]: 54, 0

命令: LINE

指定第一点: 74, 0

指定下一点或 [放弃（U）]: @77, 0

命令: LINE

指定第一点: 112.5, -38.5

指定下一点或 [放弃（U）]: @0, 77

3. 绘制主视图

（1）选择"粗实线"层作为当前图层，绘制阀盖主视图轮廓线。AutoCAD 提示:

命令: LINE   /*创建直线*/

指定第一点: 0, 0

指定下一点或 [放弃（U）]: 0, 18

指定下一点或 [放弃（U）]: @15, 0

指定下一点或 [闭合（C）/放弃（U）]: 15, 16

指定下一点或 [闭合（C）/放弃（U）]: @11, 0

指定下一点或 [闭合（C）/放弃（U）]: @0, 21.5

指定下一点或 [闭合（C）/放弃（U）]: @12, 0

指定下一点或 [闭合（C）/放弃（U）]: @0, −11

指定下一点或 [闭合（C）/放弃（U）]: @1, 0

指定下一点或 [闭合（C）/放弃（U）]: @0, −1.5

指定下一点或 [闭合（C）/放弃（U）]: @5, 0

指定下一点或 [闭合（C）/放弃（U）]: @0, −4.5

指定下一点或 [闭合（C）/放弃（U）]: @4, 0

指定下一点或 [闭合（C）/放弃（U）]: @0, −20.5

命令: LINE

指定第一点: 0, 14.25

指定下一点或 [放弃（U）]: @5, 0

指定下一点或 [放弃（U）]: 5, 0

命令: LINE

指定第一点: 5, 10

指定下一点或 [放弃（U）]: @33, 0

命令: LINE

指定第一点: 38, 0

指定下一点或 [放弃（U）]: @0, 17.5

指定下一点或 [放弃（U）]: 48, 17.5

得到阀盖主视图上半部分轮廓线。

（2）对阀盖进行倒圆角、倒角。AutoCAD 提示：

命令：FILLET　　　　　　　　　　　　　　/*倒圆角*/

当前设置：模式 = 修剪，半径 = 13.0000

选择第一个对象或 [放弃（U）/多段线（P）/半径（R）/修剪（T）/多个（M）]：R

指定圆角半径 <13.0000>：5　　　　　/*圆角半径为 5*/

命令：FILLET

当前设置：模式 = 修剪，半径 = 5.0000

选择第一个对象或 [放弃（U）/多段线（P）/半径（R）/修剪（T）/多个（M）]：R

指定圆角半径 <5.0000>：2　　　　　/*圆角半径为 2*/

命令：CHAMFER　　　　　　　　　/*倒角*/

（"修剪"模式）当前倒角距离 1 = 1.0000，距离 2 = 1.0000

选择第一条直线或 [放弃（U）/多段线（P）/距离（D）/角度（A）/修剪（T）/方式（E）/多个（M）]：D

指定 第一个 倒角距离 <1.0000>：1

指定 第二个 倒角距离 <1.0000>：D

需要数值距离或两点。

指定 第二个 倒角距离 <1.0000>：1　　　/*倒角为 C1*/

（3）选择"细实线"层作为当前图层，单击【常用】/【绘图】/【图案填充】，选择所需剖面线类型，生成剖面线。

（4）生成外螺纹小径和空的中心线。选择"细实线"层作为当前图层，AutoCAD 提示：

命令：LINE

指定第一点：0，16

指定下一点或 [放弃（U）]：@20，0

生成外螺纹小径。

选择"点画线"层作为当前图层。AutoCAD 提示：

命令：LINE

指定第一点：25，24.5

指定下一点或 [放弃（U）]：@19，0

生成孔的中心线。

（5）镜像生成阀盖主视图全部轮廓线：框选需要镜像的
全部轮廓线。AutoCAD 提示：

命令：MIRROR　　　　　　　　/*镜像*/

选择对象：指定对角点：找到 25 个

选中需要镜像的轮廓线如图 9-61 所示。

选择对象：

指定镜像线的第一点：指定镜像线的第二点：

要删除源对象吗？[是（Y）/否（N）] <N>：N

生成阀盖主视图。

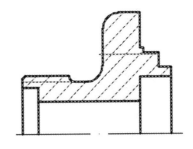

图 9-61　框选需要镜像的
全部轮廓线

4. 绘制左视图

（1）选择"粗实线"为当前图层，绘制左视图部分轮廓线。AutoCAD 提示：

命令：LINE　　　　　　　　/*创建直线*/
指定第一点：75，0
指定下一点或 [放弃（U）]：@0，37.5
指定下一点或 [放弃（U）]：@37.5，0

（2）选择"点画线"为当前图层，绘制孔中心线。AutoCAD 提示：

命令：LINE
指定第一点：80，24.5
指定下一点或 [放弃（U）]：@16，0
命令：LINE
指定第一点：88，16.5
指定下一点或 [放弃（U）]：@0，16

（3）选择"细实线"为当前图层，绘制圆。AutoCAD 提示：

命令：CIRCLE　　　　　　/*创建圆*/
指定圆的圆心或 [三点（3P）/两点（2P）/切点、切点、半径（T）]：88，24.5
指定圆的半径或 [直径（D）]：7

（4）倒圆角。AutoCAD 提示：

命令：FILLET　　　　　　/*倒圆角*/
当前设置：模式 = 修剪，半径 = 2.0000
选择第一个对象或 [放弃（U）/多段线（P）/半径（R）/修剪（T）/多个（M）]：R
指定圆角半径 <2.0000>：13
选择第一个对象或 [放弃（U）/多段线（P）/半径（R）/修剪（T）/多个（M）]：
　　　　　　　　　　　　/*需要倒圆角的第一条边*/
选择第二个对象，或按住 Shift 键选择对象以应用角点或 [半径（R）]：
　　　　　　　　　　　　/*需要倒圆角的第二条边*/

（5）框选图线，进行镜像操作。AutoCAD 提示：

命令：MIRROR　　　　　　/*镜像*/
选择对象：指定对角点：找到 6 个
选择对象：
指定镜像线的第一点：指定镜像线的第二点：
要删除源对象吗？[是（Y）/否（N）] <N>：N
命令：MIRROR　　　　　　/*镜像*/
选择对象：指定对角点：找到 12 个

选中需要镜像的图线如图 9-62 所示。

选择对象：

指定镜像线的第一点：指定镜像线的第二点：

要删除源对象吗？[是（Y）/否（N）]<N>：N

生成阀盖左视图部分图线。

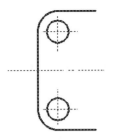

（6）选择"粗实线"为当前图层，绘制阀盖左视图中间部位轮廓线。AutoCAD 提示：

图 9-62 框选需要镜像的图线

命令：CIRCLE   /*创建圆*/

指定圆的圆心或 [三点（3P）/两点（2P）/切点、切点、半径（T）]：112.5，0

指定圆的半径或 [直径（D）]<7.0000>：18

命令：CIRCLE

指定圆的圆心或 [三点（3P）/两点（2P）/切点、切点、半径（T）]：112.5，0

指定圆的半径或 [直径（D）]<18.0000>：14.25

命令：CIRCLE

指定圆的圆心或 [三点（3P）/两点（2P）/切点、切点、半径（T）]：112.5，0

指定圆的半径或 [直径（D）]<102.5000>：10

（7）选择"细实线"为当前图层，绘制阀盖左视图中间部位圆弧。AutoCAD 提示：

命令：ARC   /*创建圆弧*/

指定圆弧的起点或 [圆心（C）]：C

指定圆弧的圆心：112.5，0

指定圆弧的起点：@0，－16

指定圆弧的端点或 [角度（A）/弦长（L）]：96.5，0

生成阀盖所有轮廓线。

5. 标 注

将"尺寸"图层置为当前图层，单击【常用】/【注释】/【线性】/【直径】等，针对需要标注的位置进行尺寸标注。标注好的图形如图 9-63 所示。

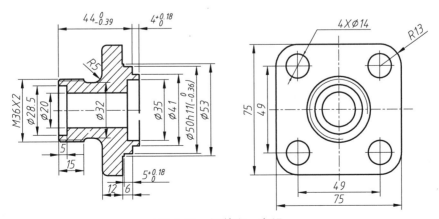

图 9-63 阀盖主、左视

6. 保　存

确认图形无误后，点击【保存】，将图形保存到电脑中。

【实例5】　轴与键的配合

1. 建立图层

点击【常用】/【图层】/【图层特性】，建立所需图层。

2. 绘制基准线、轴和键

（1）选择"点画线"层作为当前图层，绘制水平、竖直方向的点画线。

（2）选择"粗实线"层作为当前图层，单击【常用】/【绘图】/【直线】，【常用】/【绘图】/【圆】，绘制轴与键的主视图与左视图，尺寸见图9-64。

（3）选择"细实线"为当前图层，单击【常用】/【绘图】/【图案填充】，进行剖面线绘制，针对不同的元件，剖面线选择不同。

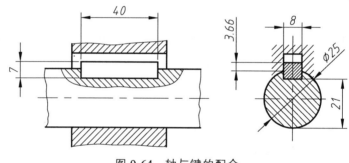

图9-64　轴与键的配合

3. 标　注

将"尺寸"图层置为当前图层，单击【常用】/【注释】/【线性】/【直径】等，针对需要标注的位置进行尺寸标注。

4. 保　存

确认图形无误后，点击【保存】，将图形保存到计算机中。

【实例6】　深沟球轴承6310

1. 建立图层

点击【常用】/【图层】/【图层特性】，建立所需图层。

2. 绘制基准线与深沟球轴承轮廓

（1）选择"点画线"层作为当前图层，绘制水平、竖直方向的基准点画线。

（2）选择"粗实线"层作为当前图层，单击【常用】/【绘图】/【直线】，绘制线段。

（3）单击【常用】/【绘图】/【圆】，绘制深沟球轴承的滚珠，见图 9-65。

（4）单击【常用】/【修改】/【圆角】，对适当位置进行倒圆角处理。单击【常用】/【绘图】/【直线】，以圆的中心为圆心输入@30<330°，绘得直线与圆有一交点，已此交点为基准，绘制水平线。

（5）修剪多余线条，单击【常用】/【修改】/【镜像】，对图形适当位置进行镜像处理。绘制好的轴承内外圈如图 9-66 所示。

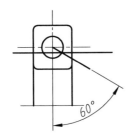

图 9-65 绘制深沟球轴承内圈

图 9-66 深沟球轴承内外圈

（6）选择"细实线"为当前图层，单击【常用】/【绘图】/【图案填充】，进行剖面线绘制。

（7）单击【常用】/【修改】/【镜像】，对需要镜像的部分进行镜像处理。

3. 标 注

将"尺寸"图层置为当前图层，单击【常用】/【注释】/【线性】/【直径】等，针对需要标注的位置进行尺寸标注，修剪多余线段。标注好的图形如图 9-67 所示。

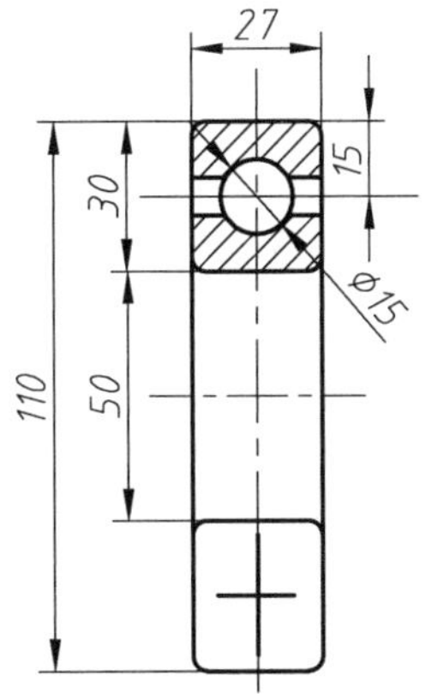

4. 保 存

确认图形无误后，点击【保存】，将图形保存到计算机中。

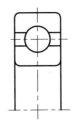

图 9-67 深沟球轴承 6310 系列

【实例 7】 圆柱齿轮零件图

1. 打开 AutoCAD 2018，命名零件名称为圆柱齿轮并保存，随后建立图层。

2. 选择图层中点画线，绘制定位点画线，以点画线交点为圆心，使用图层中粗实线，选择快速绘制圆图标 ⊙ ，绘制直径为 28 的圆。

3. 在距离圆心 4 个单位处，做长度为 17.3 的直线，继续选择直线功能，向左绘制 8 个单位的水平直线，以横线左边端点为起点做向下直线，与水平点画线交于一点（见图 9-68）。

4. 选择修剪功能 ┉/┉ ，鼠标图形由箭头变为方框形，用鼠标选择圆弧。点击"Enter"键。鼠标单击需要修剪的线段即可，修剪后效果如图 9-69 所示。

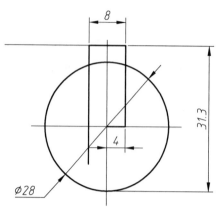

图 9-68　轮孔的局部视图未修剪图

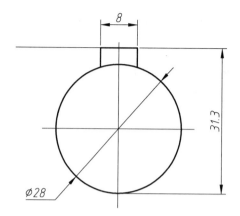

图 9-69　轮孔的局部视图轮廓修剪图（一）

5. 继续使用修剪功能，鼠标选择图 9-70 中椭圆形区域直线，点击"Enter"键。继续用鼠标选择需要修剪的圆弧段，完成齿轮槽孔绘制。

6. 在齿轮孔槽左端建立圆柱齿轮主视图。图层选择粗实线，使用直线命令，绘制连续线段，尺寸如图 9-71 所示。

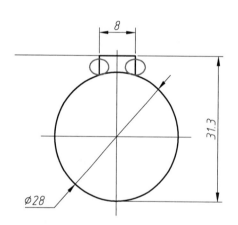

图 9-70　轮孔的局部视图轮廓修剪图（二）

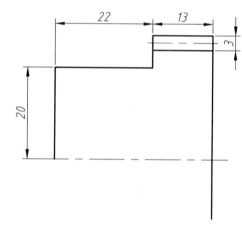

图 9-71　主视图部分轮廓

7. 选择图层中细实线，以齿轮孔槽中圆形区域点为起点（如图 9-72 所示），作直线，与圆柱齿轮主视图交于两点。选择图层中粗实线，连接两交点。

图 9-72　主视图尺寸等效图

8. 选择图层中细实线，选择图案填充■，单击对话框中样例；在右边对话框中选择所需剖面线样式，单击"确定"；比例选择 1.5，单击"添加：拾取点"，如图 9-73 所示，在图形中选择需要添加剖面线的区域即可。

图 9-73　图形填充界面

9. 选择图层中粗实线，单击镜像功能■，用鼠标逐条选择需要镜像的线条如图 9-74 所示。单击"Enter"键。依次用鼠标选择主视图中圆圈区域两点作为指定镜像线的第一点与第二点，在指令对话框中用鼠标选择主视图中点画线两端点作为指定镜像线的第一点和第二点，完成镜像部分。

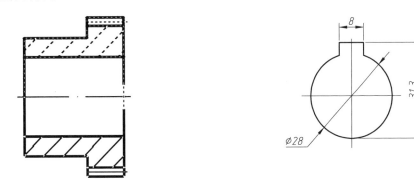

图 9-74　主视图镜像

10. 倒圆角，倒角。在图 9-75 中六个圆圈区域进行 *R*1 的倒圆角处理，在方形区域进行 *C*1 的倒角处理。

11. 完成尺寸标注。

【实例 8】 尺寸标注

1. 标注尺寸

（1）尺寸标注样式设定：尺寸数字精度（Precision）选择 0.0。

（2）标注含有尺寸偏差值的尺寸，如图 9-76 中视图 *A-A* 键槽尺寸 $4_{-0.03}^{0}$，可在标注完尺寸 4 后，对尺寸 4 进行文本编辑，如图 9-77 所示，在 4 后面输入 0^-0.03 并按回车完成，然后标注会变成图 9-78 样式，最后双击 $4_{-0.03}^{0}$ 的公差部分，在图 9-79 对话框中的上公差栏输入适当空格以保持上下公差位置对齐。

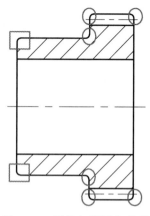

图 9-75　倒角与倒圆角处理

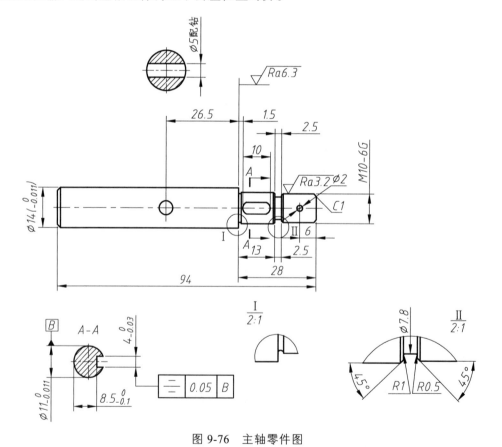

图 9-76　主轴零件图

图 9-77　尺寸公差输入设置示意图　　　　图 9-78　尺寸公差标注

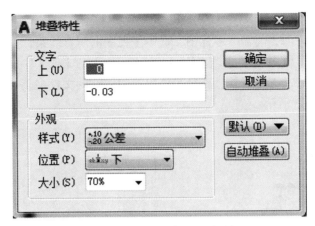

图 9-79　尺寸公差设置对话框

2. 标注形位公差

如图 9-76 中 *A-A* 视图中键槽的对称度公差代号（框格及形位公差符号、指引线、公差数值、基准代号的字母等），可以这样标注：点击标注下拉菜单中的公差命令，弹出对话框如图 9-80 所示，单击符号栏，选择对称度符号，在公差 1 的空白栏里输入 0.05，在基准 1 的空白栏里输入 *B*，最后单击确定，即可生成图 9-81 所示的对称度公差代号标注。

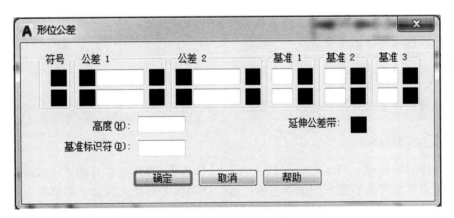

图 9-80　形位公差设置对话框

图 9-81　对称度公差代号标注

【实例 9】　球阀的装配步骤

利用 AutoCAD 绘制装配图主要有两种方法：
（1）直接绘制法——装配图较简单；
（2）零件图插入法——装配图较复杂。
直接绘图法和零件图绘制方法基本一致，此处选择零件图插入法进行装配。

1. 块的建立——阀盖

（1）打开已绘制好的"阀盖"零件图，选中主视图的所有线条，如图 9-82 所示。

（2）选中【插入】/【块定义】/【写块】，在【写块】的【源】中填写文件名及路径（建议文件名与零件名一致，方便寻找；路径为已提前建立好的文件夹），然后点击拾取点。【写块】操作界面如图 9-83 所示。

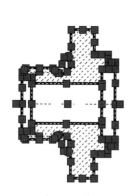

图 9-82　框选阀盖主视图

图 9-83　【写块】操作界面

如图 9-84 所示，选取块的基点，（基点有多种选取方法，但要根据实际装配关系选择恰当的点）完成阀盖的块的建立。

2. 其他零件块的建立

以同样方法建立密封圈、阀芯、调整垫等所有零件的块。

3. 装配所有零件

打开阀体的零件图，点击【插入】/【块】/【插入】，选择建立好的"密封圈"块，根据密封圈的基点将密封圈装配至阀体中正确位置。以同样方法插入阀芯、调整垫、阀盖，如图 9-85 所示。

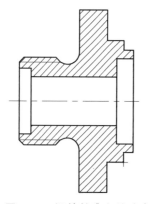

图 9-84　阀盖基准点的确定

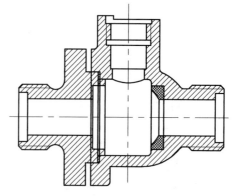

图 9-85　插入密封圈、阀芯

再选择【插入】/【块】/【插入】，此时再次选择密封圈，插入左侧密封圈，左侧密封圈与右侧密封为对称关系，这里指定旋转角度为 180°，如图 9-86 所示。

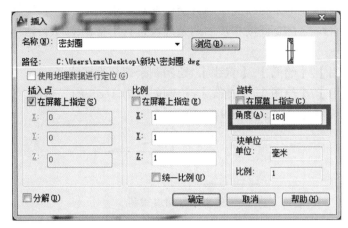

图 9-86　【插入】对话框

最后按照同样方法插入剩余零件，得出球阀装配图，如图 9-87 所示。

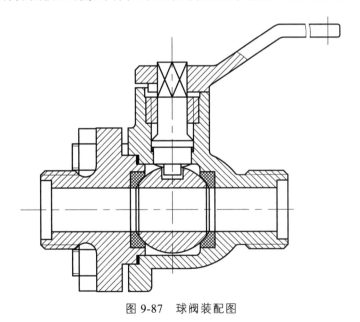

图 9-87　球阀装配图

【实例 10】　铁路标识绘制

1. 建立图层

点击【常用】/【图层】/【图层特性】，建立所需图层。

2. 绘制定位线与地铁标识

（1）选择"点画线"层作为当前图层，绘制水平、竖直方向的定位点画线。

（2）选择"粗实线"层作为当前图层，单击【常用】/【绘图】/【圆】，绘制 $\phi100$、$\phi130$ 与 $R72$ 的同心圆，圆心为水平、竖直点画线交点。以圆心为中点，向左右两边各自距离 14 处做两条垂直辅助线，与 $R72$ 的圆上半部分交于两点，单击【常用】/【修改】/【修减】，进行适当修剪。针对垂线与 $R72$ 直接相接的两条线段进行【常用】/【修改】/【圆角】，圆角半径为 $R7$。

（3）单击【常用】/【绘图】/【直线】，绘制剩余部分直线线条。

（4）单击【常用】/【绘图】/【直线】，绘制斜度为 1∶5 的三角形，以 A 为基点将三角形移动到 B 点，完成斜度绘制，如图 9-88 所示。

图 9-88　斜度绘制

（5）单击【常用】/【修改】/【圆角】，针对需要圆角的部分，进行倒圆角处理。

（6）删除多余线条。

3. 标　注

将"尺寸"图层置为当前图层，单击【常用】/【注释】/【线性】/【直径】等，针对需要标注的位置进行尺寸标注，如图 9-89 所示。

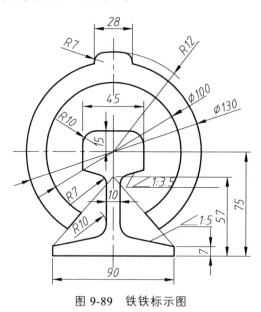

图 9-89　铁铁标示图

4. 保　存

确认图形无误后，点击【保存】，将图形保存到计算机中。

附 录

附录1　常用螺纹

1. 普通螺纹（摘自 GB/T 193—2003，GB/T 196—2003）

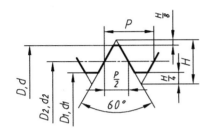

$$H=\frac{\sqrt{3}}{2}P \qquad H=0.866\ 025\ 404\ P$$

公称直径20，螺距为2.5，右旋普通粗牙螺纹的规定标记: *M20*

公称直径20，螺距为1.5，右旋普通细牙螺纹的规定标记: *M20×1.5*

附表 1-1　普通螺纹直径与螺距系列、基本尺寸　　　　　　单位：mm

公称直径 D, d		螺距 P		粗牙小径 D_1, d_1	公称直径 D, d		螺距 P		粗牙小径 D_1, d_1
第一系列	第二系列	粗牙	细牙		第一系列	第二系列	粗牙	细牙	
3		0.5	0.35	2.459		22	2.5	2, 1.5, 1	19.294
	3.5	0.6		2.850	24		3	2, 1.5, 1	20.752
4		0.7	0.5	3.242		27	3	2, 1.5, 1	23.752
	4.5	0.75		3.688					
5		0.8		4.134	30		3.5	（3）, 2, 1.5, 1	26.211
6		1	0.75	4.917		33	3.5	（3）, 2, 1.5	29.211
8		1.25	1, 0.75	6.647	36		4	3, 2, 1.5	31.670
10		1.5	1.25, 1, 0.75	8.376		39	4		34.670
12		1.75	1.5, 1.25, 1	10.106	42		4.5	4, 3, 2, 1.5	37.129
	14	2	1.5, （1.25）*, 1	11.835		45	4.5	4, 3, 2, 1.5	40.129
16		2	1.5, 1	13.835	48		5	4, 3, 2, 1.5	42.587
	18	2.5	2, 1.5, 1	15.294	52		5		46.587
20		2.5		17.294	56		5.5	4, 3, 2, 1.5	50.046

注：① 优先选择第一系列，其次选择第二系列，第三系列未列入，括号内尺寸尽可能不用。

　　② 公称直径 D、d 为 1～2.5 和 58～300 未列入，中径 D_2，d_2 未列入。

　　③ M14×1.25*仅用于发动机的火花塞。

附表 1-2　普通螺纹螺距与中径、小径的关系

中径 D_2, d_2	小径 D_1, d_1
$D_2 = D - 0.649\,5P$	$D_1 = D - 1.082\,5P$
$d_2 = d - 0.649\,5P$	$d_1 = d - 1.082\,5P$

注：螺纹中径和小径值是按上表公式计算的，计算数值需圆整到小数点后的第三位。

2. 梯形螺纹（摘自 GB/T 5796.2—2005、GB/T 5796.3—2005）

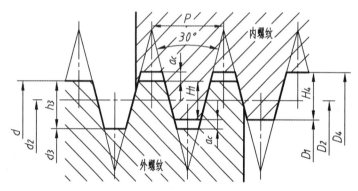

1、公称直径为40mm、导程和螺距为7mm 的右旋单线梯形螺纹标记为：$Tr40×7$

2、公称直径为40mm、导程为14mm，螺距为7mm的左旋双线梯形螺纹标记为：$Tr40×14(P7)LH$

附表 1-3　梯形螺纹直径与螺距系列、基本尺寸　　　　　　单位：mm

公称直径 d		螺距 P	中径 $d_2 = D_2$	大径 D_4	小径		公称直径 d		螺距 P	中径 $d_2 = D_2$	大径 D_4	小径	
第一系列	第二系列				d_3	D_1	第一系列	第二系列				d_3	D_1
8		1.5	7.25	8.30	6.20	6.50			3	24.50	26.50	22.50	23.00
	9	1.5	8.25	9.30	7.20	7.50		26	5	23.50	26.50	20.50	21.00
		2	8.00	9.50	6.50	7.00			8	22.00	27.00	17.00	18.00
10		1.5	9.25	10.30	8.20	8.50			3	26.50	28.50	24.50	25.00
		2	9.00	10.50	7.50	8.00	28		5	25.50	28.50	22.50	23.00
	11	2	10.00	11.50	8.50	9.00			8	24.00	29.00	19.00	20.00
		3	9.50	11.50	7.50	8.00			3	28.50	30.50	26.50	29.00
12		2	11.00	12.50	9.50	10.00		30	6	27.00	31.00	23.00	24.00
		3	10.50	12.50	8.50	9.00			10	25.00	31.00	19.00	20.00
	14	2	13.00	14.50	11.50	12.00			3	30.50	32.50	28.50	29.00
		3	12.50	14.50	10.50	11.00	32		6	29.00	33.00	25.00	26.00
16		2	15.00	16.50	13.50	14.00			10	27.00	33.00	21.00	22.00
		4	14.00	16.50	11.50	12.00			3	32.50	34.50	30.50	31.00
	18	2	17.00	18.50	15.50	16.00		34	6	31.00	35.00	27.00	28.00
		4	16.00	18.50	13.50	14.00			10	29.00	35.00	23.00	24.00
20		2	19.00	20.50	17.50	18.00			3	34.50	36.50	32.50	33.00
		4	18.00	20.50	15.50	16.00	36		6	33.00	37.00	29.00	30.00
		3	20.50	22.50	18.50	19.00			10	31.00	37.00	25.00	26.00
	22	5	19.50	22.50	16.50	17.00			3	36.50	38.50	34.50	35.00
		8	18.00	23.00	13.00	14.00		38	7	34.50	39.00	30.00	31.00
		3	22.50	24.50	20.50	21.00			10	33.00	39.00	27.00	28.00
24		5	21.50	24.50	18.50	19.00			3	38.50	40.50	36.50	37.00
		8	20.00	25.00	15.00	16.00	40		7	36.50	41.00	32.00	33.00
									10	35.00	41.00	29.00	30.00

3. 非螺纹密封的管螺纹（摘自 GB/T 7307—2001）

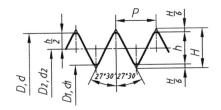

尺寸代号为2的右旋圆柱内螺纹的规定标记为：*G2*

尺寸代号为3的A级左旋圆柱外螺纹的规定标记为：*G3A-LH*

附表 1-4　管螺纹的尺寸代号与螺距、基本尺寸　　　　　单位：mm

尺寸代号	每 25.4 mm 内的牙数 n	螺距 P	基本直径	
			大径 D，d	小径 D_1，d_1
$\frac{1}{8}$	28	0.907	9.728	8.566
$\frac{1}{4}$	19	1.337	13.157	11.445
$\frac{3}{8}$	19	1.337	16.662	14.950
$\frac{1}{2}$	14	1.814	20.955	18.631
$\frac{5}{8}$	14	1.814	22.911	20.587
$\frac{3}{4}$	14	1.814	26.441	24.117
$\frac{7}{8}$	14	1.814	30.201	27.877
1	11	2.309	33.249	30.291
$1\frac{1}{8}$	11	2.309	37.897	34.939
$1\frac{1}{4}$	11	2.309	41.910	38.952
$1\frac{1}{2}$	11	2.309	47.803	44.845
$1\frac{3}{4}$	11	2.309	53.746	50.788
2	11	2.309	59.614	56.656
$2\frac{1}{4}$	11	2.309	65.710	62.752
$2\frac{1}{2}$	11	2.309	75.184	72.226
$2\frac{3}{4}$	11	2.309	81.534	78.576
3	11	2.309	87.884	86.405

附录2 常用螺纹紧固件

1. 螺栓

六角头螺栓—C级（GB/T 5780—2000）、六角头螺栓—A级和B级（GB/T 5782—2000）

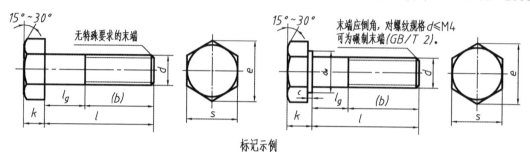

标记示例

螺纹规格d=M12、公称长度l=80mm、性能等级为4.8级、不经表面处理、产品等级为C级的六角头螺栓的标记：螺栓 GB/T 5780 M12X80

附表2-1 六角头螺栓相关参数　　　　　单位：mm

螺纹规格 d			M3	M4	M5	M6	M8	M10	M12	M16	M20	M24	M30	M36	M42
b 参考	l≤125		12	14	16	18	22	26	30	38	46	54	66	—	—
	125<l≤200		18	20	22	24	28	32	36	44	52	60	72	84	96
	l>200		31	33	35	37	41	45	49	57	65	73	85	97	109
c			0.4	0.4	0.5	0.5	0.6	0.6	0.6	0.8	0.8	0.8	0.8	0.8	1
d_w	产品等级	A	4.57	5.88	6.88	8.88	11.63	14.63	16.63	22.49	28.19	33.61	—	—	—
		B、C	4.45	5.74	6.74	8.74	11.47	14.47	16.47	22	27.7	33.25	42.75	51.11	59.95
e	产品等级	A	6.01	7.66	8.79	11.05	14.38	17.77	20.03	26.75	33.53	39.98	—	—	—
		B、C	5.88	7.50	8.633	10.89	14.20	17.59	19.85	26.17	32.95	39.55	50.85	60.79	72.02
k 公称			2	2.8	3.5	4	5.3	6.4	7.5	10	12.5	15	18.7	22.5	26
r			0.1	0.2	0.2	0.25	0.4	0.4	0.6	0.6	0.8	0.8	1	1	1.2
s 公称			5.5	7	8	10	13	16	18	24	30	36	46	55	65
l（商品规格范围）			20~30	25~40	25~50	30~60	40~80	45~100	50~120	65~160	80~200	90~240	110~300	140~360	160~440
l系列			12, 16, 20, 25, 30, 35, 40, 45, 50, 55, 60, 65, 70, 80, 90, 100, 110, 120, 130, 140, 150, 160, 180, 200, 220, 240, 260, 280, 300, 320, 340, 360, 380, 400, 420, 440, 460, 480, 500												

注：① A级用于d≤24和l≤10 d或≤150的螺栓；
　　　B级用于d>24和l>10 d或>150的螺栓。
　② 螺纹规格 d 范围：GB/T 5780 为 M5~M64；GB/T 5782 为 M1.6~M64。
　③ 公称长度范围：GB/T 5780 为 25~500；GB/T 5782 为 12~500。

2. 双头螺柱

双头螺柱—$b_m = d$（GB/T 897—1988）　　双头螺柱—$b_m = 1.25d$（GB/T 898—1988）

双头螺柱—$b_m = 1.5d$（GB/T 899—1988）　　双头螺柱—$b_m = 2d$（GB/T 900—1988）

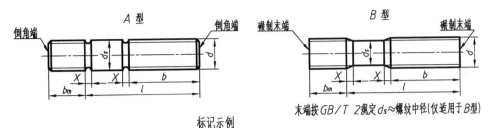

A 型   *B* 型

末端按GB/T 2规定 d_s～螺纹中径(仅适用于B型)

标记示例

两端均为粗牙普通螺纹，$d=10$mm、$l=50$mm、性能等级为4.8级、不经表面处理、*B* 型，$bm=1d$ 双头螺栓的标记：螺柱 *GB/T 897 M10X50*

旋入机体一端为粗牙普通螺纹，旋螺母一端为螺距 $P=1$mm细牙普通螺纹，$d=10$mm、$l=50$mm、性能等级为4.8级、不经表面处理、*A* 型、$bm=2d$ 双头螺栓的标记：

螺柱 *GB/T 900 AM10-M10×1X50*

附表 2-2   双头螺柱及其参数   单位：mm

螺纹规格		M5	M6	M8	M10	M12	M16	M20	M24	M30	M36	M42
b_m（公称）	GB/T 897	5	6	8	10	12	16	20	24	30	36	42
	GB/T 898	6	8	10	12	15	20	25	30	38	45	52
	GB/T 899	8	10	12	15	18	24	30	36	45	54	65
	GB/T 900	10	12	16	20	24	32	40	48	60	72	84
d_s（max）		5	6	8	10	12	16	20	24	30	36	42
x（max）		2.5P										
$\dfrac{l}{b}$		$\dfrac{16\sim22}{10}$	$\dfrac{20\sim22}{10}$	$\dfrac{20\sim22}{12}$	$\dfrac{25\sim28}{14}$	$\dfrac{25\sim30}{16}$	$\dfrac{30\sim38}{20}$	$\dfrac{35\sim40}{25}$	$\dfrac{45\sim50}{30}$	$\dfrac{60\sim65}{40}$	$\dfrac{65\sim75}{45}$	$\dfrac{65\sim80}{50}$
		$\dfrac{25\sim50}{16}$	$\dfrac{25\sim30}{14}$	$\dfrac{25\sim30}{16}$	$\dfrac{30\sim38}{16}$	$\dfrac{32\sim40}{20}$	$\dfrac{40\sim55}{30}$	$\dfrac{45\sim65}{35}$	$\dfrac{55\sim75}{45}$	$\dfrac{70\sim90}{50}$	$\dfrac{80\sim110}{60}$	$\dfrac{80\sim110}{70}$
			$\dfrac{32\sim75}{18}$	$\dfrac{32\sim90}{22}$	$\dfrac{40\sim120}{26}$	$\dfrac{45\sim120}{30}$	$\dfrac{60\sim120}{38}$	$\dfrac{70\sim120}{46}$	$\dfrac{80\sim120}{54}$	$\dfrac{95\sim120}{60}$	$\dfrac{120}{78}$	$\dfrac{120}{90}$
					$\dfrac{130}{32}$	$\dfrac{130\sim180}{36}$	$\dfrac{130\sim200}{44}$	$\dfrac{130\sim200}{52}$	$\dfrac{130\sim200}{60}$	$\dfrac{130\sim200}{72}$	$\dfrac{130\sim200}{84}$	$\dfrac{130\sim200}{96}$
										$\dfrac{210\sim250}{85}$	$\dfrac{210\sim300}{91}$	$\dfrac{210\sim300}{109}$
l系列		16，（18），20，（22），25，（28），30，（32），35，（38），40，45，50，（55），60，（65），70，（75），80，（85），90，（95），100，110，120，130，140，150，160，170，180，200，210，220，230，240，250，260，280，300										

注：P是粗牙螺纹的螺距。

3. 螺 钉

开槽圆柱头螺钉（摘自 GB/T 65—2000）

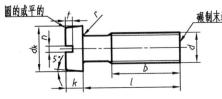

标记示例

螺纹规格 $d=$M5、公称长度 $l=20$mm、性能等级为4.8级、不经表面处理的 A 级的开槽圆柱头螺钉的标记：螺钉 *GB/T 65 M5X20*

附表 2-3　开槽圆头螺钉及其参数　　　　　　　　　　单位：mm

螺纹规格 d	M4	M5	M6	M8	M10
P（螺距）	0.7	0.8	1	1.25	1.5
b	38	38	38	38	38
d_k	7	8.5	10	13	16
k	2.6	3.3	3.9	5	6
n	1.2	1.2	1.6	2	2.5
r	0.2	0.2	0.25	0.4	0.4
t	1.1	1.3	1.6	2	2.4
公称长度 l	5～40	6～50	8～60	10～80	12～80
l 系列	5、6、8、10、12、（14）、16、20、25、30、35、40、45、50、（55）、60、（65）、70、（75）、80				

注：① 公称长度 $l \leqslant 40$ 的螺钉，制出全螺纹。
　　② 括号中的规格尽可能不采用。
　　③ 螺纹规格 $d = M1.6 \sim 10$；公称长度 $l = 2 \sim 80$。

开槽盘头螺钉（摘自 GB/T 67—2000）

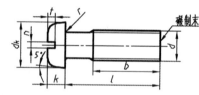

标记示例

螺纹规格 $d=M5$、公称长度 $l=20$mm、性能等级为 4.8 级、不经表面处理的 A 级的开槽盘头螺钉的标记：螺钉 GB/T 67 M5X20

附表 2-4　开槽盘头螺钉及其参数　　　　　　　　　　单位：mm

螺纹规格 d	M1.6	M2	M2.5	M3	M4	M5	M6	M8	M10
P（螺距）	0.35	0.4	0.45	0.5	0.7	0.8	1	1.25	1.5
b	25	25	25	25	38	38	38	38	38
d_k	3.2	4	5	5.6	8	9.5	12	16	20
k	1	1.3	1.5	1.8	2.4	3	3.6	4.8	6
n	0.4	0.5	0.6	0.8	1.2	1.2	1.6	2	2.5
r	0.1	0.1	0.1	0.1	0.2	0.2	0.25	0.4	0.4
t	0.35	0.5	0.6	0.7	1	1.2	1.4	1.9	2.4
公称长度 l	2～16	2.5～20	3～25	4～30	5～40	6～50	8～60	10～80	12～80
l 系列	2、5、3、4、5、6、8、10、12、（14）、16、20、25、30、35、40、45、50、（55）、60、（65）、70、（75）、80								

注：① 括号内的规格尽可能不采用。
　　② M1.6～M3 的螺钉，公称长度 $l \leqslant 30$ 的，制出全螺纹；
　　　 M4～M10 的螺钉，公称长度 $l \leqslant 40$，制出全螺纹。

开槽沉头螺钉（摘自 GB/T 68—2000）

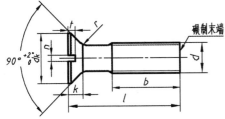

标记示例

螺纹规格d=M5、公称长度l=20mm、性能等级为4.8级、不经表面处理的A级的开槽沉头螺钉的标记：螺钉 GB/T 68 M5X20

附表 2-5　开槽沉头螺钉及其参数　　　　　　　　　　单位：mm

螺纹规格 d	M1.6	M2	M2.5	M3	M4	M5	M6	M8	M10
P（螺距）	0.35	0.4	0.45	0.5	0.7	0.8	1	1.25	1.5
b	25	25	25	25	38	38	38	38	38
d_k	3.6	4.4	5.5	6.3	9.4	10.4	12.6	17.3	20
k	1	1.2	1.5	1.65	2.7	2.7	3.3	4.65	5
n	0.4	0.5	0.6	0.8	1.2	1.2	1.6	2	2.5
r	0.4	0.5	0.6	0.8	1	1.3	1.5	2	2.5
t	0.5	0.6	0.75	0.85	1.3	1.4	1.6	2.3	2.6
公称长度 l	2.5~16	3~20	4~25	5~30	6~40	8~50	8~60	10~80	12~80
l 系列	2，5，3，4，5，6，8，10，12，（14），16，20，25，30，35，40，45，50，（55），60，（65），70，（75），80								

注：① 括号内的规格尽可能不采用。
　　② M1.6~M3 的螺钉，公称长度 $l \leqslant 30$ 的，制出全螺纹；
　　　　M4~M10 的螺钉，公称长度 $l \leqslant 45$ 的，制出全螺纹。

内六角圆柱头螺钉（摘自 GB/T 70.1—2000）

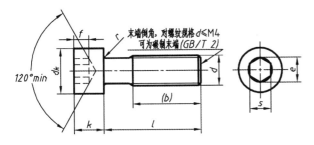

标记示例

螺纹规格d=M5、公称长度l=20mm、性能等级为8.8级、表面氧化的A级内六角圆柱头螺钉的标记：螺钉 GB/T 70.1 M5X20

附表 2-6　内六角圆柱头螺钉及其参数　　　　　　　　　　单位：mm

螺纹规格 d	M3	M4	M5	M6	M8	M10	M12	M14	M16	M20
P（螺距）	0.5	0.7	0.8	1	1.25	1.5	1.75	2	2	2.5
b 参考	18	20	22	24	28	32	36	40	44	52
d_k	5.5	7	8.5	10	13	16	18	21	24	30
k	3	4	5	6	8	10	12	14	16	20

螺纹规格 d	M3	M4	M5	M6	M8	M10	M12	M14	M16	M20
t	1.3	2	2.5	3	4	5	6	7	8	10
s	2.5	3	4	5	6	8	10	12	14	17
e	2.87	3.44	4.58	5.72	6.86	9.15	11.43	13.72	16.00	19.44
t	0.1	0.2	0.2	0.25	0.4	0.4	0.6	0.6	0.6	0.8
公称长度 l	5~30	6~40	8~50	10~60	12~80	16~100	20~120	25~140	25~160	30~200
$l\leqslant$表中数值时，制出全螺纹	20	25	25	30	35	40	45	55	55	65
l 系列	2, 5, 3, 4, 5, 6, 8, 10, 12, 16, 20, 25, 30, 35, 40, 45, 50, 55, 60, 65, 7, 80, 90, 100, 110, 120, 130, 140, 150, 160, 180, 200, 220, 240, 260, 80, 300										

注：螺纹规格 d = M1.6~M64。

十字槽沉头螺钉（摘自 GB/T 819.1—2000）

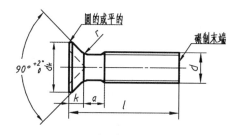

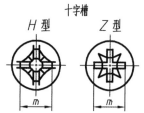

十字槽

H 型   Z 型

标记示例

螺纹规格 d=M5、公称长度 l=20mm、性能等级为4.8级、不经表面处理的A级的十字槽沉头螺钉的标记: 螺钉 GB/T 819.1 M5X20

附表 2-7   十字槽沉头螺钉及其参数   单位：mm

螺纹规格 d			M1.6	M2	M2.5	M3	M4	M5	M6	M8	M10
P			0.35	0.4	0.45	0.5	0.7	0.8	1	1.25	1.5
a		max	0.7	0.8	0.9	1	1.4	1.6	2	2.5	3
b		min	25	25	25	25	38	38	38	38	38
d_k	理论值	max	3.6	4.4	5.5	6.3	9.4	10.4	12.6	17.3	20
	实际值	max	3	3.8	4.7	5.5	8.4	9.3	11.3	15.8	18.3
		min	2.7	3.5	4.4	5.2	8	8.9	10.9	15.4	17.8
k		max	1	1.2	1.5	1.65	2.7	2.7	3.3	4.65	5
r		max	0.4	0.5	0.6	0.8	1	1.3	1.5	2	2.5
x		min	0.9	1	1.1	1.25	1.75	2	2.5	3.2	3.8

螺纹规格 d			M1.6	M2	M2.5	M3	M4	M5	M6	M8	M10
十字槽	槽号 No.		0		1		2		3	4	
	H 型	m 参考	1.6	1.9	.9	3.2	4.6	5.2	6.8	8.9	10
		插入深度 min	0.6	0.9	1.4	1.7	2.1	2.7	3	4	5.1
		插入深度 max	0.9	1.2	1.8	2.1	2.6	3.2	3.5	4.6	5.7
	Z 型	m 参考	1.6	1.9	2.8	3	4.4	4.9	6.6	8.8	9.8
		插入深度 min	0.7	0.95	1.45	1.6	2.05	.26	3	4.15	5.2
		插入深度 max	0.95	1.2	1.75	2	2.5	3.05	3.45	4.6	5.65

l 公称	min	max									
3	2.8	3.2									
4	3.7	4.3									
5	4.7	5.3									
6	5.7	6.3									
8	7.7	8.3									
10	9.7	10.3									
12	11.6	12.4									
（14）	13.6	14.4									
16	15.6	16.4					规格					
20	19.6	20.4									
25	24.6	25.4									
30	29.6	30.4							范 围			
35	34.5	35.5									
40	39.5	40.5									
45	44.5	45.5									
50	49.5	50.5									
（55）	54.4	55.6									
60	59.4	60.6									

注：① 尽可能不采用括号内的规格。
② P——螺距。
③ d_k 的理论值按 GB/T 5279—1985 规定。
④ 公称长度在虚线以上的螺钉，制出全螺纹 $[b = l - (k + a)]$。

紧定螺钉（摘自 GB/T 71—1985，GB/T 73—1985，GB/T 75—1985）

开槽锥端紧定螺钉	开槽平端紧定螺钉	开槽长圆柱端紧定螺钉
GB/T 71—1985	GB/T 73—1985	GB/T 75—1985

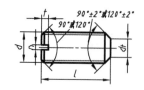 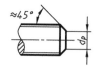 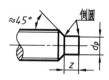

标记示例

螺纹规格 *d=M5*、公称长度 *l=12mm*、性能等级为 *14H* 级、表面
氧化的开槽锥端紧定螺钉的标记：螺钉 *GB/T 71 M5X12*

附表 2-8 紧定螺钉及其参数　　　　　　　单位：mm

螺纹规格 *d*		M1.6	M2	M2.5	M3	M4	M5	M6	M8	M10	M12
P（螺距）		0.35	0.4	0.45	0.5	0.7	0.8	1	1.25	1.5	1.75
n		0.25	0.25	0.4	0.4	0.6	0.8	1	1.2	1.6	2
t		0.74	0.84	0.95	1.05	1.42	1.63	2	2.5	3	3.6
d_k		0.16	0.2	0.25	0.3	0.4	0.5	1.5	2	2.5	3
d_p		0.8	1	1.5	2	2.5	3.5	4	5.5	7	8.5
z		1.05	1.25	1.5	1.75	2.25	2.75	3.25	4.3	5.3	6.3
l	GB/T 71—1985	2~8	3~10	3~12	4~16	6~20	8~25	8~30	10~40	12~50	14~60
	GB/T 73—1985	2-8	2~10	2.5~12	3~16	4~20	5~25	6~30	8~40	10~50	12~60
	GB/T 75—1985	2.5~8	3~10	4~12	5~16	6~20	8~25	10~30	10~40	12~50	14~60
l 系列		2, 2.5, 3, 4, 5, 6, 8, 10, 12, (14), 6, 20, 25, 30, 35, 40, 45, 50, (55), 60									

注：① *l* 为公称长度。
　② 括号内的规格尽可能不采用。

4. 螺　母

六角头螺母—C级（摘自 GB/T 41—2000）　1型六角头螺母—A 和 B 级（摘自 GB/T 6170—2000）
六角头薄螺母（摘自 GB/T 6172.1—2000）

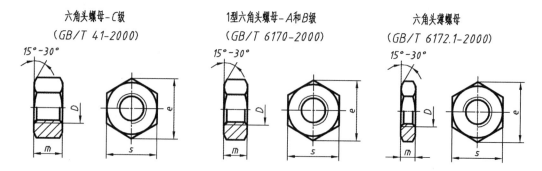

标记示例

螺纹规格 *d=M12*、性能等级为 *5* 级、不经表面处理的
C 级的六角头螺母标记：螺母 *GB/T 41 M12*

附表 2-9　螺母及其参数　　　　　　　　　　　单位：mm

螺纹规格 d		M3	M4	M5	M6	M8	M10	M12	M16	M20	M24	M30	M36	M42
e	GB/T 41			8.63	10.89	14.20	17.59	19.85	26.17	32.95	39.55	50.85	60.79	72.02
	GB/T 6170	6.01	7.66	8.79	11.05	14.38	17.77	20.03	26.75	32.95	39.55	50.85	60.79	72.02
	GB/T 6172.1	6.01	7.66	8.79	11.05	14.38	17.77	20.03	26.75	32.95	39.55	50.85	60.79	72.02
s	GB/T 41			8	10	13	16	18	24	30	36	46	55	65
	GB/T 6170	5.5	7	8	10	13	16	18	24	30	36	46	55	65
	GB/T 6172.1	5.5	7	8	10	13	16	18	24	30	36	46	55	65
m	GB/T 41			5.6	6.1	7.9	9.5	12.2	15.9	18.7	22.3	23.4	31.5	34.9
	GB/T 6170	2.4	3.2	4.7	5.2	6.8	8.4	10.8	14.8	18	21.5	25.6	31	34
	GB/T 6172.1	1.8	2.2	2.7	3.2	4	5	6	8	10	12	15	18	21

注：A 级用 D≤16；B 级用于 D >16。

5. 垫　圈

（1）平垫圈。

小垫圈—A 级（摘自 GB/T 848—2002）；平垫圈—A 级（摘自 GB/T 97.1—2002）；

平垫圈 倒角型—A 级（摘自 GB/T 97.2—2002）

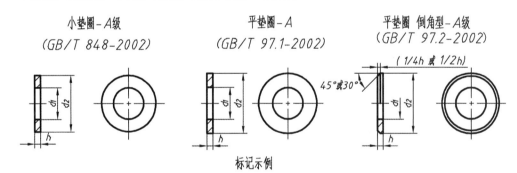

小垫圈–A级　　　　　　　平垫圈–A　　　　　平垫圈 倒角型–A级
（GB/T 848-2002）　　（GB/T 97.1-2002）　（GB/T 97.2-2002）

标记示例

标准系列、公称规格 8mm、由钢制造的硬度等级为 200HV 级、不经表面处理、产品等级为 A 级的平垫圈的标记：垫圈 GB/T 97.1 8

标准系列、公称规格 8mm，由 A2 组不锈钢制造的硬度等级为 200HV 级、不经表面处理、产品等级为 A 级的平垫圈的标记：垫圈 GB/T 97.1 8 A2

附表 2-10　平垫圈及其参数　　　　　　　　　单位：mm

公称尺寸 螺纹规格 d		1.6	2	2.5	3	4	5	6	8	10	12	14	16	20	24	30	36
d₁	GB/T 848	1.7	2.2	2.7	3.2	4.3	5.3	6.4	8.4	10.5	13	15	17	21	25	31	37
	GB/T 97.1	1.7	2.2	2.7	3.2	4.3	5.3	6.4	8.4	10.5	13	15	17	21	25	31	37
	GB/T 97.2	—	—	—	—	—	5.3	6.4	8.4	10.5	13	15	17	21	25	31	37

公称尺寸 螺纹规格 d		1.6	2	2.5	3	4	5	6	8	10	12	14	16	20	24	30	36
d_2	GB/T 848	3.5	4.5	5	6	8	9	11	15	18	20	24	28	34	39	50	60
	GB/T 97.1	4	5	6	7	9	10	12	16	20	24	28	30	37	44	56	66
	GB/T 97.2	—	—	—	—	—	10	12	16	20	24	28	30	37	44	56	66
h	GB/T 848	0.3	0.3	0.5	0.5	0.5	1	1.6	1.6	1.6	2	2.5	2.5	3	4	4	5
	GB/T 97.1	0.3	0.3	0.5	0.5	0.5	1	1.6	1.6	2	2.5	2.5	2.5	3	4	4	5
	GB/T 97.2	—	—	—	—	—	1	1.6	1.6	2	2.5	2.5	2.5	3	4	4	5

（2）弹簧垫圈。

标准型弹簧垫圈（摘自 GB/T 93—1987）

轻型弹簧垫圈（摘自 GB/T 859—1987）

标准型弹簧垫圈
（GB/T 93-1987）

轻型弹簧垫圈
（GB/T 859-1987）

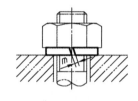
标记示例

规格16、材料为65Mn表面氧化的标准型弹簧垫圈的标记: 垫圈 GB/T 93 16

附表 2-11　弹簧垫圈及其参数　　　　　单位：mm

规格（螺纹大径）		3	4	5	6	8	10	12	（14）	16	（18）	20	（22）	24	（27）	30
d		3.1	4.1	5.1	6.1	8.1	10.1	12.2	14.2	16.2	18.2	20.2	22.5	24.5	27.5	30.5
H	GB/T 93	1.6	2.2	2.6	3.2	4.2	5.2	6.2	7.2	8.2	9	10	11	12	13.6	15
	GB/T 859	1.2	1.6	2.2	2.6	3.2	4	5	6.4	7.2	8	9	10	11	10	12
S（b）	GB/T 93	0.8	1.1	1.3	1.6	2.1	2.6	3.1	3.6	4.1	4.5	5	5.5	6	6.8	7.5
S	GB/T 859	0.6	0.8	1.1	1.3	1.6	2	2.5	3	3.2	3.6	4	4.5	5	5.5	6
$m \leqslant$	GB/T 93	0.4	0.55	0.65	0.8	1.05	1.3	1.55	1.8	2.05	2.25	2.5	2.75	3	3.4	3.75
	GB/T 859	0.3	0.4	0.55	0.65	0.8	1	1.25	1.5	1.6	1.8	2	2.25	2.5	2.75	3
b	GB/T 859	1	1.2	1.2	2	2.5	3	3.5	4	4.5	5	5.5	6	7	8	9

注：① 括号内的规格尽可能不采用。

　　② m 应大于零。

附录 3　常用键与销

1. 键

（1）平键与键槽的剖面尺寸（摘自 GB/T 1095—2003）。

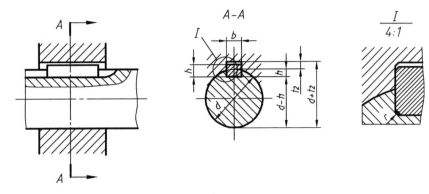

附表 3-1　平键与键槽的剖面尺寸　　　　　　　　单位：mm

轴的公称直径 d	键尺寸 b×h	宽度 b 基本尺寸	正常联结 轴 N9	正常联结 毂 JS9	紧密联结 轴和毂 P9	松联结 轴 H9	松联结 毂 D10	深度 轴 t1 基本尺寸	轴 t1 极限偏差	深度 毂 t2 基本尺寸	毂 t2 极限偏差	半径 r min	半径 r max
6~8	2×2	2	−0.004 / −0.029	±0.012	−0.006 / −0.031	+0.025 / 0	+0.060 / +0.020	1.2		1.0		0.08	0.16
>8~10	3×3	3						1.8	+0.1 / 0	1.4	+0.1 / 0		
>10~12	4×4	4	0 / −0.030	±0.015	−0.012 / −0.042	+0.030 / 0	+0.078 / +0.030	2.5		1.8			
>12~17	5×5	5						3.0		2.3			
>17~22	6×6	6						3.5		2.8		0.16	0.25
>22~30	8×7	8	0 / −0.036	±0.018	−0.015 / −0.051	+0.036 / 0	+0.098 / +0.040	4.0		3.3			
>30~38	10×8	10						5.0		3.3			
>38~44	12×8	12						5.0	+0.2 / 0	3.3	+0.2 / 0	0.25	0.40
>44~50	14×9	14	0 / −0.043	±0.0215	−0.018 / −0.061	+0.043 / 0	+0.120 / +0.050	5.5		3.8			
>50~58	16×10	16						6.0		4.3			
>58~65	18×11	18						7.0		4.4			
>65~75	20×12	20	0 / −0.052	±0.026	−0.022 / −0.074	+0.052 / 0	+0.149 / +0.065	7.5		4.9			
>75~85	22×14	22						9.0	+0.2 / 0	5.4	+0.2 / 0	0.40	0.60
>85~95	25×14	25						9.0		5.4			
>95~110	28×16	28						10.0		6.4			
>110~130	32×18	32						11.0		7.4			
>130~150	36×20	36	0 / −0.062	±0.031	−0.026 / −0.088	+0.062 / 0	+0.180 / +0.080	12.0		8.4			
>150~170	40×22	40						13.0		9.4		0.70	1.00
>170~200	45×25	45						15.0		10.4			
>200~230	50×28	50						17.0		11.4			
>230~260	56×32	56						20.0	+0.3 / 0	12.4	+0.3 / 0	1.20	1.60
>260~290	63×32	63	0 / −0.074	±0.037	−0.032 / −0.106	+0.074 / 0	+0.220 / +0.100	20.0		12.4			
>290~330	70×36	70						22.0		14.4			
>330~380	80×40	80						25.0		15.4			
>380~440	90×45	90	0 / −0.087	±0.0435	−0.037 / −0.124	+0.087 / 0	+0.260 / +0.120	28.0		17.4		2.00	2.50
>440~500	100×50	100						31.0		19.5			

（2）普通平键的型式尺寸（摘自 GB/T 1096—2003）。

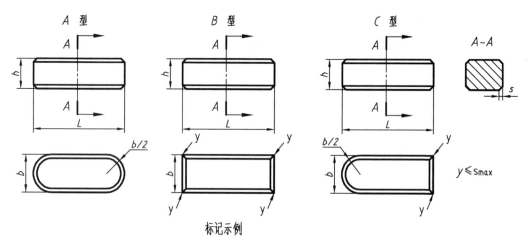

标记示例

宽度 b= 16mm、高度 h= 10mm、长度 L= 100mm 普通 A 型平键的标记为：GB/T 1096 键 16×10×100
宽度 b= 16mm、高度 h= 10mm、长度 L= 100mm 普通 B 型平键的标记为：GB/T 1096 键 B16×10×100
宽度 b= 16mm、高度 h= 10mm、长度 L= 100mm 普通 C 型平键的标记为：GB/T 1096 键 C16×10×100

附表 3-2　普通平键的型式尺寸　　　　　　　　　　　　　　单位：mm

宽度 b	基本尺寸	2	3	4	5	6	8	10	12	14	16	18	20	22
	极限偏差（h8）	0 −0.007			0 −0.018			0 −0.022		0 −0.027			0 −0.033	
高度 h	基本尺寸	2	3	4	5	6	7	8	8	9	10	11	12	14
	极限偏差 矩形（h11）	—			—			0 −0.090				0 −0.110		
	方形（h8）	0 −0.014			0 −0.018			—				—		
倒角或倒圆 s		0.16~0.25			0.25~0.40			0.40~0.60				0.60~0.80		

长度 L														
基本尺寸	极限偏差（h14）													
6	0 −0.36			—	—	—	—	—	—	—	—	—	—	—
8					—	—	—	—	—	—	—	—	—	—
10						—	—	—	—	—	—	—	—	—
12	0 −0.43						—	—	—	—	—	—	—	—
14							—	—	—	—	—	—	—	—
16								—	—	—	—	—	—	—
18								—	—	—	—	—	—	—
20									—	—	—	—	—	—
22	0 −0.52	—			标准					—	—	—	—	—
25		—								—	—	—	—	—
28		—									—	—	—	—
32		—										—	—	—
36	0 −0.62	—											—	—
40		—	—										—	—

宽度 b	基本尺寸	2	3	4	5	6	8	10	12	14	16	18	20	22
	极限偏差（h8）	0 −0.007			0 −0.018			0 −0.022			0 −0.027			0 −0.033	
45		—	—					长度				—	—	—
50		—	—	—									—	—
56		—	—	—										—
63	0 −0.74	—	—	—	—									
70		—	—	—	—									
80		—	—	—	—	—								
90	0 −0.87	—	—	—	—	—		范围						
100		—	—	—	—	—	—							
110		—	—	—	—	—	—							

（3）半圆键和键槽的剖面尺寸（摘自 GB/T 1098—2003）。

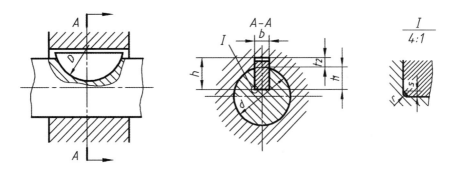

附表 3-3　半圆键和键槽的剖面尺寸　　　　　　单位：mm

键尺寸 $b \times h \times D$	键　槽										
	基本尺寸	宽度 b					深　度				半径 R
		极　限　偏　差					轴 t_1		毂 t_2		
		正常联结		紧密联结	松联结		基本尺寸	极限偏差	基本尺寸	极限偏差	
		轴 N9	毂 JS9	轴和毂 P9	轴 H9	毂 D10					min	max
1.× 1.4 × 4 1.× 1.1 × 4	1						1.0		0.6			
1.5 × 2.6 × 7 1.5 × 2.1 × 7	1.5						2.0	+0.1 0	0.8			
2.× 2.6 × 7 2.× 2.1 × 7	2						1.8		1.0	+0.1 0		
2.× 3.7 × 10 2.× 3 × 10	2	−0.004 −0.029	±0.012 5	−0.006 −0.031	+0.025 0	+0.060 +0.020	2.9		1.0		0.16	0.08
2.5 × 3.7 × 10 2.5 × 3 × 10	2.5						2.7		1.2			
3× 5 × 12 3× 4 × 12	3						3.8	+0.2 0	1.4			
3× 6.5 × 16 3× 5.2 × 16	3						5.3		1.4		0.25	0.16

续附表 3-3

键尺寸 $b \times h \times D$	宽度 b						深 度				半径 R	
	基本尺寸	极限偏差					轴 t_1		毂 t_2			
		正常联结		紧密联结	松联结		基本尺寸	极限偏差	基本尺寸	极限偏差	min	max
		轴 N9	毂 JS9	轴和毂 P9	轴 H9	毂 D10						
$4 \times 6.5 \times 16$ $4 \times 5.2 \times 16$	4	0 −0.030	±0.015	−0.012 −0.042	+0.030 0	+0.078 +0.030	5.0	+0.3 0	1.8	+0.1 0		
$4 \times 7.5 \times 19$ $4 \times 6 \times 19$	4						6.0		1.8			
$5 \times 6.5 \times 16$ $5 \times 5.2 \times 16$	5						4.5		2.3			
$5 \times 7.5 \times 19$ $5 \times 6 \times 19$	5						5.5		2.3			
$5 \times 9 \times 22$ $5 \times 7.2 \times 22$	5						7.0		2.3			
$6 \times 9 \times 22$ $6 \times 7.2 \times 22$	6						6.5		2.8			
$6 \times 10 \times 28$ $6 \times 8 \times 28$	6						7.5		2.8	+0.2 0		
$8 \times 11 \times 28$ $8 \times 8.8 \times 28$	8	0 −0.036	±0.018	−0.015 −0.051	+0.036 0	+0.098 +0.040	8.0		3.3		0.40	0.25
$10 \times 13 \times 32$ $10 \times 10.4 \times 32$	10						10		3.3			

注：键尺寸中的公称直径 D 即为键槽直径最小值。

（4）半圆键的型式尺寸（摘自 GB/T 1099.1—2003）。

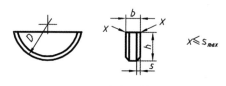

标记示例

宽度 b = 6mm、高度 h = 10mm、直径 D = 25mm 普通型半圆键的标记为：*GB/T 1099.1 键 6×10×25*

附表 3-4　半圆键的型式尺寸　　　　　单位：mm

键尺寸 $b \times h \times D$	宽度 b		高度 h		直径 D		倒角或倒圆 s	
	基本尺寸	极限偏差	基本尺寸	极限偏差（h12）	基本尺寸	极限偏差（h12）	min	max
$1 \times 1.4 \times 4$	1	0 −0.025	1.4	0 −0.010	4	0 −0.120	0.16	0.25
$1.5 \times 2.6 \times 7$	1.5		2.6		7	0 −0.150		
$2 \times 2.6 \times 7$	2		2.6		7			
$2 \times 3.7 \times 10$	2		3.7	0 −0.012	10			

键尺寸	宽度 b		高度 h		直径 D		倒角或倒圆 s	
$b \times h \times D$	基本尺寸	极限偏差	基本尺寸	极限偏差（h12）	基本尺寸	极限偏差（h12）	min	max
2.5×3.7×10	2.5		3.7	$0 \atop -0.012$	10	$0 \atop -0.150$	0.16	0.25
3×5×13	3		5		13	$0 \atop -0.180$		
3×6.5×16	3		6.5		16			
4×6.5×16	4		6.5		16			
4×7.5×19	4		7.5		19	$0 \atop -0.210$		
5×6.5×16	5	$0 \atop -0.025$	6.5	$0 \atop -0.015$	16	$0 \atop -0.180$		
5×7.5×19	5		7.5		19			
5×9×22	5		9		22			
6×9×22	6		9		22	$0 \atop -0.210$		
6×10×25	6		10		25			
8×11×28	8		11	$0 \atop -0.018$	28		0.40	0.60
10×13×32	10		13		32	$0 \atop -0.250$		

2. 销

（1）圆柱销（摘自 GB/T 119.1—2000）——不淬火钢和奥氏体不锈钢。

末端形状，由制造者确定，允许倒圆或凹穴

标记示例

公称直径 d=6mm、公差为 m6、公称长度 l=30mm、材料为钢、不经淬火、不经表面处理的圆柱销的标记：
　　销 GB/T 119.1 6m6×30
公称直径 d=6mm、公差为 m6、公称长度 l=30mm、材料为 A1 组奥氏体不锈钢、表面简单处理的圆柱销的标记：
　　销 GB/T119.1 6m6×30-A1

附表 3-5　圆柱销相关参数　　　　　　单位：mm

公称直径 d（m6/h8）	0.6	0.8	1	1.2	1.5	2	2.5	3	4	5
$c \approx$	0.12	0.16	0.20	0.25	0.30	0.35	0.40	0.50	0.63	0.80
l（商品规格范围公称长度）	2~6	2~8	4~10	4~12	4~16	6~20	6~24	8~30	8~40	10~50
公称直径 d（m6/h8）	6	8	10	12	16	20	25	30	40	50
$c \approx$	1.2	1.6	2.0	2.5	3.0	3.5	4.0	5.0	6.3	8.0
l（商品规格范围公称长度）	12~60	14~80	18~95	22~140	26~180	35~200	50~200	60~200	80~200	95~200
l 系列	2，3，4，5，6，8，10，12，14，16，18，20，22，24，26，28，30，32，35，40，45，50，55，60，65，70，75，80，85，90，95，100，120，140，160，180，200									

（2）圆锥销（摘自 GB/T 117—2000）。

公称直径d=6mm、公称长度l=30mm、材料为35钢、热处理硬度28～38HRC、表面氧化处理的
A型圆锥销的标记：销 *GB/T 117 6X30*

附表 3-6　圆锥销相关参数　　　　　　　　　　　　　单位：mm

d（公称直径）	0.6	0.8	1	1.2	1.5	2	2.5	3	4	5
$a \approx$	0.08	0.1	0.12	0.16	0.2	0.25	0.3	0.4	0.5	0.63
l（商品规格范围公称长度）	4～8	5～12	6～16	6～20	8～24	10～35	10～35	12～45	14～55	18～60
d（公称）	6	8	10	12	16	20	25	30	40	50
$a \approx$	0.8	1	1.2	1.6	2	2.5	3	4	5	6.3
l（商品规格范围公称长度）	22～90	22～120	26～160	32～180	40～200	45～200	50～200	55～200	60～200	65～200
l 系列	2、3、4、5、6、8、10、12、14、16、18、20、22、24、26、28、30、32、35、40、45、50、55、60、65、70、75、80、85、90、95、100、120、140、160、180、200										

（3）开口销（摘自 GB/T 91—2000）。

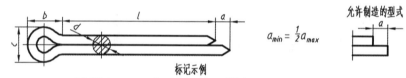

公称规格为5mm、公称长度l=50mm、材料为Q215或Q235、
不经表面处理的开口销的标记：销 *GB/T 91 5X50*

附表 3-7　开口销相关参数　　　　　　　　　　　　　单位：mm

公称规格		0.6	0.8	1	1.2	1.6	2	2.5	3.2	4	5	6.3	8	10	13
d	max	0.5	0.7	0.9	1.0	1.4	1.8	2.3	2.9	3.7	4.6	5.9	7.5	9.5	12.4
	min	0.4	0.6	0.8	0.9	1.3	1.7	2.1	2.7	3.5	4.4	5.7	7.3	9.3	12.1
c	max	1	1.4	1.8	2	2.8	3.6	4.6	5.8	7.4	9.2	11.8	15	19	24.8
	min	0.9	1.2	1.6	1.7	2.4	3.2	4	5.1	6.5	8	10.3	13.1	16.6	21.7
$b \approx$		2	2.4	3	3	3.2	4	5	6.4	8	10	12.6	16	20	26
a_{max}		1.6	1.6	1.6	2.5	2.5	2.5	2.5	3.2	4	4	4	4	6.3	6.3
l（商品规格范围公称长度）		4～12	5～16	6～20	8～26	8～32	10～40	12～50	14～65	18～80	30～120	30～120	40～160	45～200	70～200
l 系列		4、5、6、8、10、12、14、16、18、20、22、24、26、28、30、32、36、40、45、50、55、60、65、70、75、80、85、90、95、100、120、140、160、180、200													

注：公称规格等与开口销孔直径推荐的公差为
　　公称规格≤1.2：H13；
　　公称规格>1.2：H14。

附录 4　常用滚动轴承

1. 深沟球轴承（摘自 GB/T 276—1994）—60000 型

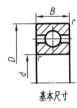

基本尺寸　　安装尺寸

标记示例

内径 $d=20$ 的 60000 型深沟球轴承，尺寸系列为

（0）2，组合代号为 62 的标记：

滚动轴承 6204 GB/T 276-1994

附表 4-1　深沟球轴承相关参数　　　　　　单位：mm

轴承代号	基本尺寸				安装尺寸		
	d	D	B	r min	d_a min	D_a max	r_a max
（0）尺寸系列							
6000	10	26	8	0.3	12.4	23.6	0.3
6001	12	28	8	0.3	14.4	25.6	0.3
6002	15	32	9	0.3	17.4	29.6	0.3
6003	17	35	10	0.3	19.4	32.6	0.3
6004	20	42	12	0.6	25	37	0.6
6005	25	47	12	0.6	30	42	0.6
6006	30	55	13	1	36	49	1
6007	35	62	14	1	41	56	1
6008	40	68	15	1	46	62	1
6009	45	75	16	1	51	69	1
6010	50	80	16	1	56	74	1
6011	55	90	18	1.1	62	83	1
6012	60	95	18	1.1	67	88	1
6013	65	100	18	1.1	72	93	1
6014	70	110	20	1.1	77	103	1
6015	75	115	20	1.1	82	108	1
6016	80	125	22	1.1	87	118	1
6017	85	130	22	1.1	92	123	1
6018	90	140	24	1.5	99	131	1.5
6019	95	145	24	1.5	104	136	1.5
6020	100	150	24	1.5	109	141	1.5
（0）2尺寸系列							
6200	10	30	9	0.6	15	25	0.6
6201	12	32	10	0.6	17	27	0.6
6202	15	35	11	0.6	20	30	0.6
6203	17	40	13	0.6	22	35	0.6
6204	20	47	14	1	26	41	1
6205	25	52	15	1	31	46	1
6206	30	62	16	1	36	56	1
6207	35	72	17	1.1	42	65	1
6208	40	80	18	1.1	47	73	1
6209	45	85	19	1.1	52	78	1
6210	50	90	20	1.1	57	83	1
6211	55	100	21	1.5	64	91	1.5
6212	60	110	22	1.5	69	101	1.5
6213	65	120	23	1.5	74	111	1.5
6214	70	125	24	1.5	79	116	1.5
6215	75	130	25	1.5	84	121	1.5

轴承代号	基本尺寸				安装尺寸		
	d	D	B	r min	d_a min	D_a max	r_a max
（0）2 尺寸系列							
6216	80	140	26	2	90	130	2
6217	85	150	28	2	95	140	2
6218	90	160	30	2	100	150	2
6219	95	170	32	2.1	107	158	2.1
6220	100	180	34	2.1	112	168	2.1
（0）3 尺寸系列							
6300	10	35	11	0.6	15	30	0.6
6301	12	37	12	1	18	31	1
6302	15	42	13	1	21	36	1
6303	17	47	14	1	23	41	1
6304	20	52	15	1.1	27	45	1
6305	25	62	17	1.1	32	55	1
6306	30	72	19	1.1	37	65	1
6307	35	80	21	1.5	44	71	1.5
6308	40	90	23	1.5	49	81	1.5
6309	45	100	25	1.5	54	91	1.5
6310	50	110	27	2	60	100	2
6311	55	120	29	2	65	110	2
6312	60	130	31	2.1	72	118	2.1
6313	65	140	33	2.1	77	128	2.1
6314	70	150	35	2.1	82	138	2.1
6315	75	160	37	2.1	87	148	2.1
6316	80	170	39	2.1	92	158	2.1
6317	85	180	41	3	99	166	2.5
6318	90	190	43	3	104	176	2.5
6319	95	200	45	3	109	186	2.5
6320	100	215	47	3	114	201	2.5
（0）4 尺寸系列							
6403	17	62	17	1.1	24	55	1
6404	20	72	19	1.1	27	65	1
6405	25	80	21	1.5	34	71	1.5
6406	30	90	23	1.5	39	81	1.5
6407	35	100	25	1.5	44	91	1.5
6408	40	110	27	2	50	100	2
6409	45	120	29	2	55	110	2
6410	50	130	31	2.1	62	118	2.1
6411	55	140	33	2.1	67	128	2.1
6412	60	150	35	2.1	72	138	2.1
6413	65	160	37	2.1	77	148	2.1
6414	70	180	42	3	84	166	2.5
6415	75	190	45	3	89	176	2.5
6416	80	200	48	3	94	186	2.5
6417	85	210	52	4	103	192	3
6418	90	225	54	4	108	207	3
6420	100	250	58	4	118	232	3

2. 圆锥滚子轴承（摘自 GB/T 297—1994）—30000 型

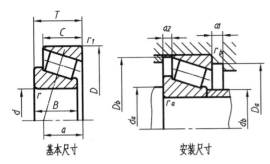

基本尺寸　　　　安装尺寸

标记示例

内径 $d=20$，尺寸系列为 02 的 30000 型
圆锥滚子轴承的标记：

滚动轴承 30204 GB/T 297-1994

附表 4-2　圆锥滚子轴承　　　　　　　　　　　　单位：mm

轴承代号	基本尺寸								安装尺寸								
	d	D	T	B	C	r min	r_1 min	a	d_a min	d_b min	D_a min	D_a max	D_b min	a_1 min	a_2 min	r_a max	r_b max
02 尺寸系列																	
30203	17	40	13.25	12	11	1	1	9.9	23	23	34	34	37	2	2.5	1	1
30204	20	47	15.25	14	12	1	1	11.2	26	27	40	41	43	2	3.5	1	1
30205	25	52	16.25	15	13	1	1	12.5	31	31	44	46	48	2	3.5	1	1
30206	30	62	17.25	16	14	1	1	13.8	36	37	53	56	58	2	3.5	1	1
30207	35	72	18.25	17	15	1.5	1.5	15.3	42	44	62	65	67	3	3.5	1.5	1.5
30208	40	80	19.75	18	16	1.5	1.5	16.9	47	49	69	73	75	3	4	1.5	1.5
30209	45	85	20.75	19	16	1.5	1.5	18.6	52	53	74	78	80	3	5	1.5	1.5
30210	50	90	21.75	20	17	1.5	1.5	20	57	58	79	83	86	3	5	1.5	1.5
30211	55	100	22.75	21	18	2	1.5	21	64	64	88	91	95	4	5	2	1.5
30212	60	110	23.75	22	19	2	1.5	22.3	69	69	96	101	103	4	5	2	1.5
30213	65	120	24.75	23	20	2	1.5	23.8	74	77	106	111	114	4	5	2	1.5
30214	70	125	26.25	24	21	2	1.5	25.8	79	81	110	116	119	4	5.5	2	1.5
30215	75	130	27.25	25	22	2	1.5	27.4	84	85	115	121	125	4	5.5	2	1.5
30216	80	140	28.25	26	22	2.5	2	28.1	90	90	124	130	133	4	6	2.1	2
30217	85	150	30.5	28	24	2.5	2	30.3	95	96	132	140	142	5	6.5	2.1	2
30218	90	160	32.5	30	26	2.5	2	32.3	100	102	140	150	151	5	6.5	2.1	2
30219	95	170	34.5	32	27	3	2.5	34.2	107	108	149	158	160	5	7.5	2.5	2.1
30220	100	180	37	34	29	3	2.5	36.4	112	114	157	168	169	5	8	2.5	2.1
03 尺寸系列																	
30302	15	42	14.25	13	11	1	1	9.6	21	22	36	36	38	2	3.5	1	1
30303	17	47	15.25	14	12	1	1	10.4	23	25	40	41	43	3	3.5	1	1
30304	20	52	16.25	15	13	1.5	1.5	11.1	27	28	44	45	48	3	3.5	1.5	1.5
30305	25	62	18.25	17	15	1.5	1.5	13	32	34	54	55	58	3	3.5	1.5	1.5
30306	30	72	20.75	19	16	1.5	1.5	15.3	37	40	62	65	66	3	5	1.5	1.5
30307	35	80	22.75	21	18	2	1.5	16.8	44	45	70	71	74	3	5	2	1.5
30308	40	90	25.25	23	20	2	1.5	19.5	49	52	77	81	84	3	5.5	2	1.5
30309	45	100	27.25	25	22	2	1.5	21.3	54	59	86	91	94	3	5.5	2	1.5
30310	50	110	29.25	27	23	2.5	2	23	60	65	95	100	103	4	6.5	2	2
30311	55	120	31.5	29	25	2.5	2	24.9	65	70	104	110	112	4	6.5	2.5	2

轴承代号	基本尺寸								安装尺寸								
	d	D	T	B	C	r min	r_1 min	a	d_a min	d_b min	D_a min	D_a max	D_b min	a_1 min	a_2 min	r_a max	r_b max
03 尺寸系列																	
30312	60	130	33.5	31	26	3	2.5	26.6	72	76	112	118	121	5	7.5	2.5	2.1
30313	65	140	36	33	28	3	2.5	28.7	77	83	122	128	131	5	8	2.5	2.1
30314	70	150	38	35	30	3	2.5	30.7	82	89	130	38	141	5	8	2.5	2.1
30315	75	160	40	37	31	3	2.5	32	87	95	139	148	150	5	9	2.5	2.1
30316	80	170	42.5	39	33	3	2.5	34.4	92	102	148	158	160	5	9.5	2.5	2.1
30317	85	180	44.5	41	34	4	3	35.9	99	107	156	166	168	6	10.5	3	2.5
30318	90	190	46.5	43	36	4	3	37.5	104	113	165	176	178	6	10.5	3	2.5
30319	95	200	49.5	45	38	4	3	40.1	109	118	172	186	185	6	11.5	3	2.5
30320	100	215	51.5	47	39	4	3	42.2	114	127	184	201	199	6	12.5	3	2.5
22 尺寸系列																	
32206	30	62	21.25	20	17	1	1	15.6	36	36	52	56	58	3	4.5	1	1
32207	35	72	24.25	23	19	1.5	1.5	17.9	42	42	61	65	68	3	5.5	1.5	1.5
32208	40	80	24.75	23	19	1.5	1.5	18.9	47	48	68	73	75	3	6	1.5	1.5
32209	45	85	24.75	23	19	1.5	1.5	20.1	52	53	73	78	81	3	6	1.5	1.5
32210	50	90	24.75	23	19	1.5	1.5	21	57	57	78	83	86	3	6	1.5	1.5
32211	55	100	26.75	25	21	2	1.5	22.8	64	62	87	91	96	4	6	2	1.5
32212	60	110	29.75	28	24	2	1.5	25	69	68	95	101	105	4	6	2	1.5
32213	65	120	32.75	31	27	2	1.5	27.3	74	75	104	111	115	4	6	2	1.5
32214	70	125	33.25	31	27	2	1.5	28.8	79	79	108	116	120	4	6.5	2	1.5
32215	75	130	33.25	31	27	2	1.5	30	84	84	115	121	126	4	6.5	2	1.5
32216	80	140	35.25	33	28	2.5	2	31.4	90	89	122	130	135	5	7.5	2.1	2
32217	85	150	38.5	36	30	2.5	2	33.9	95	95	130	140	143	5	8.5	2.1	2
32218	90	160	42.5	40	34	2.5	2	36.8	100	101	138	150	153	5	8.5	2.1	2
32219	95	170	45.5	43	37	3	2.5	39.2	107	106	145	158	163	5	8.5	2.5	2.1
32220	100	180	49	46	39	3	2.5	41.9	112	113	154	168	172	5	10	2.5	2.1
23 尺寸系列																	
32303	17	47	20.25	19	16	1	1	12.3	23	24	39	41	43	3	4.5	1	1
32304	20	52	22.25	21	18	1.5	1.5	13.6	27	26	43	45	48	3	4.5	1.5	1.5
32305	25	62	25.25	24	20	1.5	1.5	15.9	32	32	52	55	58	3	5.5	1.5	1.5
32306	30	72	28.75	27	23	1.5	1.5	18.9	37	38	59	65	66	4	6	1.5	1.5
32307	35	80	32.75	31	25	2	1.5	20.4	44	43	66	71	74	4	8.5	2	1.5
32308	40	90	35.25	33	27	2	1.5	23.3	49	49	73	81	83	4	8.5	2	1.5
32309	45	100	38.25	36	30	2	1.5	5.6	54	56	82	91	93	4	8.5	2	1.5
32310	50	110	42.25	40	33	2.5	2	28.2	60	61	90	100	102	5	9.5	2	2
32311	55	120	45.5	43	35	2.5	2	30.4	65	66	99	110	111	5	10	2.5	2
32312	60	310	48.5	46	37	3	2.5	32	72	72	107	118	122	6	11.5	2.5	2.1
32313	65	140	51	48	39	3	2.5	34.3	77	79	117	128	131	6	12	2.5	2.1
32314	70	150	54	51	42	3	2.5	36.5	82	84	125	138	141	6	12	2.5	2.1
32315	75	160	58	55	45	3	2.5	39.4	87	91	133	148	150	7	13	2.5	2.1
32316	80	170	61.5	58	48	3	2.5	42.1	92	97	142	158	160	7	13.5	2.5	2.1
32317	85	180	63.5	60	49	4	3	43.5	99	102	150	166	168	8	14.5	3	2.5
32318	90	190	67.5	64	53	4	3	46.2	104	107	157	176	178	8	14.5	3	2.5
32319	95	200	71.5	67	55	4	3	49	109	114	166	186	187	8	16.5	3	2.5
32320	100	215	77.5	73	60	4	3	52.9	114	122	177	201	201	8	17.5	3	2.5

3. 推力球轴承（摘自 GB/T 301—1995）—51000 型和 52000 型

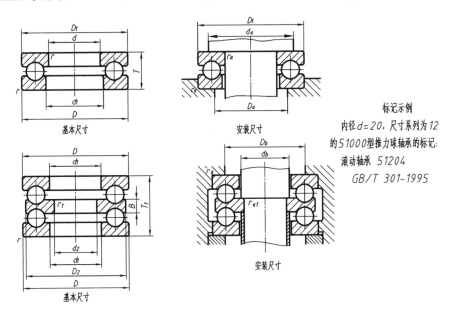

基本尺寸　　　　安装尺寸

基本尺寸

安装尺寸

标记示例

内径d=20，尺寸系列为12

的51000型推力球轴承的标记：

滚动轴承 51204

GB/T 301-1995

附表 4-3　推力球轴承相关参数　　　　　　　　单位：mm

轴承代号		基本尺寸											安装尺寸					
		d	d_2	D	T	T_1	d_1 min	D_1 max	D_2 max	B	r min	r_1 min	d_a min	D_a max	D_b min	d_b max	r_a	r_{a1}
12（51000 型），22（52000 型）尺寸系列																		
51200	—	10	—	26	11	—	12	26	—	—	0.6	—	20	16	—	—	0.6	—
51201	—	12	—	28	11	—	14	28	—	—	0.6	—	22	18	—	—	0.6	—
51202	52202	15	10	32	12	22	17	32	32	5	0.6	0.3	25	22	15		0.6	0.3
51203	—	17	—	35	12	—	19	35	—	—	0.6	—	28	24	—	—	0.6	—
51204	52204	20	15	40	14	26	22	40	40	6	0.6	0.3	32	28	20		0.6	0.3
51205	52205	25	20	47	15	28	27	47	47	7	0.6	0.3	38	34	25		0.6	0.3
51206	52206	30	25	52	16	29	32	52	52	7	0.6	0.3	43	39	30		0.6	0.3
51207	52207	35	30	62	18	34	37	62	62	8	1	0.3	51	46	35		1	0.3
51208	52208	40	30	68	19	36	42	68	68	9	1	0.6	57	51	40		1	0.6
51209	52209	45	35	73	20	37	47	73	73	9	1	0.6	62	56	45		1	0.6
51210	52210	50	40	78	22	39	52	78	78	9	1	0.6	67	61	50		1	0.6
51211	52211	55	45	90	25	45	57	90	90	10	1	0.6	76	69	55		1	0.6
51212	52212	60	50	95	26	46	62	95	95	10	1	0.6	81	74	60		1	0.6
51213	52213	65	55	100	27	47	67	100		10	1	0.6	86	79	79	65	1	0.6
51214	52214	70	55	105	27	47	72	105		10	1	1	91	84	84	70	1	1
51215	52215	75	60	110	27	47	77	110		10	1	1	96	89	89	75	1	1
51216	52216	80	65	115	28	48	82	115		10	1	1	101	94	94	80	1	1
51217	52217	85	70	125	31	55	88	125		12	1	1	109	101	109	85	1	1
51218	52218	90	75	135	35	62	93	135		14	1.1	1	117	108	108	90	1	1
51220	52220	100	85	150	38	67	103	150		15	1.1	1	130	120	120	100	1	1

轴承代号		基本尺寸												安装尺寸					
		d	d_2	D	T	T_1	d_1 min	D_1 max	D_2 max	B	r min	r_1 min	d_a min	D_a max	D_b min	d_b max	r_a	r_{a1}
13（51000 型），23（52000 型）尺寸系列																		
51304	—	20	—	47	18	—	22	47		—	1	—	36	31	—	—	1	—
51305	52305	25	20	52	18	34	27	52		8	1	0.3	41	36	36	25	1	0.3
51306	52306	30	25	60	21	38	32	60		9	1	0.3	48	42	42	30	1	0.3
51307	52307	35	30	68	24	44	37	68		10	1	0.3	55	48	48	35	1	0.3
51308	52308	40	30	78	26	49	42	78		12	1	0.6	63	55	55	40	1	0.6
51309	52309	45	35	85	28	52	47	85		12	1	0.6	69	61	61	45	1	0.6
51310	52310	50	40	95	31	58	52	95		14	1.1	0.6	77	68	68	50	1	0.6
51311	52311	55	45	105	35	64	57	105		15	1.1	0.6	85	75	75	55	1	0.6
51312	52312	60	50	110	35	64	62	110		15	1.1	0.6	90	80	80	60	1	0.6
51313	52313	65	55	115	36	65	67	115		15	1.1	0.6	95	85	85	65	1	0.6
51314	52314	70	55	125	40	72	72	125		16	1.1	1	103	92	92	70	1	1
51315	52315	75	60	135	44	79	77	135		18	1.5	1	111	99	99	75	1.5	1
51316	52316	80	65	140	44	79	82	140		18	1.5	1	116	104	104	80	1.5	1
51317	52317	85	70	150	49	87	88	150		19	1.5	1	124	111	114	85	1.5	1
51318	52318	90	75	155	50	88	93	155		19	1.5	1	129	116	116	90	1.5	1
51320	52320	100	85	170	55	97	103	170		21	1.5	1	142	128	128	100	1.5	1
14（51000 型），24（52000 型）尺寸系列																		
51405	52405	25	15	60	24	45	27	60		11	1	0.6	46	39		25	1	0.6
51406	52406	30	20	70	28	52	32	70		12	1	0.6	54	46		30	1	0.6
51407	52407	35	25	80	32	59	37	80		14	1.1	0.6	62	53		35	1	0.6
51408	52408	40	30	90	36	65	42	90		15	1.1	0.6	70	60		40	1	0.6
51409	52409	45	35	100	39	72	47	100		17	1.1	0.6	78	67		45	1	0.6
51410	52410	50	40	110	43	78	52	110		18	1.5	0.6	86	74		50	1.5	0.6
51411	52411	55	45	120	48	87	57	120		20	1.5	0.6	94	81		55	1.5	0.6
51412	52412	60	50	130	51	93	62	130		21	1.5	0.6	102	88		60	1.5	0.6
51413	52413	65	50	140	56	101	68	140		23	2	1	110	95		65	2	1
51414	52414	70	55	150	60	107	73	150		24	2	1	118	102		70	2	1
51415	52415	75	60	160	65	115	78	160	160	26	2	1	125	110		75	2	1
51416	` —	80	—	170	68	—	83	170	—		2.1	—	133	117		—	2.1	
51417	52417	85	65	180	72	128	88	177	179.5	29	2.1	1.1	141	124		85	2.1	1
51418	52418	90	70	190	77	135	93	187	189.5	30	2.1	1.1	149	131		90	2.1	1
51420	52420	100	80	210	85	150	103	205	209.5	33	3	1.1	165	145		100	2.5	1

附录 5　极限与配合

1. 轴优先选用及其次选用（常用）公差带极限偏差数值表（摘自 GB/T 1800.4—2009）

附表 5-1　常用及优先轴公差带极限偏差　　　　　　　　　　　单位：μm

公称尺寸 /mm		常用及优先公差带（带*者为优先公差带）												
		a	b		c			d				e		
大于	至	11	11	12	9	10	11*	8	9*	10	11	7	8	9
—	3	− 270 − 330	− 140 − 2.00	− 140 − 240	− 60 − 85	− 60 − 100	− 60 − 120	− 20 − 34	− 20 − 45	− 20 − 60	− 20 − 80	− 14 − 24	− 14 − 28	− 14 − 39
3	6	− 270 − 345	− 140 − 215	− 140 − 260	− 70 − 100	− 70 − 118	− 70 − 145	− 30 − 48	− 30 − 60	− 30 − 78	− 30 − 105	− 20 − 32	− 20 − 38	− 20 − 50
6	10	− 280 − 370	− 150 − 240	− 150 − 300	− 80 − 116	− 80 − 138	− 80 − 170	− 40 − 62	− 40 − 76	− 40 − 98	− 40 − 130	− 25 − 40	− 25 − 47	− 25 − 61
10	14	− 290 − 400	− 150 − 260	− 150 − 330	− 95 − 138	− 95 − 165	− 95 − 205	− 50 − 77	− 50 − 93	− 50 − 120	− 50 − 160	− 32 − 50	− 32 − 59	− 32 − 75
14	18													
18	24	− 300 − 430	− 160 − 290	− 160 − 370	− 110 − 162	− 110 − 194	− 110 − 240	− 65 − 98	− 65 − 117	− 65 − 149	− 65 − 195	− 40 − 61	− 40 − 73	− 40 − 92
24	30													
30	40	− 310 − 470	− 170 − 330	− 170 − 420	− 120 − 182	− 120 − 220	− 120 − 280	− 80 − 119	− 80 − 142	− 80 − 180	− 80 − 240	− 50 − 75	− 50 − 89	− 50 − 112
40	50	− 320 − 480	− 180 − 340	− 180 − 430	− 130 − 192	− 130 − 230	− 130 − 290							
50	65	− 340 − 530	− 190 − 380	− 190 − 490	− 140 − 214	− 140 − 260	− 140 − 330	− 100 − 146	− 100 − 174	− 100 − 220	− 100 − 290	− 60 − 90	− 60 − 106	− 60 − 134
65	80	− 360 − 550	− 200 − 390	− 200 − 500	− 150 − 224	− 150 − 270	− 150 − 340							
80	100	− 380 − 600	− 230 − 448	− 220 − 570	− 170 − 257	− 170 − 310	− 170 − 390	− 120 − 174	− 120 − 207	− 120 − 260	− 120 − 340	− 72 − 107	− 72 − 126	− 72 − 159
100	120	− 410 − 630	− 240 − 460	− 240 − 580	− 180 − 267	− 180 − 320	− 180 − 400							
120	140	− 460 − 710	− 260 − 510	− 260 − 660	− 200 − 300	− 200 − 360	− 200 − 450	− 145 − 208	− 145 − 245	− 145 − 305	− 145 − 395	− 85 − 125	− 85 − 148	− 85 − 185
140	160	− 520 − 770	− 280 − 530	− 280 − 680	− 210 − 310	− 210 − 370	− 210 − 460							
160	180	− 580 − 830	− 310 − 560	− 310 − 710	− 230 − 330	− 230 − 390	− 230 − 480							
180	200	− 660 − 950	− 340 − 630	− 340 − 800	− 240 − 355	− 240 − 425	− 240 − 530	− 170 − 242	− 170 − 285	− 170 − 355	− 170 − 460	− 100 − 146	− 100 − 172	− 100 − 215
200	225	− 740 − 1 030	− 380 − 670	− 380 − 840	− 260 − 375	− 260 − 445	− 260 − 550							
225	250	− 820 − 1 110	− 420 − 710	− 420 − 880	− 280 − 395	− 280 − 465	− 280 − 570							
250	280	− 920 − 1 240	− 480 − 800	− 480 − 1000	− 300 − 430	− 300 − 510	− 300 − 620	− 190 − 271	− 190 − 320	− 190 − 400	− 190 − 510	− 110 − 162	− 110 − 191	− 110 − 240
280	315	− 1 050 − 1 370	− 540 − 860	− 540 − 1060	− 330 − 460	− 330 − 540	− 330 − 650							
315	355	− 1 200 − 1 560	− 600 − 960	− 600 − 1170	− 360 − 500	− 360 − 590	− 360 − 720	− 210 − 299	− 210 − 350	− 210 − 440	− 210 − 570	− 125 − 182	− 125 − 214	− 125 − 265
355	400	− 1 350 − 1 710	− 680 − 1 040	− 680 − 1 250	− 400 − 540	− 400 − 630	− 400 − 760							
400	450	− 1 500 − 1 900	− 760 − 1 160	− 760 − 1 390	− 440 − 595	− 440 − 690	− 440 − 840	− 230 − 327	− 230 − 385	− 230 − 480	− 230 − 630	− 135 − 198	− 135 − 232	− 135 − 290
450	500	− 1 650 − 2 050	− 840 − 1240	− 840 − 1470	− 480 − 635	− 480 − 730	− 480 − 880							

公称尺寸 /mm		常用及优先公差带（带*者为优先公差带）														
		f					g			h							
大于	至	5	6	7*	8	9	5	6*	7	5	6*	7*	8	9*	10	11*	12
—	3	−6 −10	−6 −12	−6 −16	−6 −20	−6 −31	−2 −6	−2 −8	−2 −12	0 −4	0 −6	0 −10	0 −14	0 −25	0 −40	0 −60	0 −100
3	6	−10 −15	−10 −18	−10 −22	−10 −28	−10 −40	−4 −9	−4 −12	−4 −16	0 −5	0 −8	0 −12	0 −18	0 −30	0 −48	0 −75	0 −120
6	10	−13 −19	−13 −22	−13 −28	−13 −35	−13 −49	−5 −11	−5 −14	−5 −20	0 −6	0 −9	0 −15	0 −22	0 −36	0 −58	0 −90	0 −150
10	14	−16 −24	−16 −27	−16 −34	−16 −43	−16 −59	−6 −14	−6 −17	−6 −24	0 −8	0 −11	0 −18	0 −27	0 −43	0 −70	0 −110	0 −180
14	18																
18	24	−20 −29	−20 −33	−20 −41	−20 −53	−20 −72	−7 −16	−7 −20	−7 −28	0 −9	0 −13	0 −24	0 −38	0 −52	0 −84	0 −130	0 −210
24	30																
30	40	−25 −36	−25 −41	−25 −50	−25 −64	−25 −87	−9 −20	−9 −25	−9 −34	0 −11	0 −16	0 −25	0 −39	0 −62	0 −100	0 −160	0 −250
40	50																
50	65	−30 −43	−30 −49	−30 −60	−30 −76	−30 −104	−10 −23	−10 −29	−10 −40	0 −13	0 −19	0 −30	0 −46	0 −74	0 −120	0 −190	0 −300
65	80																
80	100	−36 −51	−36 −58	−36 −71	−36 −90	−36 −123	−12 −27	−12 −34	−12 −47	0 −15	0 −22	0 −35	0 −54	0 −87	0 −140	0 −220	0 −350
100	120																
120	140	−43 −61	−43 −68	−43 −83	−43 −106	−43 −143	−14 −32	−14 −39	−14 −54	0 −18	0 −25	0 −40	0 −63	0 −100	0 −160	0 −250	0 −400
140	160																
160	180																
180	200	−50 −70	−50 −79	−50 −96	−50 −122	−50 −165	−15 −35	−15 −44	−15 −61	0 −20	0 −29	0 −46	0 −72	0 −115	0 −185	0 −290	0 −460
200	225																
225	250																
250	280	−56 −79	−56 −88	−56 −108	−56 −137	−56 −186	−17 −40	−17 −49	−17 −69	0 −23	0 −32	0 −52	0 −81	0 −130	0 −210	0 −320	0 −520
280	315																
315	355	−62 −87	−62 −98	−62 −119	−62 −151	−62 −202	−18 −43	−18 −54	−18 −75	0 −25	0 −36	0 −57	0 −89	0 −140	0 −230	0 −360	0 −570
355	400																
400	450	−68 −95	−68 −108	−68 −131	−68 −165	−68 −223	−20 −47	−20 −60	−20 −83	0 −27	0 −40	0 −63	0 −97	0 −155	0 −250	0 −400	0 −630
450	500																

公称尺寸 /mm		常用及优先公差带（带*者为优先公差带）												
		js			k			m			n			p		
大于	至	5	6	7	5	6*	7	5	6	7	5	6*	7	5	6*	7
—	3	±2	±3	±5	+4/0	+6/0	+10/0	+6/+2	+8/+2	+12/+2	+8/+4	+10/+4	+14/+4	+10/+6	+12/+6	+16/+6
3	6	±2.5	±4	±6	+6/+1	+9/+1	+13/+1	+9/+4	+12/+4	+16/+4	+13/+8	+16/+8	+20/+8	+17/+12	+20/+12	+24/+12
6	10	±3	±4.5	±7	+7/+1	+10/+1	+16/+1	+12/+6	+15/+6	+21/+6	+16/+10	+19/+10	+25/+10	+21/+15	+24/+15	+30/+15
10	14	±4	±5.5	±9	+9/+1	+12/+1	+19/+1	+15/+7	+18/+7	+25/+7	+20/+12	+23/+12	+30/+12	+26/+18	+29/+18	+36/+18
14	18															
18	24	±4.5	±6.5	±10	+11/+2	+15/+2	+23/+2	+17/+8	+21/+8	+29/+8	+24/+15	+28/+15	+36/+15	+31/+22	+35/+22	+43/+22
24	30															
30	40	±5.5	±8	±12	+13/+2	+18/+2	+27/+2	+20/+9	+25/+9	+34/+9	+28/+17	+33/+17	+42/+17	+37/+26	+42/+26	+51/+26
40	50															
50	65	±6.5	±9.5	±15	+15/+2	+21/+2	+32/+2	+24/+11	+30/+11	+41/+11	+33/+20	+39/+20	+50/+20	+45/+32	+51/+32	+62/+32
65	80															
80	100	±7.5	±11	±17	+18/+3	+25/+3	+38/+3	+28/+13	+35/+13	+48/+13	+38/+23	+45/+23	+58/+23	+52/+37	+59/+37	+72/+37
100	120															
120	140	±9	±12.5	±0	+21/+3	+28/+3	+43/+3	+33/+15	+40/+15	+55/+15	+45/+27	+52/+27	+67/+27	+61/+43	+68/+43	+83/+43
140	160															
160	180															
180	200	±10	±14.5	±23	+24/+4	+33/+4	+50/+4	+37/+17	+46/+17	+68/+17	+51/+31	+60/+31	+77/+31	+70/+50	+79/+50	+96/+50
200	225															
225	250															
250	280	+11.5	+16	±26	+27/+4	+36/+4	+56/+4	+43/+20	+52/+20	+72/+20	+57/+34	+66/+34	+86/+34	+79/+56	+88/+56	+108/+56
280	315															
315	355	±12.5	±18	±28	+29/+4	+40/+4	+61/+4	+46/+21	+57/+21	+78/+21	+62/+37	+73/+37	+94/+37	+87/+62	+98/+62	+119/+62
355	400															
400	450	±13.5	±20	±31	+32/+5	+45/+5	+68/+5	+50/+23	+63/+23	+86/+23	+67/+40	+80/+40	+103/+40	+95/+68	+108/+68	+131/+68
450	500															

公称尺寸/mm 大于	至	r5	r6	r7	s5	s6*	s7	t5	t6	t7	u6*	u7	v6	x6	y6	z6
—	3	+14 +10	+16 +10	+20 +10	+18 +14	+20 +14	+24 +14	—	—	—	+24 +18	+28 +18	—	+26 +20	—	+32 +26
3	6	+20 +15	+23 +15	+27 +15	+24 +19	+27 +19	+31 +19	—	—	—	+31 +23	+35 +23	—	+36 +28	—	+43 +35
6	10	+25 +19	+28 +19	+34 +19	+29 +23	+32 +23	+38 +23	—	—	—	+37 +28	+43 +28	—	+43 +34	—	+51 +42
10	14	+31 +23	+34 +23	+41 +23	+36 +28	+39 +28	+46 +28	—	—	—	+44 +33	+51 +33	—	+51 +40	—	+61 +50
14	18	+31 +23	+34 +23	+41 +23	+36 +28	+39 +28	+46 +28	—	—	—	+44 +33	+51 +33	+50 +39	+56 +45	—	+71 +60
18	24	+37 +28	+41 +28	+49 +28	+44 +35	+48 +35	+56 +35	—	—	—	+54 +41	+62 +41	+60 +41	+67 +54	+76 +63	+86 +73
24	30	+37 +28	+41 +28	+49 +28	+44 +35	+48 +35	+56 +35	+50 +41	+54 +41	+62 +41	+61 +48	+69 +48	+68 +55	+77 +64	+88 +75	+101 +88
30	40	+45 +34	+50 +34	+59 +34	+54 +43	+59 +43	+68 +43	+59 +48	+64 +48	+73 +48	+76 +60	+85 +60	+84 +68	+96 +80	+110 +94	+128 +112
40	50	+45 +34	+50 +34	+59 +34	+54 +43	+59 +43	+68 +43	+65 +54	+70 +54	+79 +54	+86 +70	+95 +70	+97 +81	+113 +97	+130 +114	+152 +136
50	65	+54 +41	+60 +41	+71 +41	+66 +53	+72 +53	+83 +53	+79 +66	+85 +66	+96 +66	+106 +87	+117 +87	+121 +102	+141 +122	+163 +144	+191 +172
65	80	+56 +43	+62 +43	+73 +43	+72 +59	+78 +59	+89 +59	+88 +75	+94 +75	+105 +75	+121 +102	+132 +102	+139 +120	+165 +146	+193 +174	+229 +210
80	100	+66 +51	+73 +51	+86 +51	+86 +71	+93 +71	+106 +71	+106 +91	+113 +91	+126 +91	+146 +124	+159 +124	+168 +146	+200 +178	+236 +214	+280 +258
100	120	+69 +54	+76 +54	+89 +54	+94 +79	+101 +79	+114 +79	+119 +104	+126 +104	+139 +104	+166 +144	+179 +144	+194 +172	+232 +210	+276 +254	+332 +310
120	140	+81 +63	+88 +63	+103 +63	+110 +92	+117 +92	+132 +92	+140 +122	+147 +122	+162 +122	+195 +170	+210 +170	+227 +202	+273 +248	+325 +300	+390 +365
140	160	+83 +65	+90 +65	+105 +65	+118 +100	+125 +100	+140 +100	+152 +134	+159 +134	+174 +134	+215 +190	+230 +190	+253 +228	+305 +280	+365 +340	+440 +415
160	180	+86 +68	+93 +68	+108 +68	+126 +108	+133 +108	+148 +108	+164 +146	+171 +146	+186 +146	+235 +210	+250 +210	+277 +252	+335 +310	+405 +380	+490 +465
180	200	+97 +77	+106 +77	+123 +77	+142 +122	+151 +122	+168 +122	+186 +166	+195 +166	+212 +166	+265 +236	+282 +236	+313 +284	+379 +350	+454 +425	+549 +520
200	225	+100 +80	+109 +80	+126 +80	+150 +130	+159 +130	+176 +130	+200 +180	+209 +180	+226 +180	+287 +258	+304 +258	+339 +310	+414 +385	+499 +470	+604 +575
225	250	+104 +84	+113 +84	+130 +84	+160 +140	+169 +140	+186 +140	+216 +196	+225 +196	+242 +196	+313 +284	+330 +284	+369 +340	+454 +425	+549 +520	+669 +640
250	280	+117 +94	+129 +94	+146 +94	+181 +158	+190 +158	+210 +158	+241 +218	+250 +218	+270 +218	+347 +315	+367 +315	+417 +385	+507 +475	+612 +580	+742 +710
280	315	+121 +98	+130 +98	+150 +98	+193 +170	+202 +170	+222 +170	+263 +240	+272 +240	+292 +240	+382 +350	+402 +350	+457 +425	+557 +525	+682 +650	+822 +790
315	355	+133 +108	+144 +108	+165 +108	+215 +190	+226 +190	+247 +190	+293 +268	+304 +268	+325 +268	+426 +390	+447 +390	+511 +475	+626 +590	+766 +730	+936 +906
355	400	+139 +114	+150 +114	+171 +114	+233 +208	+244 +208	+265 +208	+319 +294	+330 +294	+351 +294	+471 +435	+492 +435	+566 +530	+696 +660	+850 +820	+1 036 +1 000
400	450	+153 +126	+166 +126	+189 +126	+259 +232	+272 +232	+295 +232	+357 +330	+370 +330	+393 +330	+530 +490	+553 +490	+635 +595	+780 +740	+960 +920	+1 140 +1 100
450	500	+159 +132	+172 +132	+195 +132	+279 +252	+292 +252	+315 +252	+387 +360	+400 +360	+423 +360	+580 +540	+603 +540	+700 +660	+860 +820	+1 040 +1 000	+1 290 +1 250

注：基本尺寸小于 1 mm 时，各级的 a 和 b 均不采用。

2. 孔优先选用及其次选用（常用）公差带极限偏差数值表。

附表 5-2　常用及优先孔公差带极限偏差　　　　　　　　单位：μm

公称尺寸/mm 大于	至	A 11	B 11	C 12	C 11*	D 8	D 9*	D 10	D 11	E 8	E 9	F 6	F 7	F 8*	F 9	G 6	G 7*
—	3	+330/+270	+200/+140	+240/+140	+120/+60	+34/+20	+45/+20	+60/+20	+80/+20	+28/+14	+39/+14	+12/+6	+16/+6	+20/+6	+31/+6	+8/+2	+12/+2
3	6	+345/+270	+215/+140	+260/+140	+145/+70	+48/+30	+60/+30	+78/+30	+105/+30	+38/+20	+50/+20	+18/+10	+22/+10	+28/+10	+40/+10	+12/+4	+16/+4
6	10	+370/+280	+240/+150	+300/+150	+170/+80	+62/+40	+76/+40	+98/+40	+130/+40	+47/+25	+61/+25	+22/+13	+28/+13	+35/+13	+49/+13	+14/+5	+20/+5
10	14	+400/+290	+260/+150	+320/+150	+205/+95	+77/+50	+93/+50	+120/+50	+160/+50	+59/+32	+75/+32	+27/+16	+34/+16	+43/+16	+59/+16	+17/+6	+24/+6
14	18	+400/+290	+260/+150	+320/+150	+205/+95	+77/+50	+93/+50	+120/+50	+160/+50	+59/+32	+75/+32	+27/+16	+34/+16	+43/+16	+59/+16	+17/+6	+24/+6
18	24	+430/+300	+290/+160	+370/+160	+240/+110	+98/+65	+117/+65	+149/+65	+195/+65	+73/+40	+92/+40	+33/+20	+41/+20	+53/+20	+72/+20	+20/+7	+28/+7
24	30	+430/+300	+290/+160	+370/+160	+240/+110	+98/+65	+117/+65	+149/+65	+195/+65	+73/+40	+92/+40	+33/+20	+41/+20	+53/+20	+72/+20	+20/+7	+28/+7
30	40	+470/+310	+330/+170	+420/+170	+280/+120	+119/+80	+142/+80	+180/+80	+240/+80	+89/+50	+112/+50	+41/+25	+50/+25	+64/+25	+87/+25	+25/+9	+34/+9
40	50	+480/+320	+340/+180	+480/+180	+290/+130	+119/+80	+142/+80	+180/+80	+240/+80	+89/+50	+112/+50	+41/+25	+50/+25	+64/+25	+87/+25	+25/+9	+34/+9
50	65	+530/+340	+380/+190	+490/+190	+330/+140	+146/+100	+170/+100	+220/+100	+290/+100	+106/+60	+134/+60	+49/+30	+60/+30	+76/+30	+104/+30	+29/+10	+40/+10
65	80	+550/+360	+390/+200	+500/+200	+340/+150	+146/+100	+170/+100	+220/+100	+290/+100	+106/+60	+134/+60	+49/+30	+60/+30	+76/+30	+104/+30	+29/+10	+40/+10
80	100	+600/+380	+440/+220	+570/+220	+390/+170	+174/+120	+207/+120	+260/+120	+340/+120	+126/+72	+159/+72	+58/+36	+71/+36	+90/+36	+123/+36	+34/+12	+47/+12
100	120	+630/+410	+460/+240	+590/+240	+400/+180	+174/+120	+207/+120	+260/+120	+340/+120	+126/+72	+159/+72	+58/+36	+71/+36	+90/+36	+123/+36	+34/+12	+47/+12
120	140	+710/+460	+510/+260	+660/+260	+450/+200	+208/+145	+245/+145	+305/+145	+395/+145	+148/+85	+185/+85	+68/+43	+83/+43	+106/+43	+143/+43	+39/+14	+54/+14
140	160	+770/+520	+530/+280	+680/+280	+460/+210	+208/+145	+245/+145	+305/+145	+395/+145	+148/+85	+185/+85	+68/+43	+83/+43	+106/+43	+143/+43	+39/+14	+54/+14
160	180	+830/+580	+560/+310	+710/+310	+480/+230	+208/+145	+245/+145	+305/+145	+395/+145	+148/+85	+185/+85	+68/+43	+83/+43	+106/+43	+143/+43	+39/+14	+54/+14
180	200	+950/+660	+630/+340	+800/+340	+530/+240	+242/+170	+285/+170	+355/+170	+460/+170	+172/+100	+215/+100	+79/+50	+96/+50	+122/+50	+165/+50	+44/+15	+61/+15
200	225	+1030/+740	+670/+330	+840/+380	+550/+260	+242/+170	+285/+170	+355/+170	+460/+170	+172/+100	+215/+100	+79/+50	+96/+50	+122/+50	+165/+50	+44/+15	+61/+15
225	250	+1 110/+820	+710/+420	+880/+420	+570/+380	+242/+170	+285/+170	+355/+170	+460/+170	+172/+100	+215/+100	+79/+50	+96/+50	+122/+50	+165/+50	+44/+15	+61/+15
250	280	+1 240/+920	+800/+480	+1 000/+480	+620/+300	+271/+190	+320/+190	+400/+190	+510/+190	+191/+110	+240/+110	+88/+56	+108/+56	+137/+56	+186/+56	+49/+17	+69/+17
280	315	+1 370/+1 050	+860/+540	+1 060/+540	+650/+330	+271/+190	+320/+190	+400/+190	+510/+190	+191/+110	+240/+110	+88/+56	+108/+56	+137/+56	+186/+56	+49/+17	+69/+17
315	355	+1 560/+1 200	+960/+600	+1 170/+600	+720/+360	+299/+210	+350/+210	+440/+210	+570/+210	+214/+125	+265/+125	+98/+62	+119/+62	+151/+62	+292/+62	+54/+18	+75/+18
355	400	+1 710/+1 350	+1 040/+680	+1 250/+630	+760/+400	+299/+210	+350/+210	+440/+210	+570/+210	+214/+125	+265/+125	+98/+62	+119/+62	+151/+62	+292/+62	+54/+18	+75/+18
400	450	+1 900/+1 500	+1 160/+760	+1 390/+760	+840/+440	+327/+230	+385/+230	+480/+230	+630/+230	+232/+135	+290/+165	+108/+68	+131/+68	+165/+68	+223/+68	+60/+20	+83/+20
450	500	+2 050/+1 650	+1 240/+840	+1 470/+840	+880/+480	+327/+230	+385/+230	+480/+230	+630/+230	+232/+135	+290/+165	+108/+68	+131/+68	+165/+68	+223/+68	+60/+20	+83/+20

公称尺寸 /mm		常用及优先公差带（带*者为优先公差带）															
		H							Js			K			M		
大于	至	6	7*	8*	9*	10	11*	12	6	7	8	6	7*	8	6	7	8
—	3	+6 / 0	+10 / 0	+14 / 0	+25 / 0	+40 / 0	+60 / 0	+100 / 0	±3	±5	±7	0 / −6	0 / −10	0 / −14	−2 / −8	−2 / −12	−2 / −16
3	6	+8 / 0	+12 / 0	+18 / 0	+30 / 0	+48 / 0	+75 / 0	+120 / 0	±4	±6	+9	+2 / −6	+3 / −9	+5 / −13	−1 / −9	0 / −12	+2 / −16
6	10	+9 / 0	+15 / 0	+22 / 0	+36 / 0	+58 / 0	+90 / 0	+150 / 0	±4.5	±7	±11	+2 / −7	+5 / −10	+6 / −16	−3 / −12	0 / −15	+1 / −21
10	14	+11 / 0	+18 / 0	+27 / 0	+43 / 0	+70 / 0	+110 / 0	+180 / 0	±5.5	±9	±13	+2 / −9	+6 / −12	+8 / −19	−4 / −15	0 / −18	+2 / −25
14	18	+11 / 0	+18 / 0	+27 / 0	+43 / 0	+70 / 0	+110 / 0	+180 / 0	±5.5	±9	±13	+2 / −9	+6 / −12	+8 / −19	−4 / −15	0 / −18	+2 / −25
18	24	+13 / 0	+21 / 0	+33 / 0	+52 / 0	+84 / 0	+130 / 0	+210 / 0	±6.5	±10	±16	+2 / −11	+6 / −15	+10 / −23	−4 / −17	0 / −21	+4 / −29
24	30	+13 / 0	+21 / 0	+33 / 0	+52 / 0	+84 / 0	+130 / 0	+210 / 0	±6.5	±10	±16	+2 / −11	+6 / −15	+10 / −23	−4 / −17	0 / −21	+4 / −29
30	40	+16 / 0	+25 / 0	+39 / 0	+62 / 0	+100 / 0	+160 / 0	+250 / 0	±8	±12	±19	+3 / −13	+7 / −18	+12 / −27	−4 / −20	0 / −25	+5 / −34
40	50	+16 / 0	+25 / 0	+39 / 0	+62 / 0	+100 / 0	+160 / 0	+250 / 0	±8	±12	±19	+3 / −13	+7 / −18	+12 / −27	−4 / −20	0 / −25	+5 / −34
50	65	+19 / 0	+30 / 0	+46 / 0	+74 / 0	+120 / 0	+190 / 0	+300 / 0	±9.5	±15	±23	+4 / −15	+9 / −21	+14 / −32	−5 / −24	0 / −30	+5 / −41
65	80	+19 / 0	+30 / 0	+46 / 0	+74 / 0	+120 / 0	+190 / 0	+300 / 0	±9.5	±15	±23	+4 / −15	+9 / −21	+14 / −32	−5 / −24	0 / −30	+5 / −41
80	100	+22 / 0	+35 / 0	+54 / 0	+87 / 0	+140 / 0	+220 / 0	+350 / 0	±11	±17	±27	+4 / −18	+10 / −25	+16 / −38	−6 / −28	0 / −35	+6 / −48
100	120	+22 / 0	+35 / 0	+54 / 0	+87 / 0	+140 / 0	+220 / 0	+350 / 0	±11	±17	±27	+4 / −18	+10 / −25	+16 / −38	−6 / −28	0 / −35	+6 / −48
120	140	+25 / 0	+40 / 0	+63 / 0	+100 / 0	+160 / 0	+250 / 0	+400 / 0	±12.5	±20	±31	+4 / −21	+12 / −28	+20 / −43	−8 / −33	0 / −40	+8 / −55
140	160	+25 / 0	+40 / 0	+63 / 0	+100 / 0	+160 / 0	+250 / 0	+400 / 0	±12.5	±20	±31	+4 / −21	+12 / −28	+20 / −43	−8 / −33	0 / −40	+8 / −55
160	180	+25 / 0	+40 / 0	+63 / 0	+100 / 0	+160 / 0	+250 / 0	+400 / 0	±12.5	±20	±31	+4 / −21	+12 / −28	+20 / −43	−8 / −33	0 / −40	+8 / −55
180	200	+29 / 0	+46 / 0	+72 / 0	+115 / 0	+185 / 0	+290 / 0	+460 / 0	±14.5	±23	±36	+5 / −24	+13 / −33	+22 / −50	−8 / −37	0 / −46	+9 / −63
200	225	+29 / 0	+46 / 0	+72 / 0	+115 / 0	+185 / 0	+290 / 0	+460 / 0	±14.5	±23	±36	+5 / −24	+13 / −33	+22 / −50	−8 / −37	0 / −46	+9 / −63
225	250	+29 / 0	+46 / 0	+72 / 0	+115 / 0	+185 / 0	+290 / 0	+460 / 0	±14.5	±23	±36	+5 / −24	+13 / −33	+22 / −50	−8 / −37	0 / −46	+9 / −63
250	280	+32 / 0	+52 / 0	+81 / 0	+130 / 0	+210 / 0	+320 / 0	+520 / 0	±16	±26	±40	+5 / −27	+16 / −36	+25 / −56	−9 / −41	0 / −52	+9 / −72
280	315	+32 / 0	+52 / 0	+81 / 0	+130 / 0	+210 / 0	+320 / 0	+520 / 0	±16	±26	±40	+5 / −27	+16 / −36	+25 / −56	−9 / −41	0 / −52	+9 / −72
315	355	+36 / 0	+57 / 0	+89 / 0	+140 / 0	+230 / 0	+360 / 0	+570 / 0	±18	±28	±44	+7 / −29	+17 / −40	+28 / −61	−10 / −46	0 / −57	+11 / −78
355	400	+36 / 0	+57 / 0	+89 / 0	+140 / 0	+230 / 0	+360 / 0	+570 / 0	±18	±28	±44	+7 / −29	+17 / −40	+28 / −61	−10 / −46	0 / −57	+11 / −78
400	450	+40 / 0	+63 / 0	+97 / 0	+155 / 0	+250 / 0	+400 / 0	+630 / 0	±20	±31	±48	+8 / −32	+18 / −45	+29 / −68	−10 / −50	0 / −63	+11 / −86
450	500	+40 / 0	+63 / 0	+97 / 0	+155 / 0	+250 / 0	+400 / 0	+630 / 0	±20	±31	±48	+8 / −32	+18 / −45	+29 / −68	−10 / −50	0 / −63	+11 / −86

公称尺寸/mm 大于	至	常用及优先公差带（带*者为优先公差带） N6	N7*	N8	P6	P7*	R6	R7	S6	S7*	T6	T7	U7*
—	3	-4 / -10	-4 / -14	-4 / -18	-6 / -12	-6 / -16	-10 / -16	-10 / -20	-14 / -20	-14 / -24	—	—	-18 / -28
3	6	-5 / -13	-4 / -16	-2 / -20	-9 / -17	-8 / -20	-12 / -20	-11 / -23	-16 / -24	-15 / -27	—	—	-19 / -31
6	10	-7 / -16	-4 / -19	-3 / -25	-12 / -21	-9 / -24	-16 / -25	-13 / -28	-20 / -29	-17 / -32	—	—	-22 / -37
10	14	-9 / -20	-5 / -23	-3 / -30	-15 / -26	-11 / -29	-20 / -31	-16 / -34	-25 / -36	-21 / -39	—	—	-26 / -44
14	18	-9 / -20	-5 / -23	-3 / -30	-15 / -26	-11 / -29	-20 / -31	-16 / -34	-25 / -36	-21 / -39	—	—	-26 / -44
18	24	-11 / -24	-7 / -28	-3 / -36	-18 / -31	-14 / -35	-24 / -37	-20 / -41	-31 / -44	-27 / -48	—	—	-33 / -54
24	30	-11 / -24	-7 / -28	-3 / -36	-18 / -31	-14 / -35	-24 / -37	-20 / -41	-31 / -44	-27 / -48	-37 / -50	-33 / -54	-40 / -61
30	40	-12 / -28	-8 / -32	-3 / -42	-21 / -37	-17 / -42	-29 / -45	-25 / -50	-38 / -54	-34 / -59	-43 / -59	-39 / -64	-51 / -76
40	50	-12 / -28	-8 / -32	-3 / -42	-21 / -37	-17 / -42	-29 / -45	-25 / -50	-38 / -54	-34 / -59	-49 / -65	-45 / -70	-61 / -86
50	65	-14 / -33	-9 / -39	-4 / -50	-26 / -45	-21 / -51	-35 / -54	-30 / -60	-47 / -66	-42 / -72	-60 / -79	-55 / -85	-76 / -106
65	80	-14 / -33	-9 / -39	-4 / -50	-26 / -45	-21 / -51	-37 / -56	-32 / -62	-53 / -72	-48 / -78	-69 / -88	-64 / -94	-91 / -121
80	100	-16 / -38	-10 / -45	-4 / -58	-30 / -52	-24 / -59	-44 / -66	-38 / -73	-64 / -86	-58 / -93	-84 / -106	-78 / -113	-111 / -146
100	120	-16 / -38	-10 / -45	-4 / -58	-30 / -52	-24 / -59	-47 / -69	-41 / -76	-72 / -94	-66 / -101	-97 / -119	-91 / -126	-131 / -166
120	140	-20 / -45	-12 / -52	-4 / -67	-36 / -61	-28 / -68	-56 / -81	-48 / -88	-85 / -110	-77 / -117	-115 / -140	-107 / -147	-155 / -195
140	160	-20 / -45	-12 / -52	-4 / -67	-36 / -61	-28 / -68	-58 / -83	~ -50 / -90	-93 / -118	-85 / -125	-127 / -152	-119 / -159	-175 / -215
160	180	-20 / -45	-12 / -52	-4 / -67	-36 / -61	-28 / -68	-61 / -86	-53 / -93	-101 / -126	-93 / -133	-139 / -164	-131 / -171	-195 / -235
180	200	-22 / -51	-14 / -60	-5 / -77	-41 / -70	-33 / -79	-68 / -97	-60 / -106	-113 / -142	-105 / -151	-157 / -186	-149 / -195	-219 / -265
200	225	-22 / -51	-14 / -60	-5 / -77	-41 / -70	-33 / -79	-71 / -100	-t53 / -109	-121 / -150	-113 / -159	-171 / -200	-163 / -209	-241 / -287
225	250	-22 / -51	-14 / -60	-5 / -77	-41 / -70	-33 / -79	-75 / -104	-67 / -113	-131 / -160	-123 / -169	-187 / -216	-179 / -225	-267 / -313
250	280	-25 / -57	-14 / -66	-5 / -86	-47 / -79	-36 / -88	-85 / 117	-74 / -126	-149 / -181	-138 / -190	-209 / -241	-198 / -250	-295 / -347
280	315	-25 / -57	-14 / -66	-5 / -86	-47 / -79	-36 / -88	-89 / -121	-78 / -130	-161 / -193	-150 / -202	-231 / -263	-220 / -272	-330 / -382
315	355	-26 / -62	-16 / -73	-5 / -94	-51 / -87	-41 / -98	-97 / -133	-87 / -144	-179 / -215	-169 / -226	-257 / -293	-247 / -304	-369 / -426
355	400	-26 / -62	-16 / -73	-5 / -94	-51 / -87	-41 / -98	-103 / -139	-93 / -150	-197 / -233	-187 / -244	-283 / -319	-273 / -330	-414 / -471
400	450	-27 / -67	-17 / -80	-6 / -103	-55 / -95	-45 / -108	-113 / -153	-103 / -166	-219 / -259	-209 / -272	-347 / -357	-307 / -370	-467 / -530
450	500	-27 / -67	-17 / -80	-6 / -103	-55 / -95	-45 / -108	-119 / -159	-109 / -172	-239 / -279	-229 / -292	-347 / -387	-337 / -400	-517 / -580

注：基本尺寸小于 1 mm 时，各级的 A 和 B 均不采用。

3. 公差等级与加工方法的关系

附表 5-3　公差等级与加工方法的关系

加工方法	公差等级（IT）																	
	01	0	1	2	3	4	5	6	7	8	9	10	11	12	13	14	15	16
研　磨	━	━	━	━	━	━	━											
珩						━	━	━	━									
圆磨、平磨							━	━	━	━								
金刚石车、金刚石镗							━	━	━									
拉　削							━	━	━	━								
铰　孔								━	━	━	━	━						
车、镗									━	━	━	━	━					
铣										━	━	━	━					
刨、插												━	━					
钻　孔												━	━	━				
滚压、挤压												━	━					
冲　压												━	━	━	━	━		
压　铸													━	━	━	━		
粉末冶金成型								━	━	━	━							
粉末冶金烧结									━	━	━	━						
砂型铸造、气割																		━
锻　造																	━	

参考文献

[1] 李华，李锡蓉. 机械制图项目化教程[M]. 北京：机械工业出版社，2017.

[2] 樊宁，何培英. 典型机械零部件表达方法 350 例[M]. 北京：化学工业出版社，2016.

[3] 刘伟，李学志，郑国磊. 工业产品类 CAD 技能等级考试试题集[M]. 北京：清华大学出版社，2015.

[4] 金大鹰. 机械制图[M]. 北京：机械工业出版社，2016.

[5] 杨京山，尹涛. 中文版 AutoCAD 应用基础教程——上机指导与练习（2012 版）[M]. 成都：西南交通大学出版社，2012.

[6] 何铭新，钱可强. 机械制图[M]. 5 版. 北京：高等教育出版社，2009.

[7] 杨京山，尹涛. 中文版 AutoCAD 应用基础教程（2012 版）[M]. 成都：西南交通大学出版社，2012.

[8] 金莹，程联社. 机械制图项目教程[M]. 西安：西安电子科技大学出版社，2011.